Inhalt:

ANGEWANDTE PFLANZENSOZIOLOGIE

VERÖFFENTLICHUNGEN DES
INSTITUTS FÜR ANGEWANDTE PFLANZENSOZIOLOGIE
DES LANDES KÄRNTEN

HERAUSGEBER
UNIV.-PROF. DR. ERWIN AICHINGER

HEFT II

WIEN
SPRINGER-VERLAG
1951

Schriftleiter:

Univ.-Prof. Dr. Erwin Janchen.

Vorwort.

Der erste Teil des vorliegenden II. Heftes der „Angewandten Pflanzensoziologie" ist der Almwirtschaft gewidmet.

Dipl.-Ing. Albert G a y l bringt eine grundlegende Arbeit über Ordnung von Wald und Weide im Bereich der Almen.

Dr. Wolfram H a l l e r zeigt aus seiner überaus reichen Erfahrung als Agrarjurist und langjähriger Leiter der Agrarbehörde Oberkärntens die rechtlichen Grundlagen für die Durchführung der Trennung von Wald und Weide auf.

Erwin A i c h i n g e r leistet durch seine vegetationskundlichen Betrachtungen eine Vorarbeit zur Ordnung von Wald und Weide.

Der zweite Teil dieses Heftes befaßt sich mit der Vegetationskunde im Dienste der Wildbach- und Lawinenverbauung und des Wasserbaues.

Hofrat Dipl.-Ing. Hans S t e i n w e n d e r, der allen Kärntnern als langjähriger Leiter der Sektion Villach der Forsttechnischen Abteilung für Wildbach- und Lawinenverbauung bekannt ist, schildert die grundlegende Bedeutung der Anwendung pflanzensoziologischer Erkenntnisse in der vorbeugenden Bekämpfung von Wildbachschäden.

Es folgt sodann ein Bericht von E. A i c h i n g e r, A. G a y l und H. H e c k e über die Vegetationskartierung von Wildbacheinzugs- und Lawinengebieten und die seit 1949 durchgeführten derartigen Kartierungen.

Schließlich bringt Erwin A i c h i n g e r einen Bericht über einen vegetationskundlichen Kurs für die Bearbeiter der Abteilung Wasserbau der Landesbaudirektion Kärnten.

Wenn auch in diesem Hefte die verschiedensten Fachleute zu Worte kommen, so geht wie ein roter Faden die Erkenntnis durch alle Beiträge, daß das Pflanzenkleid die klimatischen und bodenkundlichen Zusammenhänge viel besser widerspiegelt als noch so eingehende Untersuchungen der Einzelfaktoren.

ISBN-13:978-3-211-80189-5   e-ISBN-13:978-3-7091-5444-1
DOI: 10.1007/978-3-7091-5444-1

Ordnung von Wald und Weide im Bereich der Almen.

Von Dipl. agr. Ing. Albert Gayl.

Almwirtschaft und Forstwirtschaft sind in unseren Alpengebieten vielerorts Gegenpole und man könnte bei oberflächlicher Betrachtung annehmen, daß dies naturnotwendig sei. Während auf der einen Seite die Almwirtschaft immer bestrebt war, ihre Fläche auf Kosten des Waldes zu vergrößern, um dadurch einen größeren Viehauftrieb zu ermöglichen oder auch die immer schlechter werdenden Erträge der bestehenden Almweiden auszugleichen, hat andererseits die Forstwirtschaft da und dort die Wiederverwachsung von bestehenden Almweiden durch Waldanflug nicht ungern gesehen, manchmal wohl auch gefördert.

In der folgenden Abhandlung sollen einige Gedanken dargelegt werden, wie eine Raumordnung zwischen Weide und Wald im Almbereich etwa aussehen und vor sich gehen müßte, wenn sie den berechtigten Ansprüchen der Almwirtschaft u n d des Waldes gerecht werden soll. Dabei wird ganz besonders auf die Bedeutung der Vegetation im Kampfgürtel des Waldes, wie sie die Pflanzensoziologie herausstellt, Bedacht genommen, ebenso wie auf die Forderungen der Lawinen- und Wildbachverhütung.

Derartige Ordnungsmaßnahmen haben aber nur dann einen Zweck, wenn die damit verfolgte beiderseitige Ertragssteigerung auch auf lange Zeit gesichert ist. Daher wird die Behandlung der im Anschluß an die Durchführung der Ordnung notwendigen Folgemaßnahmen auch einen etwas breiteren Raum einnehmen müssen. Agrarpolitische oder juristische Erörterungen sind Sache der hiefür zuständigen Fachleute und fallen daher nicht in den Rahmen dieser Arbeit.

Die im Folgenden da und dort angewandten pflanzensoziologischen Erkenntnisse verdanke ich meinem Lehrer und Freund Prof. Dr. Erwin A i c h i n g e r, von dem ich sie mir im Laufe der Jahre aneignete und dann wohl auch selbst bei der Beobachtung der Natur bestätigt fand. Die von ihm begründete d y n a m i s c h e Richtung der Pflanzensoziologie ist es gerade, die der Verbesserung der Almwirtschaft neue Wege weisen kann.

A. DIE „TRENNUNG VON WALD UND WEIDE".

Um die oft unerquicklichen Zustände im Fragenkomplex Wald und Weide zu beheben, hat man schon seit langem Auswege gesucht. So ordnete vor zweihundert Jahren Kaiserin Maria-Theresia eine „Raum- und Stockrechtsscheidung" an, deren Ergebnisse im „Waldtomus" niedergelegt wurden. Nachdem diese Regelung nach und nach ihre Wirksamkeit verloren hatte, griff vor nunmehr rund 100 Jahren die Regulierung der Wald- und Weideverhältnisse Platz, aus welcher sich die bis in die jüngste Zeit unter dem Namen „Trennung von Wald und Weide" bekannte Aktion entwickelte. Soweit diese Maßnahme mit der Zeit nicht zum leeren Schlagwort geworden ist oder im Kampf der Meinungen und Gegenmeinungen zerredet und zerschrieben wurde, ist man doch auch sonst nicht besonders weit damit gekommen. Vielfach hat man über das Ziel geschossen und in einer allzu rigorosen Trennung das Allheilmittel gesehen und hat die Almflächen auch von den letzten Resten des Baumbewuchses gesäubert. Eine solche „Trennung von Wald und Weide" hat sich aber in der Mehrzahl der Fälle als falsch erwiesen.

Vielleicht liegt der Fehler zum Teil auch in der zu irrtümlicher Auslegung verleitenden Bezeichnung dieser ursprünglich sicher richtig gemeinten Maßnahme; denn was anzustreben ist und was sicher auch die Väter des Gedankens einer „Trennung von Wald und Weide" gemeint haben, ist eine v e r n ü n f t i g e   O r d n u n g   z w i s c h e n   d i e s e n   b e i d e n   K u l t u r a r t e n.

B. DIE DERZEITIGE SACHLAGE.

a) D i e   A l m e n sind infolge der Unmöglichkeit, die vorhandenen, oft sehr ausgedehnten Flächen ordentlich zu düngen und zu pflegen, in der Mehrzahl immer schlechter geworden, so daß trotz der beträchtlichen Flächenausmaße vielerorts Mangel an Sömmerungsmöglichkeit besteht. Dabei bringt es das Fehlen an Arbeitskräften mit sich, daß Schwendungen nur noch in den allerdringendsten Fällen vorgenommen werden können und der Kampf gegen die vordringende Wiederbewaldung sich als fast aussichtslos erweist.

Aber auch dort, wo die Trennung von Wald und Weide wirklich in jeder Beziehung zweckentsprechend sowie allen notwendigen Gesichtspunkten Rechnung tragend und in wünschenswerter Anlehnung an die natürlichen und wirtschaftlichen Verhältnisse durchgeführt wurde, ist — zumindest für die almwirtschaftliche Seite — der Erfolg vielfach ausgeblieben. Die als Reinweide ausgeschiedenen Flächen verfielen auch nach der „Trennung" einer immer weiter fortschreitenden Verhagerung, Verunkrautung und Verwachsung, als deren Gründe die wirtschaftliche und arbeitsmäßige Unmöglichkeit der notwendigen Folgeverbesserungen, vielleicht auch nicht zuletzt eine gewisse Gleichgültigkeit der Almwirte anzusehen sind.

b) D e r   W a l d hat durch die Trennung von Wald und Weide wohl kaum nennenswerten Flächenzuwachs bekommen — abgesehen vielleicht von solchen Almen, die durch Ankauf ihrer früheren Bestimmung entzogen und aufgeforstet wurden. Was durch Verwachsung von ehemaligen Almflächen für die Waldwirtschaft gewonnen wurde, ist oft wohl kaum als erfreulicher Zuwachs anzusprechen; zumeist handelt es sich um kümmerliche und verbissene Krüppelbestände, um Erlanflüge und ähnliches.

c) In der Kampfzone des Waldes sind zwar viele Almflächen
in ihrer Ertragsfähigkeit so weit gesunken, daß von einer Weidenutzung kaum
mehr gesprochen werden kann, aber auch hier konnten meist für die Wieder
bewaldung weder die wünschenswerten Folgerungen gezogen, noch Erfolge
erzielt werden.

C. GRUNDSÄTZLICHES ZUR „ORDNUNG VON WALD UND WEIDE".

Die ganze Frage wäre leicht zu lösen und würde voraussichtlich auch keinen Anlaß zu gegensätzlichen Meinungen und Ansprüchen geben, wenn man
einfach in „absoluten Weideboden" und „absoluten Waldboden" trennen
könnte. Dies ist aber leider nicht möglich. Es gibt zwar absoluten Waldboden,
nämlich Flächen, wo der Wald die einzigmögliche und unter den gegebenen
Umständen auch ertragreichste und volkswirtschaftlich wünschenswerteste Nut-
zungsart ist. Mit der Almweide ist es aber anders; denn sehr viele für Almweiden brauchbare und notwendige Flächen wären auch für den Wald sehr gut
brauchbar. Und gerade diese Flächen sind es oft, auf welche die Almwirtschaft
unter keinen Umständen verzichten kann, wenn man es nicht zu einer allgemeinen Auflassung der Almwirtschaft bringen will.

Um eine gerechte und zweckdienliche Reihung der Bodenansprüche beider
Kulturgattungen in den in Frage kommenden Höhenstufen der Alpen fest-
zulegen, wären folgende Gedankengänge zugrunde zu legen:

a) Der Wald in hohen Lagen und insbesondere im
Kampfgürtel. Hier liegt es im Interesse der Forstwirtschaft, der Almwirtschaft und nicht zuletzt auch im Interesse der Allgemeinheit sowie der Kultur
überhaupt, daß hier der Wald gefördert, gepflegt und — wenn überhaupt —
nur sehr schonend genutzt wird. Während seine Pflege und schonende Nutzung
in den tieferen Lagen eine Selbstverständlichkeit ist oder zumindest sein sollte,
muß ihm im Kampfgürtel das Hauptaugenmerk zugewendet werden, auch wenn
er keinen oder fast keinen Holznutzen abwirft. Die Waldgrenze ist in den vergangenen Jahrhunderten stellenweise um mehrere hundert Meter herabgerückt.
Die Ursachen hiefür liegen am wenigsten in örtlichen Klimaschwankungen,
wie man oft annimmt, und nur zum Teil in der Almwirtschaft selbst. Ein gut
Teil Schuld daran dürfte wohl die hergebrachte Bodenverteilung tragen, welche
die Almwirtschaft geradezu zwang, sich ihre Weiden in dieser gefährdeten Kampfzone des Waldes zu suchen, während vielfach günstiger gelegene und für die
Almwirtschaft bestens geeignete Flächen der forstlichen Holzproduktion dienen.
Nicht zuletzt trugen gewisse Waldbesitzer oder, besser gesagt, die von der gut
geführten Forstwirtschaft selbst abgelehnte forstliche Raubwirtschaft durch
gewisse „Holzhyänen" zu der Waldverwüstung bei und es muß hier leider festgestellt werden, daß bis heute in dieser Beziehung noch keineswegs restlos
Wandel geschaffen werden konnte. Als wenige Beispiele seien nur erwähnt:
Überschlägerungen, Riesenkahlschläge, Schlägerungen in Waldteilen, die wegen
ihrer Lage an gefährdeten Wildbacheinhängen oder in der Kampfzone eigentlich Schutz- oder Bannwälder sein müßten, „Plünderung" statt Plenterung,
forstliche Monokulturen, rücksichtslose Holzlieferungen und dergleichen. Dazu
kommt die anderweitige Schädigung des Kampfzonenwaldes, wie z. B. Waldweide, übermäßige Holzentnahmen für Almen, Schutzhütten, Holzzäune und

wie alle diese waldverwüstenden Eingriffe heißen mögen, und nicht zuletzt die
Beseitigung von Almwald zur Weidegewinnung. Für alle diese Eingriffe können
Beispiele auch aus der jüngsten Zeit zu Dutzenden gebracht werden.

Die Folgen dieser Waldverwüstung in der Kampfzone und des dadurch
verursachten Herabrückens der Waldgrenze sind bekannt: Verkarstungen, Wild-
bach-, Muren- und Lawinenschäden und -katastrophen, örtliche Klimaverände-
rungen, örtlicher Wassermangel durch Versiegen der Quellen und anderes mehr
sprechen eine allzu deutliche Sprache. Außerdem wird dadurch auch noch die
Gesamtfläche, die zur forstlichen Holzproduktion zur Verfügung steht, ganz
empfindlich geschmälert, denn viele Wälder, die früher unterhalb des Kampfgürtels standen, sind durch die Senkung der Waldgrenze nun selbst zum Kampfgürtel geworden und dadurch in ihren Leistungen fast auf den Nullpunkt
gesunken.

Wo es sich um absoluten Waldboden handelt, um Flächen, die wegen ihrer
Lage, Neigung, Boden- und Wasserverhältnisse usw. nur für eine forstliche
Nutzung geeignet sind, besteht wohl kein Zweifel, daß hier der Wald in jeder
Beziehung und von seiten aller mit allen Mitteln gefördert werden muß. Wichtig ist aber, daß die forstliche Pflege und sonstige Förderung nicht dort stehen
bleibt, wo der Ertragswald aufhört, sondern daß sie sich insbesondere auch dem
Wald im Kampfgürtel zuwendet und sich auch bis zu den letzten, wirtschaft-
lich wertlosen Krüppeln ausdehnt, ja sogar darüber hinaus bis dorthin, wohin
die Waldgrenze wieder hinaufgeschoben werden muß und wo jedes angeflogene
Waldpflänzchen ebenso gehegt und gepflegt werden sollte wie die Pioniere
und „Spähtrupps" der Wiederbewaldung, als da sind die Grünerlen, Latschen,
Strauchweiden, Wacholder, Almrosen, Zwergstrauchheiden und manche andere.

Wenn also bei solchen absoluten Waldflächen eine almwirtschaftliche Nutzung ohnehin nicht in Frage kommt, so muß hier der Almwirt um so mehr an
der Förderung des Waldes stärkstens interessiert sein, denn der Wald im Kampfgürtel, an sonstigen Steilhängen und ähnlichen Örtlichkeiten schützt und
sichert die Almen; vielfach macht er die Almwirtschaft überhaupt erst möglich.

b) Die Flächen, welche sowohl für den Wald wie auch
für die Weide geeignet sind. Die Schaffung einer Ordnung zwischen
Weide und Wald wird aber überall dort eine Notwendigkeit, wo der Boden
nach seiner Lage und seinen sonstigen Verhältnissen sowohl für den Wald wie
auch für die Weide geeignet ist. Dieses Problem ist aber bei einigem gegenseitigen Verständnis und gutem Willen nicht unlösbar; die Jahrzehnte seit dem
ersten Weltkrieg haben uns mehr als früher die gemeinsamen Interessen des
gesamten Volkswohles und der Volkswirtschaft deutlicher sehen gelehrt. Die
engen Scheuklappen einer Wirtschaftspolitik nach Ständen, Berufen und Wirt-
schaftszweigen sind etwas gelockert und volkswirtschaftliches Gemeinschafts-
denken hat breitere Volkskreise erfaßt. Dies um so mehr, da uns die Not direkt
zwingt, Hand in Hand zu arbeiten und den uns verbliebenen geringen Lebens-
raum zweckdienlich und bestens auszunützen.

Will man vernünftige Grenzen und Ordnung zwischen Weide und Wald
herstellen, so muß man vorerst einmal die Reihung der Ansprüche an den
Boden nach ihrer örtlichen und volkswirtschaftlichen Wichtigkeit erwägen.
Bei einer solchen Reihung nach gesamtvolkswirtschaftlichen Gesichtspunkten
drängt sich aber außer der Forstwirtschaft und der Almwirtschaft als dritter
Bewerber noch der Kampfgürtel des Waldes bzw. die Frage der Waldgrenze
zwingend auf, so daß diese Reihung etwa wie folgt aussehen wird:

1. Der Wald im Kampfgürtel. Er ist gleichsam die Gefechtsvorpostenstellung der Bodenkultur im Alpengebiet, damit der menschlichen Besiedlung der Alpentäler und der Kultur schlechthin. Er muß daher das Primat bei allen einschlägigen Betrachtungen haben. Es gebührt ihm der Vorrang in allen jenen Fällen, wo die Almwirtschaft mit ihm in Wettbewerb um den Raum in dieser gefährdeten Zone tritt. Er muß in Hinkunft vom Almwirt als Schützer der Weide und damit als nicht wegzudenkender Teil der Alm betrachtet werden, auch wenn er almwirtschaftlich direkt keinen Nutzen abwirft.

Die Wohlfahrtswirkung des Waldes in seinen verschiedenen Erscheinungsformen erschöpft sich für die Almwirtschaft nicht nur in seiner Eigenschaft als Sturmbrecher, Windschutz und Schützer vor Lawinen, Steinschlag und Vermurung, sondern er speichert auch das Niederschlagswasser und gibt es dann allmählich wieder ab. Nicht zuletzt schützt er den Almboden vor Austrocknung und Aushagerung durch den Wind und schafft dadurch ein günstiges Kleinklima für den Futterwuchs.

Eine bisher viel zu wenig beachtete günstige Wirkung der in die Almfläche da und dort eingestreuten kleineren oder größeren Baumgruppen oder Waldschöpfe kommt noch hinzu: sie brechen die Kraft des oft tagelang anhaltenden Windes und verhindern dadurch, daß der Schnee allzu weitgehend weggeblasen wird. Dies ist gerade bei den ersten Schneefällen im Herbst wichtig. Wenn der erste Schnee schon im Herbst auf dem noch nicht gefrorenen Almboden liegen bleibt und ihn schützt, friert dieser den ganzen Winter oft nicht mehr zu. Unter der schützenden Schneedecke kann das Bodenleben fast ungehindert den ganzen Winter über seine der Versäuerung und Rohhumusbildung entgegenwirkende Tätigkeit weiter entfalten und derart ganz wesentlich zur Gesunderhaltung des Bodens beitragen. Immer wieder kann man auf Almen an windgeschützten Stellen hinter Waldschöpfen oder auch nur einzelnen Krüppelbäumen oder Zäunen, wo der Schnee im Herbst früher liegengeblieben ist, diese günstige Wirkung am Pflanzenbewuchs feststellen. Professor Aichinger, der die Ursache dieser Erscheinung zuerst nachwies, hat in Versuchen festgestellt, daß sogar schon grobmaschiges Drahtgeflecht durch die da hinter entstehenden Schneewehen den örtlichen Pflanzenbewuchs beeinflußt. Die längere und ausgiebigere Schneebedeckung wirkt außerdem auch bis weit in den Sommer hinein für den Wasserhaushalt des Bodens günstig nach.

Der Almwald im Kampfgürtel ist also ein notwendiger Schutz der Almweide.

2. Der Weidebedarf der Almwirtschaft. Das Gebirgsbauerntum ist das biologische und wirtschaftliche Rückgrat der Besiedlung unserer Alpentäler. Dieses Bauerntum ist wegen der natürlichen Verhältnisse in erster Linie auf die Viehzucht und Viehhaltung als Hauptlebensgrundlage angewiesen. Viehzucht und -haltung setzen aber das Vorhandensein genügender Sömmerungsmöglichkeit, also von Almweiden voraus, da die kargen Flächen der Heimgüter dazu nicht ausreichen. Die Viehwirtschaft der Alpentäler ist aber über ihre Aufgabe hinaus, Lebensgrundlage der bäuerlichen Alpenbevölkerung zu sein, ein ausschlaggebender Faktor der gesamten Volksernährungswirtschaft durch ihre Marktleistung an Milch, Fett, Fleisch und Wolle, weiterhin für die viehwirtschaftliche Produktion der Flachlandsgebiete durch Aufzucht von Einstell- und Zuchtvieh. Österreich muß sich weitestgehend aus eigener Kraft ernähren, wenn es krisensicher sein und nicht gezwungen sein will und die für andere Rohstoffe notwendigen Devisen ganz für die Einfuhr von Nahrungs-

mitteln zu verbrauchen. Dabei sei die Bedeutung der Holzwirtschaft als Devisen-
bringer keineswegs verkannt.

Aus all dem geht hervor, daß der Weidebedarf der Almwirtschaft in Fällen
gleicher Bodeneignung vor den Raumansprüchen der Waldwirtschaft gereiht
werden muß. Erst kommt das unabdingbarste Bedürfnis, die Volksernährung,
dann erst der Bedarf an anderen Rohstoffen. Die volkswirtschaftliche Bedeutung der Holzwirtschaft gerade in den Alpenländern soll damit in keiner
Weise geschmälert werden.

Dabei muß aber klar herausgestellt werden, daß der als notwendig erkannte
Weidebedarf nicht durch grenzenlose Flächenansprüche befriedigt werden kann
und darf, sondern daß es — wie weiter unten dargelegt werden wird — das
wesentliche Kennzeichen einer „Ordnung" sein muß, daß dann die derart geordneten Flächen wirklich bestens bewirtschaftet werden.

Es liegt auch auf der Linie neuzeitlicher betriebswirtschaftlicher Erkenntnisse, daß die Almwirtschaft in Hinkunft nicht mehr auf fast unendlich großen
Flächen extensiv betrieben werden kann, sondern daß die Wirtschaftsverhält-
nisse und nicht zuletzt der zweckmäßige Einsatz der immer spärlicher zur Verfügung stehenden Arbeitskräfte eine intensivere Almwirtschaft auf kleinerer
Fläche bei relativ und auch absolut höheren Erträgen erfordern. Es mag auf
den ersten Blick ein Widerspruch darin gesehen werden, daß die intensivere
Form der Almwirtschaft gerade ein haushälterischeres Umgehen mit der Arbeitskraft ermöglicht, aber es ist so, wie später dargelegt werden soll.

3. Der Ertragswald. Seine Bedeutung für die Bodenkultur, das
Klima u. a. ist ebenso allgemein bekannt wie die Bedeutung der Forst- und
Holzwirtschaft für die Alpenbevölkerung und die gesamte Volkswirtschaft, so-
daß hier kein Wort mehr über Selbstverständlichkeiten verloren werden soll.
Wenn der Ertragswald aber hinter die Weide gereiht wurde, so wird er doch
ertragsmäßig und bewirtschaftungsmäßig, wie auch in Hinsicht auf die Fläche
Nutzen aus einer solchen Regelung ziehen. Es wird sich zwar hie und da die
Notwendigkeit ergeben, geeignete Lagen und Böden unterhalb des Kampfgürtels, die vielleicht seit eh und je Wald waren, zur Schaffung von Almweide
abzugeben und damit die Verlegung von Almen aus der Kampfzone des Waldes
oder aus dem Gürtel, welcher zur Wiederbewaldung vorgesehen ist, möglich zu
machen. Dafür wird der Wald aber unvergleichlich größere Flächen, die bisher als Almweide gegolten haben, als Ersatz zurückbekommen; denn eine Ordnung zwischen Weide und Wald schließt selbstredend auch eine Intensivierung
der Almwirtschaft durch Verbesserung der Grasnarbe, Düngung, Ent- und Bewässerung, Weidewechsel und anderes mehr in sich ein. Die Almwirtschaft
wird, wie bereits erwähnt, nach einer solchen Regelung einen besseren Weideertrag aus viel kleineren Flächen erzielen, als ihr bisher vorbehalten waren.
Es werden allerdings manchmal tiefer liegende und weniger geneigte Flächen
sein, welche der Almweide in Tausch gegeben werden; hier ist der nötige Wind-
und Wetterschutz, der erforderliche Wasser- und Quellenreichtum, die geringere Gefahr der Bodenerosion und die Bildung von Viehtrittwegen, sogenannten „Viehgangln", während Wald schließlich auch auf etwas steiler geneigten
Hängen stockt und gedeiht. Dafür ist eben die von der Almwirtschaft als Weide
aufzulassende Tauschfläche unverhältnismäßig größer.

Solche Almverlegungen sind in Einzelfällen vernünftigerweise nicht zu
umgehen. Sie werden aber, gemessen an der Gesamtzahl der zu ordnenden
Fälle, immer nur Ausnahmen bleiben. In der Regel werden sich die Ordnungs-

maßnahmen am bisherigen Standort der Almen abspielen, indem die für die Beweidung am besten geeigneten Teile der Alm gereinigt, verbessert und gepflegt und dann auch intensiver genutzt werden, während der übrige Teil, insbesondere Steilhänge, gefährliche Örtlichkeiten, zu nasse Stellen, windausgesetzte Rücken usw. der Selbstbewaldung überlassen oder besser tatkräftig bewaldet werden. Dazu kommt dann noch die Erhaltung und Schaffung von schützenden Waldstreifen und Waldflanken als Wind- und Lawinenschutz und anderes mehr. Insgesamt wird also bei einer Steigerung des Weideerfolges und des Almertrages die Waldfläche wesentlich zunehmen. Dazu kommt noch, daß die Fläche des Ertragswaldes durch eine Verschiebung der Waldgrenze nach oben indirekt nochmals vergrößert wird, indem im Bereich der heutigen Kampfzone ebenfalls Ertragswälder aufgebracht werden konnen, während der Kampfgürtel als Vorpostenstellung weiter nach oben gerückt wird.

D. PLANUNG DER ABGRENZUNG UND ORDNUNG VON WEIDE UND WALD.

Wenn die Schaffung einer Ordnung zwischen Weide und Wald in der geschilderten Art als notwendig, richtig und durchführbar erkannt wurde, so ist es nur folgerichtig, alles daranzusetzen, sie auch durchzuführen. Dabei ist zu erwägen, daß es sich hier um Maßnahmen handelt, die sich nicht von heute auf morgen, dafür aber dann um so nachhaltiger auswirken werden. Es darf also nichts übers Knie gebrochen und alles will wohl überlegt und richtig geplant werden. Anderseits darf aber der Beginn der Arbeit nicht auf die lange Bank geschoben werden. Je früher man damit beginnt, um so früher wird sich der Erfolg auswirken. Aber man wird erst einmal einzelne Beispiele verwirklichen, und zwar dort, wo die Regelung besonders dringend ist und wo sowohl die Almwirte wie auch ihre allfälligen forstlichen Partner für eine ordnende Regelung aufgeschlossen sind. Erfahrungsgemäß machen ordentlich durchgeführte Beispiele Schule; auch können dabei Erfahrungen für zukünftige Planungen gesammelt werden. Schließlich gibt es auch eine ganze Anzahl von Almen, wo die „Trennung" schon früher eingeleitet, aber nicht bis zum richtigen Abschluß durchgeführt werden konnte. Hier läßt sich vielleicht der Hebel im Sinne dieses Vorschlages zuerst ansetzen.

Über eines muß von vornherein Klarheit herrschen: Der Flächenaustausch zwischen Weide und Wald kann nicht Zug um Zug getätigt werden, sondern nur so, daß auf den auch für später als Weide zu belassenden oder in gute Weide umzuwandelnden Flächen vorerst wirkliche „Weide" geschaffen wird und erst dann, wenn diese Weide tatsächlich brauchbar geworden ist, die Abgabe der nun erübrigten Flächen an den Wald erfolgt. Hiebei werden wohl in den meisten Fällen Jahre vergehen; das darf aber bei der Wirksamkeit dieser Maßnahmen für eine lange Zukunft keine Rolle spielen. Durch die Mitwirkung der Agrarbehörden fällt ein allfälliges Mißtrauen des erst später zum Zuge kommenden Tauschpartners ohnehin weg.

Noch eines: Im Vorstehenden wurde absichtlich immer nur von einem Tausch zwischen Weide und Wald gesprochen, wobei es offengelassen wurde, ob dieser Tausch zwischen verschiedenen Eigentümern stattfindet oder unter Umständen nur zwischen dem Wald und der Weide eines und desselben Besitzers oder ob es sich um den Ersatz von Weiderechten auf großer Waldfläche durch Schaffung ordentlicher Almweide auf kleinerer Fläche handelt. Es spielt dies grundsätzlich auch keine Rolle und ist nur eine rechtliche Frage, die allerdings in manchen Fällen viel Fingerspitzengefühl einerseits und Vertrauen anderseits erfordert.

Die Durchführung einer solchen Ordnung bringt zweifellos eine ganze Reihe von rechtlichen Fragen mit sich. Es ist jedoch nicht zweifelhaft, daß es bei einiger Einsicht seitens der Beteiligten, letztlich auch in schwierigen Fällen möglich sein wird, für alle Teile tragbare Lösungen zu finden. Denn eine Ordnung von Weide und Wald ist für die Almwirtschaft und das Gebirgsbauerntum, für die Forstwirtschaft und den Wald, besonders aber für die gesamte Volkswirtschaft und die Erhaltung des Kulturraumes so wichtig, daß sie des Schweißes der Besten wert ist und da und dort etwas Nachgiebigkeit bei den beiderseitigen Beteiligten rechtfertigt. Auf juristische Fragen soll jedoch an dieser Stelle nicht weiter eingegangen werden, da dies Sache berufener Fachleute ist.

Diese Abhandlung hat lediglich die Notwendigkeit der Hebung der Waldgrenze, die Festigung des Wald-Kampfgürtels und die Hebung der Almwirtschaft als Folgerung aus den neuesten Erkenntnissen der von Prof. Dr. Erwin A i c h i n g e r hinausgestellten dynamischen Betrachtungsweise der Angewandten Pflanzensoziologie und der Vegetationskunde im Auge.

Voraussetzung für solche ordnende Maßnahmen muß es aber sein, daß nach deren Durchführung auch die notwendigen Folgemaßnahmen restlos durchgeführt werden. Wenn nach der flächenmäßigen Trennung alles beim alten bleibt, dann sind alle Mühen und die nie ganz vermeidbaren Opfer umsonst. Es ist vielleicht eine der Hauptursachen für das häufige Mißlingen der bisherigen Bestrebungen zur Trennung von Wald und Weide, daß wohl vielfach solche Trennungen richtig durchgeführt wurden, daß dann aber nichts weiter geschah und daß die auf diese Weise ausgeschiedenen kleineren Weideflächen nicht in den notwendigen Ertragszustand gebracht werden konnten. Die Flächenausscheidung ist nur der erste Schritt. Erst wenn die notwendigen Kulturmaßnahmen forstlicher und almwirtschaftlicher Natur, nicht zuletzt aber die dauernde weitere sachgemäße Bewirtschaftung sichergestellt sind, kann die angestrebte Ordnung zum nachhaltigen Erfolg führen, hat sie überhaupt erst einen Zweck.

1. Grundsätzliche Gesichtspunkte für die Ausscheidung der Flächen.

Es ist klar, daß in jedem Einzelfall die Verhältnisse und Möglichkeiten anders liegen und daß es immer nötig ist, sich den jeweiligen Gegebenheiten weitestgehend anzupassen. Als wertvolle und brauchbare Grundlage für die planende Ausarbeitung einer derartigen Ordnung ist zweifellos die eingehende Vegetationskartierung des betreffenden Gebietes anzusehen, weil aus ihr alle natürlichen Voraussetzungen ersichtlich sind, wie Boden, Klima, Kleinklima, Neigungs- und Reliefverhältnisse, Wasserhaushalt, und die Ersetzbarkeit dieser Faktoren berücksichtigt wird.

Im folgenden sollen — ohne Anspruch auf Allgemeingültigkeit und Vollständigkeit — einige Gesichtspunkte angeführt werden, welche bei den planenden Vorarbeiten Beachtung erfordern:

Soll in einem mehr oder weniger geschlossenen Almgebiet eine neue Ordnung der zur Verfügung stehenden Kulturflächen nach den oben dargelegten

Gesichtspunkten geschaffen werden, so muß man zuerst die gesamte in Frage kommende Kulturfläche dahingehend grob sichten, welche von ihnen

a) überhaupt als Weide in Betracht kommen, weil sie bereits dazu geeignet sind oder durch Verbesserungsmaßnahmen, Rodung o. ä. dazu gemacht werden könnten. Es sind dies in erster Linie alle bisherigen guten Weideflächen sowie magere Weideflächen, die aber mit oft geringem Aufwand auf einen höheren Weideertrag gebracht werden können. Dazu kommen unter Umständen dann noch solche Flächen des bisher katastermäßig als Wald geltenden Geländes, welche durch ihre günstige Lage, geringe Hangneigung, günstige Hangrichtung, Bodenverhältnisse, Wasserverhältnisse und vieles andere mehr, die Möglichkeit bieten, einmal in eine gute Almweide umgewandelt zu werden. In diese Gruppe werden wir bei der vorläufigen Sichtung neben einzelnen bisher als „Waldweide" benützten Grundstücken auch das eine oder andere Waldstück einreihen müssen, welches den gestellten Anforderungen genügt und bei entsprechender Herrichtung in gute Weide umgewandelt werden kann. Es handelt sich hier zumeist um unterhalb des Kampfgürtels des Waldes gelegene, wenig geneigte Kesselböden u. ä., die nötigenfalls als Ersatz für steilere bisherige Almflächen im Kampfgürtel herangezogen werden könnten.

b) Welche Flächen aber unter keinen Umständen für Weide in Frage kommen, weil sie zu steil oder sonstwie ungeeignet sind oder weil sie aus Gründen des Wildbach- oder Lawinenschutzes oder aus sonstigen Gründen von vornherein ausscheiden und daher Wald bleiben oder werden müssen. Dies sind in erster Linie steile Bacheinhänge oder sonstige Steilhänge und Steilstufen, wand- oder blockdurchsetzte Partien, schotterige oder stark vernäßte oder versumpfte Stellen, alte Abrisse, Blaiken und ähnliches. Dazu kommen dann noch alle jene kleineren bisherigen Weideteile, die zu klein und zu entlegen sind, um als selbständige Alm oder Almkoppel benützt zu werden. Weiters gehören hierher wenig gangbare Geländeteile oder solche mit gefahrbringenden Abgründen, Köpfen, Graten und dergleichen. Auch besonders magere und trockene Böden mit humusarmem Rohboden, die durch das massenhafte Auftreten von Frühlingsheide *(Erica carnea)* oder der Wimper-Almrose *(Rhododendron hirsutum)* gekennzeichnet sind, kommen zur Weidebeschaffung meist nicht in Frage.

Nach einer solchen Grobsichtung werden nun die so gefundenen weidegeeigneten Flächen neuerlich daraufhin durchgemustert, inwieweit sie nicht als Waldschonflächen für die Erhaltung und Hebung der Waldgrenze und als Schutzwälder unbedingt von der Beweidung auszuschließen sind.

Bei dieser vorläufigen Einteilung wird es sich herausstellen, daß bei den weidegeeigneten Flächen außer großen Teilen der bisherigen Almweide auch da und dort das eine oder andere bisherige Waldstück als weidegeeignet gefunden wird. Anderseits aber werden oft große Teile der bisherigen, katastermäßig als Alpe ausgewiesenen und auch in Verwendung gestandenen Flächen als weideungeeignet erkannt und daher von vornherein dem anderen Bewerber um den Boden im Almbereich, dem Wald zugesprochen werden.

Es ist klar, daß die geeigneten Flächen auch bei intensivster Verbesserung meist nicht zur Gänze in gute Weide verwandelt werden können. Die Natur und das Gelände bringen es mit sich, daß solche Flächen immer von steinigen Rippen, schotterigen Streifen, nassen Stellen, ausgesetzten Rücken, kleinen

Wandstufen, steilen Rainen und vielen anderen ähnlichen Geländestücken
durchsetzt sein werden. Da aber ohnehin die großflächige, durch nichts unter-
brochene Almweide meist nicht als Ideal anzusehen ist, geben derartige weide-
untaugliche Unterbrechungen eine erwünschte Möglichkeit zur Einordnung
schützender Waldstreifen und Waldflanken als Schutz für die Almweide, von
kleinen Wald- und Baumgruppen als Wetter- und Schattenunterstand für das
Vieh und anderes mehr. Derartige Wald-, Busch- oder Knieholzstreifen sind
sogar besonders wünschenswert und ihre Schaffung liegt im Interesse der Alm.

W a l d w e i d e. Die Frage, ob die Waldweide gut oder schlecht ist und ob
sie erhalten werden muß oder soll, hat schon viele Meinungsverschiedenheiten
hervorgerufen; nicht nur zwischen Almwirten und Forstleuten, sondern auch
zwischen den Almwirten untereinander. Als ziemlich feststehend kann hier wohl
angesehen werden, daß die Waldweide in ihrer extremsten Form schlecht ist,
und zwar für den Wald insbesondere wegen der Bodenverfestigung durch den
Tritt des Weideviehs und wegen Verbißschäden, für das Vieh aber dadurch, daß
das schattengewachsene Futter weniger schmackhaft und bekömmlich, vor allem
aber ganz wesentlich nährstoffärmer ist. Außerdem ist hier der Düngerverlust
sehr groß und auch die Möglichkeit einer geregelten Düngung nicht gegeben.
Dazu kommen noch die Unübersichtlichkeit, Erhaltung langer Zäune, der weite
Gang für das Vieh und die erschwerte Krankheitsverhütung. Aus all diesen
Gründen ist es in den meisten Fällen anzustreben, Wald und Weide zu trennen;
dabei muß es aber der Beurteilung der jeweiligen Verhältnisse überlassen bleiben, ob eine vollkommene Trennung am Platze ist oder die teilweise Schaffung
einer sogenannten „W y t w e i d e“.

Die vollkommene Trennung darf aber auch keinesfalls zu peinlich erfolgen.
Es muß das Entstehen von allzu großen offenen Weideflächen vermieden werden. Diese sollen im Gegenteil wieder durch schützende Baumgruppen, Waldstreifen und Waldflanken unterbrochen sein. Eine besonders für manche windausgesetzte Lagen günstige Lösung stellen die in der Schweiz sehr verbreiteten
Wytweiden dar, das sind Weiden, die fast schachbrettartig mit Baum- und
Waldgruppen durchsetzt sind. Hiebei bricht der Holzwuchs die Wirkung der
austrocknenden Winde und schützt den Boden vor den sengenden Sonnen-
strahlen, hält die Feuchtigkeit zurück und bereichert die Bodenoberfläche an
Pflanzennährstoffen. Der Futterwuchs auf den hiebei immerhin größeren
Weidestellen zwischen den Waldgruppen hat dagegen nicht den Charakter der
Schattenweide.

Nach Kantonsforstmeister F. F a n k h a u s e r besitzt die „b e s t o c k t e
W e i d e oder W y t w e i d e größte Bedeutung für die Hochlagen der Alpen.
Man versteht darunter Flächen, die in unregelmäßiger Verteilung bald mit
einem lichten Holzbestand, bald mit größeren oder kleineren Baumgruppen,
wohl auch nur mit zerstreuten Einzelstämmen, immer aber mit Kernwuchs, also
Hochwald, bewachsen sind. Der zwischen der Bestockung offen bleibende, be-
raste Boden dient als Weide. Die Wytweide ist nicht zu verwechseln mit der
Waldweide, womit man die Ausübung des Weidegangs im eigentlichen Wald
bezeichnet, die nur einen minimalen Ertrag abwirft, dem Wald aber bedeutend
schadet. Die Wytweide dagegen, eine durchaus naturgemäße und vollberech-
tigte Betriebsart, bietet in höheren Lagen für Land- wie für Forstwirtschaft
wichtige Vorteile. An der obersten Baumgrenze in den Alpen, wo kein geschlossener Wald mehr fortkommt, erweist sich überhaupt eine andere Benützung des
Bodens nicht als möglich. Die Wytweiden schützen gegen rauhe Winde und

erhalten durch Beschattung die Bodenfeuchtigkeit. Sie fördern damit den Graswuchs. An der oberen Holzgrenze bildet ihre Bestockung die äußersten Vorposten der Baumvegetation. Mit ihrem Verschwinden weicht auch der unterhalb angrenzende Wald zurück. Die Bestockung der Wytweiden darf deshalb nie ganz entfernt werden. Als ungleichaltrige Bestandesform wird sie geplentert."

In stärker geneigten sonnseitigen Lagen, wo eine starke Austrocknung das Aufkommen von *Calluna*-Heide fördert, erweist sich die schüttere Bestockung der Weide mit Lärchen als sehr günstig für die Erhaltung einer guten Weidenarbe.

2. Planung der endgültigen Flächenausscheidung.

Das Ergebnis der Grobsichtung wird am besten an Hand des Kataster-Planes und der Vegetationskarte schätzungsmäßig in einer Aufstellung niedergelegt, aus welcher folgendes hervorgeht:

1. Welcher Bedarf an Sommerungsmöglichkeit ist auf Grund der bisherigen Alpung oder des Weidebedarfes der Beteiligten als gegeben anzusehen?
2. Welche bisherigen Almflächen können Alm bleiben und welche Sömmerungsmöglichkeit bieten sie?
3. Welche bisherigen Waldflächen könnten notfalls auf Grund der Grobsichtung Almweide werden, um den fehlenden Sömmerungsbedarf zu decken?
4. Wieviel Fläche gibt die Alm an den Wald ab?
5. Wie ändert sich das Flächenverhältnis zwischen Weide und Wald durch die Neuordnung?

Die weitere Planungsarbeit wird sich sodann der betriebswirtschaftlich-almwirtschaftlichen Seite zuwenden, um die Größe und die Lage der einzelnen entstehenden Almweidestücke zueinander und ihre mogliche Ertragsfähigkeit auf Grund der Standortverhältnisse mit dem Weidebedarf in Einklang zu bringen. Hiebei wird insbesondere die Frage eine Rolle spielen, ob verschiedene Almstaffeln geschaffen werden können, ob und wie die Alm in entsprechende Koppeln zur Durchführung eines geregelten Weidewechsels eingeteilt werden kann und wie die Lage dieser Teile zu den Quellen und Wasserstellen, zu den Ställen und sonstigen Gebäuden ist. Die Möglichkeiten einer ordentlichen Düngerwirtschaft, die Anlage der Zufahrts-, Trieb- und Düngerwege und anderes mehr müssen ebenfalls berücksichtigt werden.

Bei allen diesen Überlegungen wird sich dann in dem einen oder anderen Falle noch herausstellen, daß dieser oder jener Flächenteil noch als Verbindungsstück oder als Abrundung zur Alm zu schlagen ist, während auf die eine oder andere bei der Grobsichtung als weidegeeignet befundene Fläche trotzdem noch zugunsten des Waldes verzichtet werden kann.

Die weitere Durchführung ist dann eine agrarjuristische Angelegenheit, auf die hier nicht weiter eingegangen werden soll.

E. ÜBERGANGS- UND UMSTELLUNGSMASSNAHMEN.

Die Durchführung derartiger Ordnungsmaßnahmen kann auch nach reiflicher Planung nicht von heute auf morgen erfolgen und insbesondere auch nicht von einem Jahr zum anderen ihre günstigen Folgen für Alm und Wald zur Auswirkung bringen. Die ganze Umstellung muß vielmehr einige Jahre in

Anspruch nehmen, während welcher nach der festgelegten Planung die nötigen Schritte durchgeführt werden:

1. Überführung der Teile, die auch weiterhin Weide bleiben sollen, durch Verbesserungsmaßnahmen verschiedenster Art in einen den örtlichen Verhältnissen angemessenen besten Ertragszustand.
2. Gleichzeitig muß nach Möglichkeit mit dem fallweise nötigen Freimachen der Flächen begonnen werden, wo bisheriger Wald in Reinweide überführt werden soll. Je früher dies geschieht, um so früher kann man dort mit der Schaffung und Verbesserung der Weidegrasnarbe beginnen, um auch hier bis zum Abschluß der Umstellungszeit eine vollwertige Weide zu erzielen.

   Eine Sonderlösung muß allerdings in solchen Fällen getroffen werden, wo aus irgendwelchen Gründen — beispielsweise bei Jungwald — die Schlägerung erst viel später möglich ist und wo daher zum Ausgleich des Weidebedarfes für die verlängerte Übergangzeit Teile des bisherigen Weidelandes, die eigentlich abzutreten wären, einstweilen weiter beweidet werden müssen.
3. Während nun die Verbesserungsmaßnahmen für die Weidegrasnarbe überall dort, wo nach erfolgter Ordnung geregelte Intensiv-Almweidewirtschaft platzgreifen soll, nach und nach wirksam werden, können die weiteren notwendigen Verbesserungen und etwa nötigen Baumaßnahmen durchgeführt werden, wie z. B. Abzäunungen, Stallbauten, Tränkstellen, Wege und vieles andere mehr.
4. Erst wenn die hier kurz erwähnten Umstellungsmaßnahmen und die im folgenden noch eingehender darzulegenden Folgemaßnahmen auf der Seite der Almwirtschaft fortgeschritten sind, wenn an Stelle der bisherigen großräumigen, extensiven, ungeregelten Weidewirtschaft auf der für die Almwirtschaft vorbehaltenen, meist kleineren Fläche, intensiv mit vollem Ertrag gewirtschaftet werden kann, ist es möglich, die dem Wald zufallenden Flächen freizumachen; dies nun aber ganz.

Die ganze Umstellung wird in der Regel mehrere Jahre in Anspruch nehmen, während welcher der Wald auf die Übergabe der zu bewaldenden bisherigen Almflächen warten muß. Dies darf aber, gemessen an den Zeiträumen, in welchen die Forstwirtschaft zu denken gewöhnt ist, keine große Rolle spielen, besonders, wenn man bedenkt, welchen Vorteil der Wald aus der ganzen Regelung allein schon durch die Befreiung gefährdeter Wälder von der Beweidung und durch die Möglichkeit der ungestörten Wiederbewaldung in wichtigen Abschnitten des Kampfgürtels zieht, ganz abgesehen von dem in vielen Fällen eintretenden Flächengewinn.

F. DURCHFÜHRUNG UND FOLGEMASSNAHMEN.

Sollen alle Mühe und alle gegenseitig zu bringenden Opfer, die eine solche Ordnung und ihre Durchführung erfordert, nicht umsonst gewesen sein, sollen sich die Segnungen der durchgeführten Regelung auch auf die Dauer für alle Beteiligten im Ertrag auswirken, so ist e i n e Voraussetzung unumgänglich nötig: Auch die Folgemaßnahmen müssen gesichert sein. Es müssen von vornherein auf der forstlichen wie auf der almwirtschaftlichen Seite alle Möglichkeiten geklärt sein, ob und wie die Bewaldung und Wiederbewaldung in

die Wege geleitet und durchgeführt werden kann; inwieweit die Weideflächen
ertragreich gemacht werden können und welcher Aufwand an Geld, Arbeit
und Materialien hierzu notwendig ist und ob und wie es möglich sein wird,
dies aufzubringen.

Ferner muß die weitere Bewirtschaftung in einer Weise sichergestellt werden, daß der neu zu schaffende Zustand auch wirklich auf die Dauer erhalten
werden kann.

Die Folgemaßnahmen gliedern sich also in einen forstlichen und einen
almwirtschaftlichen Teil und jede dieser Gruppen wiederum in einmalige
Umstellungmaßnahmen und in die gesicherte, dauernde zweckmäßige Bewirtschaftung auch auf weite Sicht.

I. Auf Seiten des Waldes.

Wenn hier an erster Stelle die Folgemaßnahmen auf Seiten des Waldes,
also forstliche Maßnahmen — allerdings nur kurz und andeutungsweise —,
erörtert werden sollen, so muß auch hier nochmals darauf verwiesen werden,
daß in der vorliegenden Abhandlung niemals Forstwirtschaft und Landwirtschaft oder Forstmann und Bauer oder Almwirt gegenübergestellt werden sollen, sondern immer nur die Almweide und der Wald, ohne Rücksicht darauf,
ob sich Wald oder Alm in derselben Hand befinden oder verschiedene Eigentümer haben. Wir müssen im Gebirgsbauern den Menschen erkennen, der
Landwirtschaft und Forstwirtschaft gleicherweise, wenn auch in verhältnismäßig kleinem Ausmaß, betreibt; auch der Almbauer muß und wird daran
interessiert sein, daß der zu seiner Alm gehörige Wald bestmöglich gedeiht,
Ertrag abwirft und vor Schäden geschützt wird. Und wo das Verständnis für
die Belange des Waldes in der Kampfzone und für die notwendige Hebung
der Waldgrenze noch nicht vorhanden ist — auch manche forstliche Kreise
haben sich bisher recht wenig um den Wald oberhalb der Ertragswaldgrenze
gekümmert —, dort ist es eben notwendig, dieses Verständnis zu wecken.

Die folgenden Zeilen richten sich daher weniger an den zünftigen Forstmann, dem sie ja auch meist nichts Neues bringen können, sondern an den
Wald- und Almbauern, um dessen waldwirtschaftliches Verständnis auch auf
den bisher recht stiefmütterlich behandelten Almwald zu lenken und sein Interesse für die Lebensfragen des Waldes in der Kampfzone zu erwecken.

1. Umstellungsmaßnahmen:

a) Freimachen, bzw. Schlägern der Bestände jener Flächen,
welche im Zuge der Neuordnung Reinweide werden sollen, wobei entsprechend
der vorhergegangenen Planung einzelne geeignete Baumgruppen oder Waldstreifen als Wind- und Wetterschutz für Vieh und Weide stehen bleiben oder
einer Verjüngung zugeführt werden. Es ist hiebei wohl selbstverständlich, daß
bei den ohnehin nur in Ausnahmefällen notwendigen Kulturumwandlungen
von Wald in Weide das Einvernehmen mit der zuständigen Bezirksforstinspek-
tion gepflogen wird.

b) Aufforstung der von der Alm abzutretenden bisherigen Weideflächen unterhalb der Waldgrenze, bzw. Förderung des Aufkommens eines
gesunden und standortgemäßen Mischwaldes. Da es sich bei den abgetretenen
Flächen vielfach um steile, nasse oder sonstwie gefährdete Örtlichkeiten, öfters
noch in besonderer Höhenlage oder Ausgesetztheit, handeln wird, ist der Holz-

artenwahl eine ganz besondere Sorgfalt und vegetationskundliches Verständnis zuzuwenden. Vernäßte oder stark wasserzügige Stellen wird man je nach der Lage durch die Pumpwirkung der Grau- oder Grünerlen auszutrocknen und zu binden trachten, stark bewegliche Hänge durch Vorkulturen mit verschiedenen Weidenarten für eine spätere Einbringung wertvollerer Holzarten festigen, rutschgefährdete, steile Bacheinhänge nicht durch die flachwurzelnde Fichte überlasten, sondern an deren Stelle tiefwurzelnde Holzarten, je nach Lage und Standort, z. B. Tanne, Buche, Bergahorn, Eberesche, Lärche, Birke, Zirbe, Spirke einbringen oder fördern. Diese Beispiele sollen nur zeigen, daß es keineswegs richtig ist, ja sogar ein großer Fehler wäre, hier überall nach der Gepflogenheit der letzten Jahrzehnte reine „Fichtenäcker" anzulegen, sondern, daß es notwendig ist, diese gleichsam neu zu begründenden Wälder als Mischwald aus standortgemäßen Holzarten aufzubauen.

c) **Waldpflege in der Kampfzone und Hebung der Waldgrenze.** Hier handelt es sich nicht um schnell zu erledigende Aufgaben, sondern um Bestrebungen auf weite Sicht, welche die schützende und helfende Hand von Generationen brauchen; ihr Beginn und ihre Inangriffnahme muß aber schon in der Umstellungszeit erfolgen, weil es um jedes Jahr schade ist, um welches diese so lang vernachlässigte Pflicht in unserem und unserer Nachkommen Interesse nicht erfüllt wird.

Es besteht kein Zweifel, daß es viel schwerer sein wird, die Vorposten des Waldes wieder nach oben vorzuschieben, als es seinerzeit der Ausbeutung und dem Unverstand leicht war, den Wald in der damaligen Kampfzone zu vernichten und dafür darunter gelegene, bisherige Ertragswälder in die Rolle des Kampfzonenwaldes zu drängen. An manchen Stellen wird dies infolge der inzwischen eingetretenen Verkarstung vielleicht überhaupt nicht mehr möglich sein. Wo aber noch einige Aussicht auf Erfolg besteht, muß alles zur Hebung der Waldgrenze auf ihre alte, klimatisch bedingte Höhe getan werden.

In diesen hohen und verhagerten, windausgesetzten Lagen ist es nicht möglich, den Wald durch Anforstung zu begründen; hier kann sich der Wald erst im Laufe von Jahrzehnten und Jahrhunderten aus seinen Vorläufern und Pionieren über Krüppelwuchs nur nach und nach heraufentwickeln und durchkämpfen, wenn ihm von Seiten des wirtschaftenden Menschen nur eine Unterstützung gewährt wird, nämlich die, daß er ihn nicht immer wieder durch unsinnige Holznutzung, wo kein Holzertrag da ist, durch Schwendung an Orten, wo ohnehin keine brauchbare Weide entstehen kann, oder durch immer wiederholte Verstümmellung, besonders durch den Verbiß von Schafen und Ziegen, in seinem Gedeihen stört oder gar vernichtet. Wenn der Mensch den Wald hier schützt, dann wird sich ohne jede Aufforstung nach und nach eine natürliche Entwicklung durchsetzen:

Unter Ausnutzung jedes auch nur geringen Windschutzes oder Schneeschutzes, den Gelände, Felsbrocken oder sogar bereits vorhandene Krüppelbäume gewähren, werden sich die Spähtrupps der Holzgewächse, die Zwergstrauchheiden, Almrosen, Zwergweiden oder der Zwergwacholder festsetzen; in dem durch sie gebildeten und festgehaltenen Humus und in ihrem Schutz können sich, je nach der Lage, schon anspruchsvollere Holzgewächse ansiedeln, z. B. Latschen oder Grünerlen. Diese wiederum schaffen in zunehmendem Maß die Vorbedingungen für das Aufkommen von Zirbe, Lärche und Fichte. Auch diese werden sich vorerst nur in Krüppelformen durchzusetzen vermögen. Erst späteren Waldgenerationen wird es gelingen, sich zum Wald aufzuschwingen,

wenn es die örtliche Lage und die Klimaverhältnisse überhaupt zulassen, und
wenn nicht irgendein Naturereignis in der Zwischenzeit die angebahnte Entwicklung nochmals zurückwirft. Aber eines ist sicher: Nur in der langsamen
Entwicklung vom Pionier herauf ist es überhaupt möglich, die einst entwaldeten Stellen wieder zu bewalden, denn die Natur macht keine Sprünge.

Aber eines wird sich bei dieser Entwicklung noch zeigen: So, wie der Wald
seine Pioniere und Spähtrupps langsam in den einst aufgegebenen Raum wieder vorschiebt, wie er damit auch den Bereich seines Kampfgürtels nach und
nach immer höher hinaufverlegt, so rückt auch im Schutze dieses neuen Kampfgürtels von unten der geschlossene Wald und damit der Ertragswald in den
bisherigen Raum des Kampfgürtels vor. Der Ertragswald gewinnt also an
Raum, und das ist neben der ideellen und kulturerhaltenden Seite der anzustre-
bende wirtschaftliche Erfolg. Wenn auch die jetzige Generation noch keinen
Nutzen daraus ziehen kann, so ist es doch notwendig, endlich einmal damit an-
zufangen, das Absinken der Waldgrenze am oberen Saum der Kultur wieder
rückläufig zu machen, damit die Nachkommen dereinst nicht ähnlich über uns
denken, wie wir heute mit Bitterkeit von denjenigen sprechen, die allerdings
ohne Vorstellung über die Folgen, einstens den Wald hier zerstörten. Der Bauer
wie der Forstmann sind ja, im Gegensatz z. B. zu manchem Raubwirtschaft trei-
benden Holzhändler, gewöhnt, in weiten Zeiträumen zu denken und zu säen,
wo erst die Nachkommen ernten werden.

2. Fernere Bewirtschaftung.

Darüber ist nicht viel zu sagen, denn es handelt sich hier in der Hauptsache um die weitere Fortführung des in der Umstellungszeit Begonnenen und
dann um den Schutz und die Erhaltung der erzielten Erfolge. Allerdings wird
sich die Bewirtschaftung immer mehr nach den Erkenntnissen der dynamisch
arbeitenden Vegetationskunde richten müssen und damit zum naturnahen
Aufbau auch der Wirtschaftswälder mit standortgemäßen Holzarten kommen.
Außerdem sind im Almbereich Großkahlschläge zu vermeiden und der Wald
nach Möglichkeit plenterartig und gefährdete Stellen schutzwaldmäßig zu
bewirtschaften. Ebenso sind, wie schon erwähnt, auch die meist „unproduk-
tiven" Grünerlen- und Latschenbuschwälder nach forstlichen Gesichtspunkten
in Schutz und Pflege einzubeziehen.

Dasselbe gilt natürlich sinngemäß auch für diejenigen Stellen innerhalb
der Almweide, auf welchen zum Schutze von Weide und Vieh Waldgruppen
und -streifen aufgebracht oder erhalten werden sollen.

II. Auf Seiten der Almwirtschaft.

Nicht weniger wichtig sind die Aufgaben, die der Almwirtschaft im
Zusammenhang mit einer Bodenordnung zwischen Weide und Wald erwachsen,
wenn das Ganze überhaupt einen Sinn haben soll. Manche bisher nach bestem
Wissen und richtigen Grundsätzen durchgeführte „Trennung von Wald und
Weide" ist nur deshalb ohne nachhaltigen Erfolg geblieben, weil zwar die Flächen getrennt und alles fein säuberlich gemacht wurde, aber das W i c h -
t i g s t e unterblieb, nämlich die V e r b e s s e r u n g der verbleibenden Weide
und die Sicherung einer nachhaltigen Bewirtschaftung. Nach der Durchführung der ordnenden Regelung muß die bisherige ungeregelte, extensive Weidewirtschaft durch den intensiven Alm-Weidebetrieb abgelöst werden.

Auch hier gliedern sich die Folgemaßnahmen in solche, die durch die Umstellung notwendig werden und sozusagen den verbesserten Almbetrieb erst ermöglichen und einleiten müssen, und weiterhin in Vorkehrungen dafür, daß nun die Alm, ihre Weide, ihre Gebäude und Einrichtungen und der Betrieb auch immer weiter so erhalten und fortgeführt werden, wie es die geordnete Raumfrage und der notwendige Ertrag und Alpungserfolg erheischen.

1. Umstellungsmaßnahmen.

Diese Aufgaben müssen sofort in Angriff genommen werden, sobald die Ausscheidung der Flächen feststeht; denn ihre erfolgreiche Erledigung schafft erst die Voraussetzung, daß alles weitere programmgemäß zu Ende geführt werden kann. Erst wenn die Alm soweit hergerichtet ist, daß ihre endgültig Weide bleibenden Flächen den vollen Ertrag geben, können die zu bewaldenden Flächen an den Wald abgegeben werden. Die almwirtschaftlichen Folgemaßnahmen müssen also in vieler Hinsicht immer um eine Nasenlänge voraus sein.

a) Besitzverhältnisse: Es liegt auf der Hand, daß es im Zuge der Schaffung einer Ordnung angestrebt werden muß, auch gleich die rechtliche Regelung der Besitzverhältnisse der Almen in dem zu ordnenden Gebiet derart durchzuführen, daß sie der Einführung einer neuzeitlichen Almwirtschaft nicht im Wege steht. Neben der Regelung von Servitutenfragen ist hier die Anpassung der Statuten der Almen im Besitze von agrarischen Gemeinschaften wichtig. In den meisten Fällen erweist sich hier die Zusammenlegung des Almbetriebes auf gemeinsame Gebäude und gemeinsames Personal schon mit Rücksicht auf den Arbeitskräftemangel, ganz besonders aber als Voraussetzung für einen geregelten Weidewechsel und für die notwendigen Pflege- und Düngungsmaßnahmen als unbedingt notwendig. In manchen Ausnahmefällen kann aber auch eine Spezialteilung notwendig und zweckmäßig sein.

Die Hebung der Ertragsfähigkeit macht es dann auch möglich, daß bis dahin nötige, dann aber entwicklungshemmende Bestimmungen im Zuge der durchzuführenden Ordnung wegfallen, wie zum Beispiel Beschränkung der Auftriebszahlen oder der Weidezeit. An ihre Stelle müssen Weideordnungen treten, die den geänderten Verhältnissen Rechnung tragen und einen Anreiz zur Ertragssteigerung geben. Auch die Ablösung von Weideservituten in Grund und Boden, wobei die Ablösungsgrundstücke ins Eigentum der Agrargemeinschaften zu übertragen sind, ist zu fördern.

b) Betriebswirtschaftliche Einteilung: Zuerst ist die Frage zu klären, ob die Alm während der ganzen Alpzeit von einer Stelle, bzw. Hütte aus bewirtschaftet werden kann, oder ob es richtig und gegeben ist, zwei oder mehr Staffeln zu machen. Letzteres wird insbesondere dann der Fall sein, wenn die Alm sehr stark in die Höhe gegliedert ist, also wenn Teile davon bedeutend höher oder entfernt von den anderen Teilen liegen. Davon hängt es ab, ob es angezeigt oder gar notwendig ist, in mehreren Staffeln Hütte und Stall oder wenigstens in entfernt liegenden Weideteilen einfache Vieh-Scherme zu errichten; sie sollen dem Vieh den täglich mehrmaligen, oft weiten und vielfach über steinige und über „grobe" Strecken und Höhenunterschiede führenden Weg von und zur Weide ersparen und eine Düngersammlung für diesen entfernten Weideteil an Ort und Stelle ermöglichen.

Das manchmal vorhandene Bestreben nach einer allzu straffen Zentralisation auf eine Hütte oder einen Stall hat sich in der Durchführung als recht unzweckmäßig erwiesen, weil der Hirte in solchen Fällen — oft mit Recht — dem Vieh den weiten und schlechten Weg zum Stall ersparen will und es daher wochenlang ohne Einstallen auf den entlegenen Weideteilen beläßt. Das Vieh nimmt bei dieser Methode meist weniger Schaden als die Weide, denn in einer neuzeitlichen Almwirtschaft gilt das Einstallen ja erst in zweiter Linie dem Schutz des Viehs vor Wetterunbilden und Hitze; das Wesentlichere ist die Möglichkeit, wenigstens einen Teil der anfallenden Dungstoffe sammeln und dann zweckentsprechend anwenden zu können. Wir müssen daher auch in der Almwirtschaft in manchen Fällen einem gesunden „Föderalismus" im Gegensatz von zu straffer Zentralisation das Wort reden. Lieber m e h r e r e einfachere Ställe, allerdings mit festem Boden und Düngersammelmoglichkeit, als e i n besonders gut ausgeführtes Gebäude. In bestimmten Fällen aber lieber mehrere Staffel mit einfacheren Hütten und Ställen als ein nicht von allen Weidestellen leicht erreichbarer Massivstall mit bequem ausgestatteter Hütte. Auch das Almpersonal zieht etwas einfachere Hütten den weiten Wegen für Viehtrieb und Viehsuche vor. Diese Forderung hat jedoch mit der Erhaltung der Vielhütten-Almen, wo jeder mit einigen Stück Vieh Einzelwirtschaft betreibt, ebensowenig zu tun wie mit der Erhaltung unwürdiger oder ungesunder Hirtenunterkünfte.

c) A l m a n g e r. Es ist für eine ordentliche Almwirtschaft eine unumgängliche Notwendigkeit, jedes Jahr einen Heuvorrat anzulegen. Dieser soll aber im Gegensatz zu dem vielerorts eingeführten, aber unzweckmäßigen Brauch nicht schon im Herbst verfuttert werden, um dadurch die Alpzeit gewaltsam noch etwas zu verlängern. Er soll vielmehr dazu dienen, im Frühsommer einen etwas früheren Almauftrieb zu ermöglichen und dabei die zu dieser Zeit mengenmäßig noch etwas schmale Weide ergänzen zu helfen. Insbesondere aber hat der Heuvorrat die Aufgabe, sommerliche Wintereinbrüche ohne Schädigung und Ertragsrückgang zu uberbrücken und außerdem die Zufutterung erkrankter Tiere zu ermoglichen.

Die bisher bestehenden Almanger sind in der Regel seit Jahrzehnten überdüngt worden und es ist daher die Frage zu prüfen, ob man die Zusammensetzung der Grasnarbe hier in absehbarer Zeit überhaupt dahin bringen kann, daß eine angemessene Wiesennutzung zu erwarten ist, oder ob es nicht zweckmäßiger ist, im Zuge der Neuordnung auch den Almanger an eine andere Stelle zu verlegen und hier die Grasnarbe für ihre neue Aufgabe entsprechend herzurichten. Die Fläche des bisherigen Almangers wird wegen des Vorherrschens von Ampfer, Germer, Doldenblütlern und anderen zur Wiesennutzung ganz ungeeigneten Vertretern der Stickstoff-Kali-Flora oft besser für die nächste Zeit in die Beweidung einbezogen. Hiebei ergibt sich die Möglichkeit, den Mähfleck an weniger gangbare, trittgefährdete Hangteile zu verlegen, während seine bisherige weniger geneigte Fläche richtigerweise zur Weide geschlagen wird. Bei Bemessung der Große des als Dauerwiese zu nutzenden Almangers ist aber auch in Rechnung zu stellen, daß bei einem geregelten Weidewechsel auf einzelnen Koppeln im Frühsommer die zur Mahd geeigneten Flecken ebenfalls noch zur Mähnutzung herangezogen werden können.

d) K o p p e l e i n t e i l u n g. Ein geregelter und konsequent durchgeführter Weidewechsel ist eine unabdingbare Voraussetzung für die weitere ordentliche und nachhaltige Bewirtschaftung der Alm. Wenn er im Zuge der Neuordnung nicht ermöglicht und für die weitere Bewirtschaftung nicht sichergestellt wird, haben die ganzen Aufwendungen an Mitteln und Arbeit für eine Raumordnung wenig Sinn. Eine der ersten Aufgaben zur Umstellung des Almbetriebes auf die neugeordneten Verhältnisse ist daher die Einteilung der gesamten zukünftigen Weidefläche in mindestens fünf bis sechs (besser mehr) ungefähr gleichwertige Teile, wobei selbstredend die natürlichen Geländeneigungs- und Entfernungsverhältnisse, die Gliederung durch das Relief und nicht zuletzt die Lage zu den Ställen und Tränken weitgehend mitberücksichtigt werden müssen.

Für die Abzäunung der Koppelunterteilung wird mit Rücksicht auf die notwendige Schonung des Almwaldes und die Holzersparnis in erster Linie der Stacheldrahtzaun anzuwenden sein, auch wenn man ihn eigentlich aus ästhetischen Gründen ablehnen müßte; der Schutz des Almwaldes ist hier wichtiger. Eine besondere Zukunft hat aber auch in der Almwirtschaft der Elektrozaun, der in Anschaffung und Betrieb auf die Dauer bedeutend billiger ist, weniger Holz verbraucht und auch sonst betriebswirtschaftliche und besonders arbeitsmäßige Vorteile bietet. Auf manchen Almen wird sich schon jetzt eine „Arbeitsteilung" insoferne einführen lassen, daß in den vorwiegend holzbewuchsfreien, lichten Almteilen der Elektrozaun weitgehend angewendet wird, während die Zäune in den stärker verwachsenen und auch in den entlegeneren Teilen der Alm aus Stacheldraht hergestellt werden.*)

Jedenfalls müssen die Koppeln auch schon gleich zu Anfang der Arbeiten der Umstellungszeit eingeteilt werden, wobei es einer Berücksichtigung der jeweiligen Verhältnisse überlassen bleibt, ob die Unterteilungszäune gleich oder besser erst später errichtet werden.

e) Verbesserung der Grasnarbe auf den von jeher beweideten Almflächen. Hier handelt es sich einmal hauptsächlich darum, allzu starke, trockene Versäuerung mancher Flächen zu mildern. Es sind dies insbesondere die vom Bürstling (*Nardus stricta*), der Besenheide (*Calluna vulgaris*), den Heidel- und Moorheidelbeeren sowie der Preiselbeere (*Vaccinium Myrtillus, uliginosum* und *Vitis-idaea*) und der Rost-Almrsose (*Rhododendron ferrugineum*) verunkrauteten Stellen. Diese Pflanzen bilden einen trockenen, stark sauren, ungesättigten Rohhumus, so daß auch nach ihrer Entfernung gute Futterpflanzen erst dann aufkommen und gedeihen können, wenn der Boden hier entsäuert und gedüngt wurde. Hier spielt auch eine Belebung des für die Schaffung der Bodengare so wichtigen Bodenlebens durch verrotteten Stalldünger oder Kompost eine Rolle. Außerdem wird diese Bodenverbesserung durch Bewässerung — womöglich mit mineralreichem oder gar kalkreichem Wasser — ganz wesentlich unterstützt und beschleunigt.

Die Beschaffung des Kalkes ist wegen der weiten Zufuhr meist schwierig. Wo daher in erreichbarer Nähe der Alm kalkreiches Gestein zu finden ist — und dies ist auch im „Urgebirge" nicht selten der Fall — wäre der Gedanke des Einsatzes von transportablen Kalksteinmühlen-Aggregaten mit Dieselantrieb nicht von der Hand zu weisen, wenn sich hiefür die technischen Voraussetzungen und die betriebswirtschaftliche Tragbarkeit schaffen lassen. Diese Frage

*) Die im Rahmen des Institutes für angewandte Pflanzensoziologie eingeleiteten E-Zaunversuche auf Almen zielen dahin, diese im Talbetrieb bereits bewahrte Zaunart auch für die besonders gelagerten und erschwerenden Umstande des Almbetriebs weiterzuentwickeln und damit die anderen, kostspieligen und mehr Material verbrauchenden Zaunarten möglichst weitgehend entbehrlich zu machen.

wird zur Zeit noch im Rahmen des Institutes für angewandte Pflanzensoziologie geprüft. Das Brennen von Kalk an Ort und Stelle wäre wünschenswert, wird aber wohl nur in Ausnahmefällen durchführbar sein, wo durch größere Latschenschwendungen o. ä. genügende Mengen nicht transportwürdigen Brennstoffes anfallen. Auf alle Fälle ist aber vor Beginn der Verbesserungsarbeiten eine chemische Untersuchung aller im Bereiche der betreffenden Alm vorkommenden Quellen und Gewässer empfehlenswert, bei welcher vielleicht Möglichkeiten der Bewässerung festgestellt werden können, die sich für die Almverbesserung als goldeswert erweisen. Übrigens verrät der Randbewuchs der Quellen und Gewässer bei einigen vegetationskundlichen Kenntnissen sofort, welcher Art der Mineralgehalt des Wassers ist. So erweisen sich zum Beispiel Quellen, an deren Rand vornehmlich Wilde Brunnenkresse *(Cardamine amara)*, Umgeändertes Schlafmoos *(Cratoneurum commutatum)* und verschiedene gute Futterpflanzen wachsen, als besonders geeignet zur entsäuernden Bewässerung.

Die D ü n g u n g s m a ß n a h m e n erfordern natürlich auch eine individuelle Behandlung, indem diejenigen Flächen, die sich durch ihren Bestand an nährstoffliebenden Pflanzen als nährstoffreich oder sogar als überdüngt erweisen, lediglich eine Zufuhr von phosphorsäurehaltigen Handelsdüngemitteln wünschenswert erscheinen lassen. Anders verhält es sich mit dem größeren Teil der Flächen, deren Pflanzenbestand auf ausgesprochenes Düngerbedürfnis schließen läßt. Hier ist daher eine Zufuhr von allen drei Hauptnährstoffen und unter Umständen auch von Kalk erwünscht. Dipl.-Ing. O. Pascher empfiehlt nach einer mir gemachten Mitteilung eine Kali-Thomasmehl-Düngung zur Erweckung der Kleewüchsigkeit und die Stickstoffdüngung erst im Frühjahr des übernächsten Jahres. Diese Düngungsform ist auch deshalb zweckmäßig, weil die sofortige Volldüngung einseitig den Wuchs von Rotschwingel begünstigen würde, welcher leicht überständig wird. Da in der Regel die natürlichen Dungstoffe an Ort und Stelle weitaus nicht ausreichen werden, erscheint es ratsam, diese wenigstens in der Umstellungszeit für solche Flächen vorzubehalten, die wegen ihrer starken Versäuerung und Rohhumusdecke kein oder nur wenig Bodenleben aufweisen und für welche wir daher diese Düngemittel zum Ankurbeln des Bodenlebens vorerst nötiger brauchen. Auch hier ist eine Beigabe von Thomasmehl und Kali wünschenswert. Dadurch wird auch bis zum Aufkommen eines Bodenlebens durch Koagulation die Bodengare gefördert und die anzuwendenden Kalkgaben können in diesem Falle auch geringer sein.

Der betriebswirtschaftlich geschulte Almwirt wird vielleicht Zweifel über die Zweckmäßigkeit der Handelsdüngeranwendung in der Almwirtschaft hegen, wenn er bedenkt, wie teuer der Handelsdünger auf die Alm gestellt bei den heutigen Preisverhältnissen kommt. Er berechnet, welchen Mehrertrag zum Beispiel jedes in der Heimwirtschaft angewendete Kilogramm Thomasmehl bringen könnte im Vergleich zur möglichen Ertragssteigerung auf der Alm bei einer wesentlich kürzeren Vegetationszeit. Derartige Überlegungen sind — wenigstens teilweise — richtig und angebracht. Sie müssen aber für die Durchführung der grundlegenden Neuordnung eines Almgebietes und für die Neuankurbelung der Ertragsfähigkeit der Almweiden grundsätzlich mit einem anderen Vorzeichen versehen werden. Dann wird das Ergebnis solcher Überlegungen auch manchmal ein anderes Bild ergeben.

Die Beschaffung von natürlichen Düngemitteln ist und bleibt eine der größten Sorgen; denn die an Ort und Stelle vorhandene Düngermenge ist fast immer viel zu klein und eine Zufuhr vom Tale meist weder möglich noch wirtschaftlich. Es müssen also alle nur erdenklichen örtlichen Düngerquellen erschlossen werden. Eine solche ist auf fast allen verbesserungsbedürftigen Almen die Erde unter den Lägerstellen, wo durch Jahrzehnte Mistwasser und Jauche versickert sind und bis in große Tiefe den Boden mit Stickstoff und Kali angereichert haben. Diese Stellen erkennt man schon von weitem an dem fast alleinigen Bewuchs mit Alpen-Ampfer *(Rumex alpinus,* auch *Rumex crispus* und *Rumex obtusifolius),* Brennesseln und dergleichen. Diese Erde kann, wenn sie nicht allzusehr schotterig ist, ausgegraben und kompostiert werden, indem ihr außer etwas Kalk möglichst große Mengen organischer Stoffe, Streu, Farne, Nadelstreu, Besenheide und sonstiges Schwendmaterial und dergleichen zugesetzt werden. Die Behandlung ist dabei gleich wie sonst bei der Kompostbereitung. Auf diese Weise kann Dünger für die zu verbessernden Stellen, welche zwar oft reichlich toten Rohhumus besitzen, aber ein ausgesprochenes Bedürfnis nach mildem, belebtem Humus haben, geschaffen werden.

Die Narbenverbesserung erfolgt also fast ausnahmslos überall o h n e U m b r u c h und nachfolgende Einsaat, indem die Standortbedingungen weitestgehend so umgestaltet werden, daß sie den Unkräutern und sonstigen unerwünschten Pflanzen nicht zusagen, dafür aber umsomehr den guten und wertvollen Weidepflanzen. Die bäuerliche Erfahrung und die Erkenntnisse der Pflanzensoziologie haben gelehrt, daß die Natur selbst dafür sorgt, daß immer sogleich diejenigen Pflanzen aufkommen, gedeihen und sich im Konkurrenzkampf durchsetzen, welchen die durch die Verbesserung geschaffenen, geänderten Standortverhältnisse zusagen. Die Tätigkeit des wirtschaftenden Menschen besteht ja im wesentlichen nur darin, den Standort möglichst günstig für die erwünschten Weidepflanzen umzugestalten. Umbruch oder Fräsung mit nachfolgender Neueinsaat kommt nach den neueren Erfahrungen in der Grünlandwirtschaft nur noch in ganz besonderen Ausnahmefällen in Frage, z. B. dann, wenn in der Narbe überhaupt keine guten Weidepflanzen mehr da sind und es sich um eine überaus dicke Rohhumusdecke handelt, und wenn Wind- oder Wassererosion nicht zu befürchten sind.

f) U m w a n d l u n g d e r d u r c h S c h w e n d u n g, bzw. R o d u n g n e u z u s c h a f f e n d e n W e i d e f l ä c h e n. Wie weiter vorn ausgeführt, ist es zur Schaffung einer nach allen Gesichtspunkten richtigen Raumordnung erforderlich, daß nicht nur bisher der Beweidung gewidmete Flächen an den Wald abgegeben werden, sondern daß da und dort auch das eine oder andere Stück bisherigen Waldbodens vom Wald an die Weide in Tausch gegeben wird. Hier ist auch an die Verlagerung von Almen aus dem gefährdeten Kampfgürtel des Waldes in tiefere Lagen unter die Waldgrenze zu denken, um neben einer großzügigen Wiederbewaldung des gefährdeten Raumes und damit einer allmählichen Hebung der Waldgrenze Almen aus ungeeigneten Lagen in den Schutz des umgebenden Waldes und in quellenreichere Lagen herabzuverlegen und damit auf kleinerem Raum größere Weideerträge zu erzielen. Solche besonders einschneidende Flächentausch-Maßnahmen werden aber nur selten nötig sein.

Die zur Umwandlung in Almweide in erster Linie in Frage kommenden Flächen mit mehr oder weniger dichter Bestockung sollen unterhalb eines schützenden Waldgürtels womöglich in einer Mulde oder in einem Kessel gelegen sein und möglichst wenig Steilhänge oder sonstige zur Beweidung ungeeignete Flächen einschließen. Sie werden aber infolge ihrer tieferen Lage einen günstigen Quellenreichtum aufweisen. Eine gewisse Schwierigkeit wird sich in manchen Fällen ergeben, wenn der auf der umzuwandelnden Fläche stockende Waldbestand Altersklassenverhältnisse aufweist, die eine sofortige Schlägerung in absehbarer Zeit nicht wirtschaftlich erscheinen lassen. Hier kann die Umwandlung, bzw. der Tausch nur auf eine längere Zeitspanne verteilt, Zug um Zug, vollzogen werden.

Im folgenden bleiben alle Fragen der Schlägerung, Verwertung des Holzes und dergleichen unbesprochen und der Berücksichtigung der jeweiligen Verhältnisse überlassen. Hier soll nur vom almwirtschaftlichen Standpunkt aus und unter Berücksichtigung vegetationskundlicher Erkenntnisse die Frage untersucht werden, wie die ehemaligen Waldflächen am erfolgreichsten in Weide übergeführt werden können. Bei der großen Vielfalt der in Frage kommenden Waldgesellschaften, beziehungsweise Stadien aus Entwicklungsreihen, lassen sich hier nur allgemeine Richtlinien andeuten, während Einzelheiten einer eingehenden örtlichen Beurteilung bedürfen.

In der Mehrzahl der Fälle wird es sich bei den in Almweide umzuwandelnden Waldteilen um bodensaure oder zumindest oberflächlich versäuerte Nadelwälder handeln, deren saurer Waldboden unschwer schon an den Pflanzen des Unterwuchses erkannt werden kann: Heidelbeeren *(Vaccinium Myrtillus)*, Preiselbeeren *(Vaccinium Vitis-idaea)*. Besenheide *(Calluna vulgaris)*, Rost-Almrosen *(Rhododendron ferrugineum)*, Woll-Reitgras *(Calamagrostis villosa)*, Weißliche Hainsimse *(Luzula albida)*, Drahtschmiele *(Deschampsia flexuosa)*, Rotstengelmoos *(Pleurozium Schreberi)*, Besenförmiges Gabelzahnmoos *Dicranum scoparium)*, Spitzblättriges Torfmoos *(Sphagnum acutifolium)* und andere. Aber auch sehr viele Wälder mit so dichtem Waldbestand, daß darunter kein oder fast kein Unterwuchs aufkommen konnte, müssen als bodensauer angesehen werden. Da die erwünschten Weide-Futterpflanzen zu ihrem optimalen Gedeihen fast alle nur schwach saure Bodenreaktion ertragen, ergibt sich die Entsäuerung als eine der wichtigsten Maßnahmen zur Umwandlung von Wald- in Weideboden. Sie erfolgt durch eine erstmalig ausgiebige Kalkung, die sofort nach der Schlägerung vorgenommen werden soll. Diese erstmalige Kalkdüngung sollte je nach dem Grad der Versäuerung des Bodens und den wirtschaftlichen Möglichkeiten etwa 1200 bis 2000 kg $CaCO_3$ je Hektar betragen; besser ist allerdings gerade bei der erstmaligen Düngung, die sich besonders schnell auswirken soll, die Anwendung von Branntkalk oder Mischkalk, der übrigens auch leichter transportabel ist, weil von ihm nur 600 bis 1000, bzw. 900 bis 1500 kg je Hektar bei gleicher Wirksamkeit benötigt werden. Die in den folgenden Jahren anzuwendenden Kalkgaben regeln sich dann je nach dem Fortschritt der Entsäuerung, die aus dem Pflanzenbestand abgelesen werden kann. Ihre Höhe wird sich ungefähr bei 300 kg je Hektar Kalksteinmehl oder den entsprechenden Mengen der anderen Kalksorten bewegen.

Wo der umzuwandelnde Waldteil schon von vornherein nicht versäuert ist — dies werden aber in den fraglichen Höhenbereichen nur Ausnahmen sein — kann die Gesundkalkung natürlich entfallen. Solche Wälder erkennt man insbesondere am Hervortreten von krautigen Pflanzen im Unterwuchs. Aber auch hier wird in den folgenden Jahren der aufmerksame Almwirt ständig die Zusammensetzung der Grasnarbe beobachten, um bei Beginn allzustarker Versäuerung sofort regelnd eingreifen zu können.

Die Stöcke des abgetriebenen Waldes werden nach den neueren Erkenntnissen am besten nicht gerodet, sondern der natürlichen Zersetzung überlassen, wobei wertvolle organische Pflanzennährstoffe frei werden. Die Stockrodung dürfte auch aus wirtschaftlichen Gründen kaum in Frage kommen und würde auch oft der Wassererosion Angriffsflächen bieten. Dagegen ist es zweckmäßig, die Verrottung der Stöcke zu fördern. Wie mir Dozent Dr. Herbert F r a n z in Admont mitteilte, empfiehlt er hiezu, die Stöcke mit Erde oder Moos zu bedecken, nachdem sie vorher oben mit der Axt etwas aufgerauht und die Angriffsflächen dadurch vergrößert wurden. Das Abdecken hat hiebei die Aufgabe des Schutzes gegen Licht- und Temperaturkontraste und der Sicherung einer gleichmäßigen, die Verrottung fördernden Feuchtigkeit.

In allen jenen Fällen, wo in der Nachbarschaft der in Weide überzuführenden Waldfläche bereits Rasenflächen mit brauchbaren Weidepflanzen vorhanden sind, dürfte sich jede Sorge für eine Ansaat der erwünschten Weidepflanzen erübrigen, weil die Natur meist selbst für den natürlichen Samenanflug sorgt. Die Hauptsache ist hiebei nur, daß durch die entsprechende Abstimmung der Standortverhältnisse den erwünschten Pflanzen das Aufkommen und Gedeihen und die Konkurrenzfähigkeit gegenüber anderen unerwünschten Pflanzen ermöglicht wird. In Ausnahmefällen, wo nicht mit Samenanflug aus der Nachbarschaft gerechnet werden kann, muß allerdings durch Einsaat einer entsprechenden Weidemischung eine Narbenbildung eingeleitet werden. Aber auch hiefür genügt in den meisten Fällen oberflächliches Verwunden des Oberbodens ohne Umbruch.

Es liegt auf der Hand, daß solche aus der Umwandlung von ehemaligen Waldflächen entstehenden Weiden besonders im Anfang nur mit großer Vorsicht beweidet werden dürfen, bis sich die Grasnarbe gut geschlossen und gefestigt hat. Insbesondere dürfen solche Weiden nicht der ungeregelten, selektiven Beweidung überlassen werden, sondern auch hier muß gleich von Anfang an ein geregelter Weidewechsel durchgeführt werden. Geschieht dies nicht, so wird das weidende Vieh aus der nach der Schlägerung des Waldes hier aufkommenden sogenannten Kahlschlagvegetation nur die ihm besonders zusagenden Futterpflanzen herausfressen und sie dadurch in ihrer Entwicklung stark hemmen oder sie sogar an ihrem Aufkommen verhindern, während andererseits die verschmähten Weideunkräuter und sonstigen Kahlschlagpflanzen geschont und dadurch besonders gefördert werden, so daß sie in Kürze das Feld allein behaupten.

Es ergibt sich aber nicht nur die Notwendigkeit, auf geschlägerten Waldflächen eine ordentliche Weidegrasnarbe zu schaffen, sondern viel häufiger und wohl auch ausgedehnter sind die Flächenteile, die schon von jeher zur Alm gehört haben, aber erst durch Schwendung wieder für die ertragreiche Beweidung hergerichtet werden müssen. Auch hiefür lassen sich ebensowenig allgemeingültige Richtlinien aufstellen wie für die sogleich nach der Schwendung durchzuführenden Folgemaßnahmen. Über die wichtigsten zur Schwendung und Bekämpfung in Frage kommenden Unkräuter oder Unhölzer seien folgend kurz einige Angaben gemacht:

D e r B ü r s t l i n g *(Nardus stricta):* Er ist eines der verbreitetsten und lästigsten Almunkräuter. Die Frage seiner Bekämpfung ist aber sehr umfangreich und kann daher in diesem Rahmen nur andeutungsweise behandelt werden; gibt es doch eine ganze Reihe verschiedener Arten von Bürstlingsrasen-Gesellschaften, die entwicklungsmäßig verschieden entstanden sind, oft auch eine verschiedene Artenzusammensetzung haben und daher auch eine unterschiedliche Bekämpfungsweise erfordern. Dies ist auch der Grund, warum ein und dieselbe Maßnahme im einen Fall wirksam ist, während sie im anderen Falle nicht zum Erfolg führt. Als wichtigste Gegenmaßnahmen seien hier nur erwähnt: Bodenentsäuerung, Nährstoffzufuhr (Mist, Jauche, Gülle, Thomasmehl), Ausschalten der selektiven Beweidung durch geregelten Weidewechsel, Kurz-Abweiden in jungem Zustand (auch Pferde), Bewässerung, besonders mit kalkreichem Wasser und dergleichen mehr. Dabei ist aber zu bedenken, daß in den meisten Fällen alle oder mehrere Maßnahmen zusammenwirken müssen, um einen Erfolg zu erzielen.

L a t s c h e n *(Pinus Mugo):* Sie sind an vielen Stellen sehr nützlich für die Alm und dürfen dann keinesfalls geschwendet werden; sie verdienen im Gegenteil besonderen Schutz, wo sie die Almweide gegen Wind, Lawinen, Schuttüberrieselung und Steinschlag schützen. Als Pionierpflanze besiedelt die Latsche aber auch junge, rohe Böden mit sehr schlechtem Wasserhaushalt und ist daher auch hier als sehr nützliche Bodenschutzpflanze anzusehen. Dies ist insbesondere überall dort der Fall, wo man solche armseligen Bodenverhältnisse an dem starken Auftreten der *Erica carnea* und des *Rhododendron hirsutum* im Unterwuchs der Latschen erkennen kann. Hier wäre es ohnehin nicht möglich, brauchbare Weide zu schaffen.

Wo aber kein Schutz des Bodens und der Alm durch die Latschen nötig ist und wo weiterhin keine Gefahr der Verhagerung und Verkarstung oder Absturzgefahr für das Vieh besteht, wenn diese Flächen außerdem in ihrer Neigung und Lage als Almweide geeignet sind, wo weiters die Latschen bereits eine dicke Humusschichte gebildet und dadurch den Wasserhaushalt des Bodens gehoben haben, dort können wir sie unbesorgt schwenden. Allerdings müssen wir hier den Boden sofort durch Kalkung entsäuern und womöglich auch düngen. Unterbleiben diese Folgemaßnahmen, so entsteht keine brauchbare Weide, sondern es werden sich dort andere Unkräuter in Kürze ausbreiten.

G r ü n e r l e n *(Alnus viridis).* Auch sie sind oft als sehr nützliche Almpflanzen zu bezeichnen, wo sie nämlich durch ihre tiefe, feste Bewurzelung lockere Hänge durchwachsen und sie dadurch festigen oder wo sie Schuttüberrieselung und Steinschlag aufhalten; auch, wo sie auf feuchten Stellen oder wasserzügigen Hängen siedeln und diese wirksam entwässern. Wenn hier trotzdem geschwendet wird, so erhält man keine Weide, sondern eine durch das Wegfallen der austrocknenden Wirkung der Grünerlen vollständige Vernässung, es sei denn, daß man gleichzeitig entwässert.

Stockt die Grünerle aber auf nicht steilen und unvernäßten Stellen und hat sie auch sonst keine schützenden Aufgaben zu erfüllen, so kann unbesorgt geschwendet werden. Der Boden hat hier dank der Pioniertätigkeit der Grünerlen bereits eine gute Durchlüftung und einen guten Nährstoffhaushalt, so daß man fürs erste weder zu düngen noch zu kalken braucht. Lediglich wenn im Unterwuchs der Grünerlenbestände bodensäureanzeigende Pflanzen zu finden sind, wie zum Beispiel das Woll-Reitgras *(Calamagrostis villosa),* die Rost-Almrose *(Rhododendron ferrugineum)* oder die Heidelbeere *(Vaccinium Myrtillus),* so ist zu schließen, daß der Boden arm an aufgeschlossenen Nährstoffen und versäuert ist; hier wird eine Düngung und Kalkung sofort nach dem Schwenden notwendig.

G e w ö h n l i c h e r   W a c h o l d e r *(Juniperus communis)* und Z w e r gw a c h o l d e r *(Juniperus nana).* Der Wacholder besiedelt vielfach felsigen, schuttbedeckten Boden in windgeschützten, schneereichen Mulden und bildet dort durch Nadelabfall guten Humus. Hier ist er ebenso schutzwürdig wie dort, wo er als Bodenschutz, Windbrecher und Schützer gegen Schuttüberrieselung und Steinschlag nützlich ist.

Wo er jedoch in die sonstigen Weideflächen eingedrungen ist und dort durch die dichte Bodenbedeckung die Futterpflanzen verdrängt, ist er als ein sehr schädliches „Almunkraut“ anzusehen und zu schwenden. Dies ist auch oft auf den mehr nach Süden geneigten, frühen Sommerweiden der Fall. Kalken dieser Stellen ist vorerst nicht nötig, weil der Wacholder einen guten, milden Humus bildet.

A l m r o s e n. Bei den Almrosen ist grundsätzlich zu unterscheiden, um welche Art es sich handelt. Die Wimper-Almrose *(Rhododendron hirsutum)* ist eine ausgesprochene Kalkpflanze trockener und armer Böden, woraus zu ersehen ist, daß diese Pflanze überhaupt nicht als Almunkraut anzusehen ist und daher nicht geschwendet werden darf. Geschähe dies trotzdem, so würde man auf dem Standort der Wimper-Almrose niemals eine einigermaßen brauchbare Weidegrasnarbe aufbringen können, sondern ihn mit der Almrose lediglich seines Bodenschutzes berauben und der Verkarstung den Weg freimachen.

Die Rost-Almrose *(Rhododendron ferrugineum)* dagegen ist eine Pflanze saurer Rohhumusböden, die nach der Schwendung sehr wohl in brauchbare Weideböden umgewandelt werden können. Allerdings müssen auch diese Böden sofort nach der Schwendung durch Kalkung entsäuert und durch Düngung in ihrem Nährstoffhaushalt verbessert werden. Aber auch die Rost-Almrose muß dort in Ruhe gelassen werden, wo sie als Schutz darunter gelegener Almflächen nötig ist.

F a r n k r ä u t e r. Die meisten Farnarten sind ausgesprochene Waldpflanzen und verschwinden sofort, wenn ihnen durch die Schlägerung des Waldes der Waldschatten genommen wird. Lediglich der Adlerfarn *(Pteridium aquilinum)* ist als Almunkraut sehr häufig. Er wächst meist auf zumindest oberflächlich trockenen, kalkarmen und an Nährstoffen verarmten Böden, die aber meist sehr wohl in gute Almweide umgewandelt werden können. Das Schwenden dieses Unkrautes muß aber so erfolgen, daß dabei der Wurzelstock als Nährstoffreserve entleert oder ausgehungert wird. Wiederholtes Abmähen führt nur dann zum Ziel, wenn es knapp vor der vollständigen Entfaltung der Wedel erfolgt, also bevor diese in der Lage waren, durch Assimilation dem Rhizom nennenswerte Nährstoffmengen zuzuführen. Um die vom Adlerfarn befreiten Flächen in gute Weide umzuwandeln, empfiehlt sich Nährstoffzufuhr und in den meisten Fällen auch Entsäuerung.

Z w e r g s t r a u c h h e i d e n. Die Bekämpfung verschiedener Arten von Zwergstrauchheiden nimmt einen sehr breiten Raum in der Verbesserung der Weideflächen ein. Am verbreitetsten ist auf den Almen wohl die Besenheide *(Calluna vulgaris)*, denn sie bedeckt ausgedehnte, eigentlich der Weide gewidmete Flächen. Sie wird zwar am schnellsten und einfachsten durch Abbrennen entfernt, wobei dem Boden gleichzeitig in Form der Asche eine schwach entsäuernde, alkalische Düngung gegeben wird; dies ist jedoch nur dort ratsam, wo die *Calluna*-Heide dicht geschlossen, ohne Zwischenbewuchs von Futterpflanzen wächst, wo also ohnehin fast kein Bodenleben vorhanden ist. Aber auch hier ist am besten nur bei gefrorenem Boden zu brennen. Wo Brennen auch wegen der Gefahr einer Ausbreitung des Brandes, bei kleineren Flächen oder aus sonstigen Gründen nicht möglich ist, führt das Ausreißen im ganzen gesehen schneller zum Ziel als das wiederholte Abmähen. Wichtig ist, daß sofort nach dem Entfernen der Heide eine Standortverbesserung durch Entsäuern und Düngung erfolgt, da es sonst nicht möglich ist, an Stelle der *Calluna*-Heide ordentliche Weidepflanzen aufzubringen. Durch Bewässerung, womöglich mit mineralkräftigem oder sogar alkalischem Wasser, kann die *Calluna*-Heide unter Umständen in wenigen Jahren vertrieben werden, ohne daß es notwendig ist, sie vorher zu entfernen. Allerdings kann sich auch in diesem Falle ohne Hebung des Nährstoffhaushaltes durch Düngung eine gute Weidegrasnarbe nicht entwickeln.

Die Schneeheide *(Erica carnea)*, welche im Gegensatz zur *Calluna*-Heide im zeitigen Frühjahr blüht und sich in ihrem sonstigen Äußeren ebenfalls von ihr unterscheidet, darf keinesfalls mit dieser verwechselt werden, wie dies leider so oft geschieht. *Erica*-Heide zu schwenden oder zu entfernen ist zwecklos und sogar schädlich, denn die von ihr besiedelten Standorte sind fast immer von vornherein für die Schaffung von Weide ungeeignet.

Die Heidelbeere *(Vaccinium Myrtillus)* tritt auch auf vielen Flächen herrschend auf, welche in gute Weide umgewandelt werden sollen. Da sie ebenfalls eine meist sehr dicke, saure Rohhumusdecke gebildet hat, ist auch hier neben einer Gesundkalkung die Hebung des Nährstoffhaushaltes im Verein mit einer Förderung des Bodenlebens durch Düngung am Platze.

Zusammenfassend muß festgestellt werden, daß es bei der Umwandlung von bewaldeten oder sonstwie anderweitig verwachsenen Flächen in Almweide durch Unkrautbekämpfung, Schwendung oder Schlägerung hauptsächlich darauf ankommt, daß den erwünschten Weidepflanzen der Standort und insbesondere die Bodenverhältnisse so gestaltet werden, daß sie den Konkurrenzkampf mit den Unkräutern und anderen unerwünschten Pflanzen leicht siegreich bestehen können. Geschieht dies nicht, so bleibt die ganze Arbeit letzten Endes erfolglos und die betreffende Fläche ist in Kürze wieder im alten verwachsenen Zustand.

Hiebei sei nochmals darauf hingewiesen, daß Schlägerung, Schwenden und auch das Unkrautentfernen auf allen jenen Stellen auch innerhalb des geschlossenen Weidebodens unterbleiben muß, die flachgründig oder felsig sind oder wo aus den sonstigen, früher eingehend erwähnten Gründen aufkommende Holzgewächse gefördert und schützende Waldflecken und -streifen und dergleichen geschaffen werden müssen.

Bei allen diesen Arbeiten darf auch nicht übersehen werden, daß sie in sonnseitigen Lagen nur mit größter Vorsicht durchgeführt werden dürfen, soferne der Boden überhaupt noch ein Bodenleben hat. Durch allzu schroffe Freilegung des Bodens würden die in höheren Lagen besonders wirksamen UV-Strahlen (ultraviolettes Licht) das Bodenleben schädigen und dadurch die Entwicklung zu gutem Weideboden zumindest wesentlich verzögern. Das Schwendmaterial ist hier daher bis zum folgenden Frühjahr oder bis zur Bodenbeschattung durch die neue Pflanzendecke als Bodenschutz liegen zu lassen.

2. Sonstige Verbesserungen.

Wenn die im folgenden angeführten Verbesserungen in vielen Fällen auch nicht einen wesentlichen Bestandteil oder die Voraussetzung des Gelingens einer Raumordnung zwischen Weide und Wald im Bereiche der Almen darstellen, so wird sich da und dort je nach Lage des Falles die Notwendigkeit ergeben, die eine oder andere weitere Maßnahme sogleich im Zuge der großen Umstellung mit durchzuführen.

a) A l m g e b ä u d e u n d D ü n g e r s a m m e l a n l a g e n. Wo noch keine ordentlichen Unterkünfte für das Almpersonal und keine Einstallungsmöglichkeit für das gesamte zu alpende Vieh vorhanden sind, muß früher oder später an den Bau von Hütte und Almstall oder wenigstens von einfachen Viehschermen gedacht werden. Es ist, wie schon ausgeführt, in vielen Fällen zweckmäßiger, anstatt eines massiveren, zentralen Stalles für die ganze Alm mehrere etwas einfachere Viehscherme zu errichten, bei welchen es nur darauf ankommt, daß sie dem Vieh genügenden Schutz gewähren und die Möglichkeit zur möglichst verlustlosen Sammlung der im Stall anfallenden Dungstoffe bieten. Auf Einzelheiten sei hier nicht eingegangen; in besonderen Fällen wird es sich aber als zweckmäßig erweisen, die Bauten gleich im Zuge der Umstellungsmaßnahmen unter Mitverwendung des hiebei anfallenden Holzes und dergleichen zu erstellen, weshalb sie an dieser Stelle erwähnt werden. Ähnlich verhält es sich mit den Düngersammelanlagen, wobei es der Berücksichtigung der örtlichen Boden-, Gelände-, Wasser-, Streu- und sonstigen Verhältnisse überlassen bleiben muß, ob und in welcher Form Düngerstätte, Jauchengrube oder Güllegrube ausgeführt werden.

b) W e g e. Auch die Anlage von Wegen fällt unter die Folgemaßnahmen, die zwar von vornherein geplant, aber wenigstens zum Teil in der Umstellungszeit durchzuführen sind. In erster Linie handelt es sich da um den Alm-Zufahrtsweg, der die Alm mit dem Heimgut verbindet. Weiters ergibt sich fallweise die Notwendigkeit, Wege für die Düngerausbringung und für den Viehtrieb in einzelne Weideteile auszubauen. An Stelle von Düngerwegen können fallweise zum Teil feste Gülleleitungen treten.

c) E n t w ä s s e r u n g. Sumpfige oder auch nur allzu wasserzügige Stellen eignen sich unter keinen Umständen zur Beweidung. Abgesehen davon, daß sie Brutstätten für Schmarotzer und sonstige Krankheitskeime sind, wächst auf ihnen schlechtes Futter; sie werden bei der Beweidung bald zu einem mit tiefen Trittlöchern versehenen Morast und geben auf hängigem Gelände dann oft den Anlaß zu Erdschlipfen, Blaiken oder Erdlawinen. Wo es mit einiger Aussicht auf Erfolg und wirtschaftlich möglich ist, sind solche Stellen zu entwässern. Dies ist dann ganz einfach zu bewerkstelligen, wenn es gelingt, die an der Vernässung schuldtragenden Quellen schon bei oder oberhalb ihres Austrittes zu fassen und unschädlich abzuleiten. Wo die Entwässerung solcher Stellen nicht möglich oder unwirtschaftlich ist, sind sie je nach Lage und Verhältnissen mit Grau- oder Grünerlen anzuforsten, damit sie auf diese Weise wenigstens etwas ausgetrocknet, außerdem aber auch befestigt werden und mit anderen im Bereich der Alm vorhandenen kleineren Waldstücken zum Schutz der Alm beitragen.

d) B e w ä s s e r u n g. Sie ist ein ganz wesentliches Mittel zur Hebung der Weideerträge auf vielen Almen. Die Anlagekosten und der Arbeitsaufwand bei der Durchführung sind verhältnismäßig klein und stehen jedenfalls in keinem Verhältnis zu dem dadurch zu erwartenden Erfolg. Die Möglichkeit der Bewässerung ist daher überall auszunützen, wo sie auf trockenen und mageren Weideflächen irgend anwendbar ist. Die Anlage der offenen Bewässerungsgräben hiezu, stellenweise ergänzt durch einfache Holzgerinne, ist zwar nicht an die Umstellungszeit gebunden, aber es ist doch sicherlich da und dort möglich oder notwendig, sie entweder gleich oder doch möglichst früh durchzuführen. Wo die günstige Gelegenheit zur Verwendung von mineralreichem, besonders kalkreichem Wasser aus Quellen oder Bächen besteht, darf sie nicht ungenützt bleiben. Derartiges Bewässerungswasser leistet in der Vertreibung acidiferer, säureertragender Unkräuter oft mehr als großer Aufwand an Arbeit und Geld für Kalk und Düngemittel. Dazu kommt dann noch die bekannte ertragfördernde Wirkung des Wassers als solches. Kalkreiche Quellen inmitten von vermeintlich reinem Urgesteinsgebiet sind übrigens keineswegs selten.

G. DAUERNDE SICHERUNG.

Den da und dort durchgeführten Trennungen von Wald und Weide blieb vielfach auf die Dauer der Erfolg versagt. Zwar wurden die Flächen der Almweide mehr oder weniger reinlich von denen des Waldes geschieden, aber es war vielfach keine rechte Möglichkeit zur Verbesserung der ausgeschiedenen Flächen für ihre nunmehrige Zweckbestimmung gegeben. Auch dort, wo die unumgänglich nötigen Verbesserungen im Anschluß an die Trennung von Wald und Weide durchgeführt werden konnten, fehlte später eine wirksame Handhabe für die dauernde Sicherung und Erhaltung des verbesserten Zustandes.

I. Hinsichtlich des Almwaldes handelt es sich hier neben der Bewirtschaftung der unterhalb der Waldgrenze liegenden Wälder im Bereich der Almen nach den neuesten Grundsätzen einer standortgemäßen Mischwuchspflege wohl hauptsächlich um die Pflege und den Schutz der im Zuge der Wiederbewaldung und Ödlandaufforstung entstehenden neuen Waldteile und um den restlosen Schutz und die Forderung des Waldaufkommens im Bereich des heutigen Wald-Kampfgürtels und oberhalb davon. Hiezu gehört selbstverständlich auch der Schutz der Pioniergesellschaften des Waldes, der Zwergstrauchheiden, Grünerlenbuschwälder und dergleichen.

II. Hinsichtlich der Almwirtschaft. Die Beispiele der Vergangenheit zeigen, daß sich hier die mangelhafte Sicherung der dauernden Erhaltung des einmal geschaffenen verbesserten Zustandes und der dauernden zweckentsprechenden Bewirtschaftung besonders schädigend auswirkt. Viele der seinerzeit im Zuge der „Trennung von Wald und Weide" bereinigten Almen, welche damals auch einer mehr oder weniger durchgreifenden Verbesserung unterzogen wurden, sind durch die Fortführung des e x t e n s i v e n , u n g e r e g e l t e n Weidebetriebes und durch das Ausbleiben aller Pflege- und Düngungsmaßnahmen bereits wieder so verunkrautet wie vor der Verbesserung oder noch mehr. Diese Entwicklung kann zwar zum Teil mit der wirtschaftlichen Not begründet werden, welche in den vergangenen Jahrzehnten mit nur kurzen Unterbrechungen die alpenländische Landwirtschaft in ihrer Entfaltung behindert hat. Aber es muß doch auch festgestellt werden, daß nicht nur der Geld- und Arbeitskräftemangel an dieser Verwahrlosung schon einmal verbesserter Almen allein die Schuld trägt, sondern auch U n v e r s t ä n d n i s und G l e i c h g ü l t i g k e i t seitens mancher Almwirte und vor allem mangelnde Aufklärung und mangelndes Verständnis für die vegetationskundlichen Zusammenhänge zwischen Standortpflege und Standortgestaltung. Die nachhaltige Sicherung des durch Verbesserungen geschaffenen Zustandes muß also durch eine ordnungsgemäße weitere Bewirtschaftung gewährleistet werden, und als Voraussetzung hiefür durch eine entsprechende Aufklärung und Belehrung der Almwirte und ihres Almpersonals über diese Zusammenhänge.

Die wesentlichsten Gesichtspunkte, nach welchen die Bewirtschaltung und Benützung der neugeordneten und verbesserten Almen zu erfolgen hat, sind kurz zusammengefaßt etwa folgende:

1. D e r A l m b e t r i e b i m J a h r e s l a u f. Die Güte der Almgrasnarbe und damit der Ertrag an Futter und dessen Güte sind weitgehend davon abhängig, wie die Nutzung ausgeübt wird. So hat es sich in Hinsicht auf Auf- und Abtrieb als zweckmäßig erwiesen, im Spätsommer, sobald die Weide auf der Alm nicht mehr genügend Futter gibt, rechtzeitig abzutreiben, anstatt zu dieser Zeit das Vieh auf der Almweide mehr oder weniger durchzuhungern und dadurch auch die Weidenarbe zu schädigen. Umgekehrt hat es sich aber bewährt, im Frühjahr um eine oder auch zwei Wochen früher aufzutreiben, als dies bisher üblich war, wobei der im Vorjahr gewonnene Heuvorrat allenfalls die anfänglich manchmal mengenmäßig etwas schmale Weide ergänzen hilft. Besonders für die Weidenarbe ist eine derartige Auftriebsregelung günstiger, weil sie hiebei im Frühsommer, wenn auch der Bürstling noch jung ist, sauber abgeweidet wird und weil ihr dann im Spätsommer das hungrige Herumlaufen des vergeblich futtersuchenden Viehes erspart bleibt. Nach dem Auftreiben im Frühjahr werden zuerst die fetten Weidestellen beweidet, die schon jetzt reichlich Futter bieten und in diesem Zustand noch gern gefressen werden; dann kommen sofort die Bürstlingflächen dran, denn diese müssen immer möglichst früh und kurz abgeweidet werden, solange sie noch einigermaßen schmackhaft und nahrhaft sind; anderseits wird auf diese Weise die übermäßige Verbreitung des Bürstlings gehemmt.

Auf Almen mit mehreren Almstaffeln ergibt sich der Staffelwechsel von selbst; es erübrigt sich daher, hier besonders darauf einzugehen.

2. D e r g e r e g e l t e W e i d e w e c h s e l. Er ist eines der wichtigsten Mittel zur Hebung des Weideertrages und zur Erhaltung einer guten und leistungsfähigen Weidenarbe. Nach und nach werden die einzelnen Teile der Alm gleichmäßig und in kurzer Zeit flott abgeweidet und die Grasnarbe hat sodann wieder einige Wochen Ruhe und Zeit, sich zu erholen und nachzuwachsen, um dann wieder einen guten Weideertrag zu geben. Diese Ruhepause gibt dem Bodenleben aber auch die Möglichkeit, den insbesondere durch den Weidebetritt verfestigten Boden wieder aufzulockern und die dadurch etwas gestörte Bodengare wieder herzustellen. Nach den neuesten Erfahrungen ist aber auch auf Grünland aller Art die Bodengare ein ganz bestimmender Faktor für das Gedeihen der guten Futterpflanzen und damit für den Ertrag.

Auch der so häufig auf Almen zu beobachtende Rückgang der Milchleistung drei bis vier Wochen nach dem Auftrieb, der sich dann meist bis zum Abtreiben immer mehr verstärkt, ist eine Folge des ungeregelten, extensiven Weidebetriebes, bei welchem schnell Mangel an frischem, jungem, eiweißreichem Futter eintritt, während dem Vieh bald nur alte, überständige Weide zur Verfügung steht.

Der Weidewechsel wird so durchgeführt, daß die fünf bis sechs oder mehr abgeteilten „Koppeln“ der Reihe nach je etwa eine Woche lang beweidet werden, um dann mehrere Wochen Ruhe zu haben. Gleich nach der Bestoßung der nächsten Koppel wird in der abgeweideten Abteilung nach Möglichkeit gedüngt und bewässert, auf alle Fälle aber werden dort die F l a d e n v e r r i e b e n oder an düngerbedürftigen Stellen verteilt und allenfalls auch die G e i l s c h ö p f e a b g e m ä h t. Am Anfang der Alpzeit genügt meist schon eine Ruhezeit von etwa drei Wochen und erst mit fortschreitender Jahreszeit wird dann eine Ruhezeit von vier bis fünf Wochen notwendig. Daher werden auch beim ersten Turnus im Frühsommer nicht alle fünf oder sechs Abteilungen zur Beweidung gebraucht und man kann die besseren Stellen der übersprungenen Koppeln mähen und auf diese Weise den so dringend nötigen Heuvorrat gewinnen oder den Heuvorrat aus dem Almanger zusätzlich vermehren. Einer der wichtigsten Vorteile des geregelten Weidewechsels liegt auch darin, daß dabei die selektive Beweidung durch das Vieh, die sich immer als negative Auslese auswirkt, auf ein Mindestmaß herabgesetzt ist. Der Weidewechsel kann natürlich auch mit zwei Gruppen durchgeführt werden: Erst Milchkühe, dann Galtvieh und Pferde.

3. Der tägliche Weidebetrieb. Auch hier decken sich meist die Rücksichten der Viehhaltung mit denen der Erhaltung und Förderung einer guten Weidegrasnarbe. Soweit es die pflegliche Benützung der Almweide anbelangt, sind folgende Gesichtspunkte bei der Einteilung des täglichen Weidebetriebes zu berücksichtigen:

Das Vieh soll beim täglichen Austreiben, wenn es noch hungrig und voll Freßlust ist, immer zuerst auf die jungen Bürstling flächen getrieben werden, um ihm nachher die volle Sättigung auf den besseren Weidestellen zu ermöglichen. Dies ist insbesondere in den ersten Tagen der Bestoßung einer frischen Koppel nötig und dient nicht nur der Weide, sondern auch dem Ausgleich des Eiweißverhältnisses im Gesamtfutter. Hiezu ist aber eine gewisse Konsequenz und Unnachgiebigkeit des Halters nötig, denn das Vieh merkt sich sehr wohl, daß es nachher auf schmackhaftere Weide kommt und würde sich seinen guten Appetit für diese aufsparen, wenn es ihm auch nur einmal gelänge, durch Weidestreik auf der Morgenweide ein schnelleres Eintreiben in die besseren Plätze durchzusetzen. Im übrigen läßt sich die Aufnahmebereitschaft für zumutbaren, jungen Bürstling erfahrungsgemäß auch durch die ungleichmäßige Verteilung der Salzration zugunsten der Tage mit stärkerer Bürstlingbeweidung etwas fordern; dies wird von den Hirten ja seit je angewendet — manchmal allerdings in übertriebenem Umfang.

Überflüssiger und vermeidbarer Aufenthalt des Viehs auf der Weide außerhalb der Zeit, wo es wirklich grast, schadet der Grasnarbe, kostet verlorengehenden Dünger und nützt dem Vieh nichts. Auf einigermaßen brauchbarer Almweide braucht das Vieh zum Sattweiden im Frühsommer morgens und abends je 3 Stunden; diese Weidezeiten werden immer am besten zu der Zeit nach der Morgendämmerung und vor der Abenddämmerung gelegt. Die tägliche Weidezeit muß allerdings gegen den Hochsommer zu und weiter gegen den Herbst verlängert und der Tageslänge entsprechend angepaßt werden. Die übrige Zeit gehört das Vieh auf einer ordentlich bewirtschafteten Alm in den Stall. Dort hat es Schatten, Ruhe vor Ungeziefer und Schutz vor dem Wetter; insbesondere kann man dann wenigstens einen großen Teil des täglichen Düngeranfalles vollkommen sammeln und dann möglichst zweckmäßig anwenden. Wenn das Vieh auch außerhalb der zur Futteraufnahme notwendigen Zeit auf der Weide verbleibt, so lagert es den Mist meist immer auf denselben Stellen ab und verdirbt dadurch dort die Weide.

4. Erhaltung des Nährstoffhaushaltes. Eines der Hauptübel, an welchem die meisten Almen kranken und das — in Verbindung mit der übermäßigen Bodenversäuerung — ihre starke Verunkrautung und den geringen Ertrag verschuldet, ist die starke Verarmung des Almbodens an aufnehmbaren

Pflanzennährstoffen oder an Nährstoffen schlechthin. Wie schon erwähnt, wird unter den derzeitigen Verhältnissen die Anwendung von Handelsdüngemitteln in der Almwirtschaft auf der notwendigen breiten Grundlage auch in absehbarer Zeit wohl kaum möglich und wirtschaftlich sein, es sei denn auf einzelnen Intensivalmen mit guten Zufahrtwegen. Weiterhin soll bei derartigen Erwägungen nie und nimmer vergessen werden, daß die Alm ein wesentlicher Bestandteil des gesamten bäuerlichen Betriebsgefüges ist und nicht als selbständiger Wirtschaftskörper oder als Selbstzweck betrachtet werden darf.

Das Schwergewicht der Erhaltung eines guten Nährstoffhaushaltes im Almboden liegt also in der möglichst vollkommenen Sammlung der almeigenen Dungstoffe und in ihrer zweckentsprechenden Anwendung, also in der D ü n g e r w i r t s c h a f t. Wo man nicht oder noch nicht mit Gülle düngen kann, dort ist zweifellos die tägliche Ausfuhr des anfallenden, meist streulosen oder streuarmen Düngers noch die beste Art. Hiebei kann mit einem täglichen Anfall an Kot-Harn-Gemisch von etwa 20 kg je Großvieheinheit gerechnet werden, so daß die tägliche Ausfuhr auf kleineren Almen mit der Schiebtruhe, auf größeren Almen aber einspännig mit dem Karren leicht zu bewältigen ist.

Für die Sammlung der Dungstoffe sind nicht in erster Linie besondere bauliche Vorrichtungen, Düngerstätten und Jauchegruben entscheidend. Ihr Vorhandensein ist jedoch auf Almen, wo die tägliche oder wöchentliche Düngung nicht durchführbar ist, zweifellos zweckmäßig. Ebenso ist die Güllegrube auf vielen Almen das beste. Aber auch beim Fehlen solcher Einrichtungen darf das Sammeln des Düngers und seine richtige Anwendung nicht vernachlässigt werden. Je öfter die Ausbringung des Düngers erfolgt, um so besser wirkt er und um so primitiver können die Düngerstätten sein.

Die Anwendung des Düngers hat sich dann nach dem Nährstoffbedarf der einzelnen Weidestellen zu richten. Die Erfahrung des guten Almwirtes, welche Stellen am meisten Futter liefern und wo dem Boden daher immer wieder am meisten Nährstoffe entzogen werden, muß ergänzt werden durch eine aufmerksame, ständige Beobachtung der Zusammensetzung des Pflanzenbestandes. Die Entwicklung der die Weidegrasnarbe bildenden Pflanzengesellschaften und ihrer Zusammensetzung ermöglichen wie keine andere chemische oder sonstwie geartete Bodenuntersuchungsmethode auf einfachste Weise fortlaufend ein genaues Bild, welche Nährstoffe durch den Verbrauch der wachsenden Pflanzen oder auch durch Auswaschung und sonstige Vorgänge ins Minimum getreten und welche Düngungsmaßnahmen daher erforderlich sind.

Die Form der Düngung richtet sich nach den gegebenen Möglichkeiten. Für die meisten Fälle ist zweifellos die Dünngüllerei die gegebenste und wirksamste Form. Es ist dabei letzten Endes unwesentlich, ob sie von einer festen Gülle- oder Mischgrube aus erfolgt oder unter Anwendung des Haßlacherschen Gülletroges. Das Ausleiten der Gülle mittels Rohren und Schläuchen, allenfalls ergänzt durch den Gülleregner, ist am besten; es kann aber notfalls auch in Form des einfachen Ausschwemmens erfolgen. Die Hauptsache aber ist, daß die Gülle dorthin kommt, wo der Boden der Ergänzung seines Nährstoffhaushaltes bedarf und nicht immer wieder auf dieselben leicht erreichbaren und daher meist schon überdüngten Stellen.

Aber auch überall dort, wo Güllerei selbst in der einfachsten Form der reinen Kotgülle wegen Wassermangels oder Geländeschwierigkeiten nicht möglich ist, hat sich, wie erwähnt, das tägliche oder wenigstens wöchentliche Aus-

bringen des Düngers an die bedürftigen Stellen als zweckmäßigste Düngungs-
art erwiesen. Vielfach wird eigens hiefür ein Pferd weidezinsfrei auf die Alm
aufgenommen, um in täglich einer Stunde diese Arbeit zu ermöglichen.

Wenn aber der Dünger aus irgendwelchen Gründen nur einmal im Jahr
ausgebracht werden kann, so geschieht dies am besten im Frühjahr vor dem
Bestoßen der Alm, womöglich sofort nach der Schneeschmelze, weil dann die
Gefahr von Nährstoffverlusten bedeutend kleiner und der Dungungserfolg
wesentlich größer ist als bei der vielerorts üblichen Herbstdüngung. Dann ist
allerdings für eine gute Verrottung während der Lagerzeit des Düngers zu sorgen.

Auch bei bestem Weidebetrieb mit regelmäßigem Einstallen muß damit
gerechnet werden, daß ein Drittel bis die Hälfte des gesamten erzeugten Düngers vom Vieh während der Weidezeit außerhalb des Stalles auf der Weide
abgesetzt wird. Abgesehen davon, daß jedes Stück Vieh hiebei etwa einen
Quadratmeter Weidefläche alltäglich mit Fladen bedeckt und damit auf mehrere
Jahre von der Beweidung ausschaltet, geht hiebei fast die Hälfte der so bitter
notwendigen Dungstoffe für ihren eigentlichen Zweck verloren. Es ist daher
unbedingte Voraussetzung einer geordneten Almwirtschaft, daß die auf der
Weide abgesetzten Fladen alltäglich oder zumindest allwöchentlich an Ort und
Stelle auf einer größeren Fläche verteilt und verrieben werden oder, noch besser,
dort aufgenommen und bedürftigen Stellen zugeführt werden. Erfahrene und
tüchige Almwirte in allen Ländern betreiben dies schon seit vielen Jahren und
haben mit dieser täglich nur wenig Zeit beanspruchenden Maßnahme derart
gute Erfahrungen gemacht, daß sie niemals daran denken würden, diesen Vor-
gang wieder abkommen zu lassen.

Es ist zweifellos, daß alle diese Arbeiten auf dem Gebiet der Düngung eine
besondere Belastung des Almpersonals darstellen und daher in ihrer ordentlichen Ausführung und in ihrem Gelingen weitgehend vom guten Willen des
Almpersonals abhängen. Es besteht weiterhin kein Zweifel, daß der Erfolg
dieser Arbeiten oft die Anstellung eines eigenen Mannes hiefür rechtfertigen
würde. Da aber der Bargeldaufwand hiefür trotz seiner Wirtschaftlichkeit im
almbäuerlichen Betrieb in der Regel schwerlich zu beschaffen sein wird und
außerdem die Arbeitskräfteverhältnisse zusätzliche Arbeitskräfte nicht leicht zulassen, müssen andere Wege gesucht werden, um vielleicht in Form von Natural-
prämien oder sonstigen Vergünstigungen das vorhandene Almpersonal an diesen
Arbeiten und ihrem Erfolg persönlich zu interessieren. Hierüber an späterer
Stelle.

5. Erhaltung einer gesunden Bodenreaktion. Die guten
Pflanzengesellschaften der Weide brauchen ebenso, wie die Grünlandpflanzen
allgemein, zu ihrem optimalen Gedeihen eine höchstens schwach saure Bodenreaktion. Ähnlich verhält es sich mit den meisten tierischen und pflanzlichen
Angehörigen des Bodenlebens als Voraussetzung für die Bodengare und für die
richtige Zersetzung der organischen Substanzen und deren Umwandlung in auf-
nehmbare Pflanzennährstoffe. Das Bodenleben ist auch wesentlich für die Aufschließung mineralischer Nährstoffe und an der Schaffung und Erhaltung einer
günstigen Bodenreaktion beteiligt.

Der Boden der Almen unterliegt fast überall der Tendenz zur schnelleren
oder langsameren Versäuerung. Dies ist einerseits durch die im humiden Alpen-
klima stark wirksame Auswaschung des Kalkes aus der Krume in tiefere Boden-
horizonte zu begründen; andererseits ist aber in den Höhenlagen der Almen,
auch durch die kürzere Vegetationszeit, die Zersetzung abgestorbener Pflanzen-

reste und sonstiger organischer Substanz zu mildem Humus nicht so vollkommen wie in tieferen Lagen. Diese Tendenz zur Rohhumusbildung wird noch von einigen auf Almen häufigen Pflanzen, die allerdings als Unkräuter ohnehin zu bekämpfen sind, gefördert. Es muß daher eine wichtige Sorge des Almwirtes sein, hier regelnd einzugreifen. Die ständige Beobachtung der die Weidegrasnarbe bildenden Pflanzengesellschaften an allen Stellen der Alm gibt laufend ein untrügliches Bild über den Bodenzustand in dieser Hinsicht. Hiebei wird es sich übrigens auch zeigen, daß überall dort, wo der Nährstoffhaushalt des Bodens laufend durch Düngung in Ordnung gehalten wurde, die Gefahr einer Versäuerung viel geringer ist als anderswo.

Im Gegensatz zur Gesundkalkung, die weiter vorn erwähnt wurde, erfordert die laufende Erhaltungskalkung natürlich bedeutend geringere Gaben, die sich etwa um 300 kg Kalksteinmehl je Hektar bewegen. Bei dem derzeitigen Preisverhältnis zwischen Thomasmehl und Kalk wird der laufende Kalkhaushalt jedoch wohl zweckmäßiger durch Thomasmehl gedeckt, welches ja neben der Kalkwirkung noch besonders als P-Dünger wirkt. Auf die mancherorts mögliche vereinfachte Beschaffung von Kalkdüngemitteln an Ort und Stelle wurde bereits an anderer Stelle hingewiesen.

6. Ent- und Bewässerung. Wenn die nötigen Entwässerungen einmal durchgeführt sind, beschränkt sich die laufende Tätigkeit des Almwirtes lediglich auf die Instandhaltung der Gräben oder sonstigen Entwässerungseinrichtungen und die Beobachtung ihrer Wirksamkeit.

Dagegen ist die Bewässerung eine im Almbetrieb fortlaufend wichtige Arbeit, von deren richtiger Handhabung sehr viel abhängt. Sie erfolgt am besten immer sofort nach dem Abweiden der einzelnen Koppeln, indem das Wasser in den Wassergräben wechselweise an verschiedenen Stellen durch Aufstauung zum Überlaufen gebracht wird. Mindestens zweimal täglich sollen die Staustellen verlegt werden. An steileren Stellen und insbesondere dort, wo Erdschlipfe durch allzustarkes Aufweichen des Bodens zu befürchten sind, muß man hier mit besonderer Vorsicht zu Werke gehen und allenfalls die Staustelle nach kurzer Zeit öfters wechseln und dafür nach einigen Tagen wieder an dieselbe Stelle zurückkehren. Auch die Stellen, welche frisch gedüngt wurden, erfordern eine vorsichtige Bewässerung, damit das Wasser die Dungstoffe zwar in den Boden hinein, nicht aber oberflächlich abspült. Sollte sich die Bewässerung aus irgendwelchen Gründen einmal verzögern, so ist sie jedoch auf alle Fälle mindestens eine Woche vor der Wiederbestoßung der betreffenden Koppel einzustellen, damit auf alle Fälle Trittschäden an der Grasnarbe vermieden werden.

7. Schwenden und sonstige Weidepflege. Zur weiteren Sicherung des guten Almzustandes und des Weideertrages gehören auch alle anderen weidepfleglichen Maßnahmen. Über das Schwenden wurde bereits weiter vorn das Notwendige gesagt. Wichtig ist nur, daß die einmal als Weide bestimmten Flächen nun auch dauernd von aufkommenden Unhölzern und dergleichen freigehalten werden, was, wenn es alljährlich laufend durchgeführt wird, verhältnismäßig wenig Arbeit erfordert. Auch das Freihalten der Weide von den immer wieder, insbesondere im Winter und durch Lawinen herangebrachten Steinen und manche andere Pflegemaßnahme gehören hierher. Nicht zuletzt sei hier im Interesse des für den Schutz der Alm so wichtigen Almwaldes auf die dauernde Sorge für einen sparsamen Brennholzverbrauch hingewiesen.

H. MENSCH UND ARBEIT.

1. **Die Einstellung der Beteiligten**: Die Schaffung einer gesunden Raumordnung zwischen Weide und Wald im Bereich der Almen hängt in ihrem Gelingen natürlich auch ganz wesentlich von der Einstellung der beteiligten Grundbesitzer, Almwirte und Forstleute ab. Es ist daher in jedem Fall eine wichtige vorbereitende Aufgabe, psychologisch das notwendige Verständnis zu schaffen.

Der Forstmann muß die Überzeugung gewinnen, daß das ganze Vorhaben nicht zuletzt im Interesse des Waldes, seines Schutzes vor Weideschäden, seiner flächenmäßigen Ausdehnung und der Wiedereroberung verlorenen ehemaligen Waldbodens an der oberen Waldgrenze dient.

Der Almwirt andererseits muß nicht nur von vornherein sein althergebrachtes — nur manchmal begründetes — Mißtrauen verlieren, sondern im Gegenteil Vertrauen zu einer gerechten, für alle Teile zweckmäßigen Lösung fassen. Dieses Vertrauen ist schon allein dadurch gerechtfertigt, daß die letzte Entscheidung und Durchführung dieser Ordnungsmaßnahmen ja ohnehin in den Händen unparteiischer Stellen liegt. Er muß sich weiterhin durch die vorbereitende Aufklärung darüber klar werden, daß der Wald an der richtigen Stelle der beste Helfer und notwendige Schutz für die Almwirtschaft ist und daß es auf die Dauer schon im eigenen Interesse nicht mehr möglich sein wird und darf, auf Kosten des Waldes oder gegen den Wald Almwirtschaft zu betreiben. Insbesondere muß er aber zu der Überzeugung kommen, daß es, abgesehen von allem anderen, aus viehwirtschaftlichen, betriebswirtschaftlichen und arbeitsmäßigen Gründen nicht mehr möglich und wirtschaftlich sein wird, extensive Almwirtschaft auf großen Flächen zu betreiben. Wenn die Almwirtschaft nicht über kurz oder lang dort angelangt sein soll, daß der tüchtige Viehzüchter weder gute Kühe noch wertvolles Zuchtvieh auf die zu minderwertigen Ausläufen degradierten Almen gibt, weil die Alpung außer den bekannten gesundheitlichen Auswirkungen nichts mehr zu bieten hat, muß der Weg der intensiveren Almwirtschaft auf kleinerer Fläche weiter beschritten werden. Dieser Weg wurde an vielen Orten von weitblickenden Almwirten bereits mit bestem Erfolg erprobt. Dabei hat es sich erwiesen, daß unter den jetzigen Verhältnissen nur die Almwirtschaft mit geregeltem Weidewechsel und ordentlicher Düngerwirtschaft, Pflege der Weidenarbe und Sorge für die Erhaltung eines günstigen Wasserhaushaltes bestehen kann.

2. **Arbeit und Almpersonal**: Der Begriff der intensiveren Almwirtschaft legt den Schluß nahe, daß diese Intensivierung sich sogleich durch einen höheren Personalbedarf auswirken müsse und daß diese daher allein wegen der heute ohnehin schon einschneidenden Leutenot in der Landwirtschaft unmöglich sei. Tatsächlich sind aber noch immer auf vielen, wenn auch nicht allen Almen die dort tätigen Almleute in ihrer Arbeitskraft keineswegs voll ausgenützt, allerdings dafür manchmal auch entsprechend geringer entlohnt. Es wäre sicher in vielen Fällen beiden Teilen geholfen, wenn die Sennerin oder der Halter entsprechend besser entlohnt und dafür in ihrer Arbeitskraft durch Weidepflege, Fladenverreiben, Düngerausbringen, Güllen, Bewässern und dergleichen, besser ausgelastet werden würden. Im übrigen bleibt bei einer geregelten Wechselweidewirtschaft täglich manche bisher für die Viehsuche auf fast unendlicher Fläche bei Wind und Wetter vergeudete Stunde für nutzbringende Arbeit erhalten. In ähnlicher Weise ließen sich noch

mancherlei Beispiele für die bessere und zweckmäßigere Anwendung der Arbeitskraft der Almleute anführen.

Noch unvergleichlich günstiger liegen die Verhältnisse in den Fällen, wo die Beteiligten an einer Gemeinschaftsalm bisher im Einzelbetrieb — oftmals gleichsam gegeneinander — gewirtschaftet haben und wo gleichzeitig mit der Neuordnung eine Umstellung auf den gemeinsamen, genossenschaftlichen Almbetrieb Platz greift. Hier wird oft mit der Hälfte des bisherigen Personals nicht nur die bisher alleinige Viehbetreuung und Milchwirtschaft besorgt, sondern darüber hinaus noch eine tadellose Weidepflege mit allem, was dazu gehört, möglich.

Es steht fest, daß die den geschilderten Anforderungen entsprechende Bewirtschaftung der Almen zum Teil mehr Arbeitsleistung von den Almleuten erfordert, insbesondere aber auch etwas Verständnis und eigene Initiative verlangt. Es liegt daher auf der Hand, daß dieses Interesse an der Arbeit und an ihrem Erfolg durch bessere Entlohnung angeregt werden kann und soll. Wenn auch ein ordentlicher Almhirte, der auf das Vieh u n d die Almweide in gleicher Weise schaut, fast nicht mit Gold aufgewogen werden kann, so sind der Entlohnung in Geld doch durch die Rentabilitätsverhältnisse der gebirgsbäuerlichen Wirtschaft ziemlich enge Grenzen gesetzt. Es lassen sich aber zweifellos andere Wege finden, den Halter am Erfolg seiner zusätzlichen Arbeit für die Pflege der Grasnarbe mit allem Drum und Dran zu interessieren. Dies kann zum Beispiel eine Prämie oder Beteiligung am Weidezins für jedes Stück Vieh sein, welches durch die Pflegearbeit mehr aufgetrieben werden kann, oder man gestattet dem Halter, mit dem Erfolg steigend, ein oder mehr Stück eigenen oder von ihm auf die Weide genommenen Viehs aufzutreiben.

In einzelnen Fällen wäre vielleicht auch an eine Entschädigung des fleißigen Halters für seine zusätzliche Mehrleistung bei der Weidepflege zu denken, indem ihm die Heuwerbung für eigene Zwecke gestattet wird; hiefür können besonders steile oder entlegene Almteile, die durch die sonstige Weideertragshebung zur Beweidung nicht mehr benötigt werden, herangezogen werden. Allerdings müßte die Prämie nach Fläche oder Heumenge entsprechend der Mehrleistung und dem größeren Erfolg gestaffelt werden. In ähnlicher Weise kann eine entsprechend gestaffelte Prämie in Almerzeugnissen, Butter oder Käse, als Wintervorrat angesetzt werden; dieser Weg hat sich vielfach für solche Almhirten günstig gezeigt, die ursprünglich vom Bauernhof stammend, nach anderweitiger Dienstleistung nun als Pensionisten sich als Almhalter verdingen und sich in vielen Fällen sehr gut bewährt haben.

Derartige oder andere Möglichkeiten lassen sich sicher in jedem Einzelfall finden. Eine solcherart auch für den Halter selbst erfolgreiche Arbeitsmöglichkeit wird aber auch manche wertvolle Kraft für die Arbeit auf der Alm erhalten oder gewinnen, die sich sonst eine andere Arbeitsmöglichkeit gesucht hätte.

In dieser Abhandlung habe ich die Gesichtspunkte darzulegen versucht, welche für eine Neugestaltung der Bodennutzungsverteilung im Bereich der Almwirtschaft und des Bergwaldes wichtig erscheinen. Die Ergebnisse der pflanzensoziologischen Forschung und ihre Anwendung haben sowohl für die Forstwirtschaft und die Wiederbewaldung des Ödlandes wie auch für die Grünlandwirtschaft im allgemeinen und die Almwirtschaft im besonderen derartig viele, wichtige Möglichkeiten eröffnet, daß eine Trennung von Wald und

Weide nunmehr unter vielfach günstigeren Gesichtspunkten durchgeführt werden kann. Insbesondere treten diese Bestrebungen durch die Einbeziehung der volkswirtschaftlich und kulturell so bedeutungsvollen Frage der Waldgrenze aus dem engeren Gesichtswinkel der gegenseitigen Interessen der Alm- und Forstwirtschaft in ein neues, weiteres Blickfeld.

Von besonderer Bedeutung für das endgültige Gelingen aller derartigen Maßnahmen ist es aber, daß es nicht bei den ordnenden Regelungen und Maßnahmen bleibt, sondern daß diese in engster Verbindung mit Folgemaßnahmen der Verbesserung und Bewirtschaftung vor sich gehen, denn erst dann wird sich ein vollkommener und bleibender Erfolg einstellen.

Bei allen Maßnahmen wirtschaftlicher Natur im alpinen Raum muß uns aber das Bestreben leiten, aus den natürlichen Vorgängen und Entwicklungen zu lernen und sie anzuwenden, ohne das Gleichgewicht der Natur zu stören. Die Natur läßt sich nun einmal nicht straflos vergewaltigen. N i c h t g e g e n d i e N a t u r , s o n d e r n n u r m i t i h r k ö n n e n w i r a u f d i e D a u e r e r f o l g r e i c h i m H o c h g e b i r g s r a u m w i r t s c h a f t e n.

Abgeschlossen 15. Mai 1950.

SCHRIFTENVERZEICHNIS:

A i c h i n g e r E.: Fichtenwald, Latschenbestand und Burstlingrasen im Karawankengebiet und ihre almwirtschaftliche Bedeutung. Carinthia II, Klagenfurt, 1930.
— Pionierarbeit der Legföhren (Latschen) in unseren Kalkalpen. Wiener Allg. Forst- und Jagdzeitung 49, Wien, 1931.
— Vegetationskunde der Karawanken. Verlag G. Fischer, Jena, 1933.
— Die Waldverhältnisse Sudbadens. Karlsruhe, 1937.
— Erhohter Holzanfall durch Stockrodung? Deutsche Forstzeitung, 1933, Nr. 15.
— Über die Wechselbeziehungen von Wald und Weide im Feldberggebiet des südlichen Schwarzwaldes. Forstl. Hochschulwoche, Freiburg i. Br., 1937.
— Über die Ersetzbarkeit der Faktoren im Lebenshaushalt unserer Baume, Straucher und Kräuter. Mitteilungen der HGA. d. Deutschen Forstwissenschaft, 1. Jahrgang, Frankfurt/ Main, 1941.
— Die Gefahren der Holzüberschlagerung in den Alpen. Mitteilungen der HGA. d. Deutschen Forstwissenschaft, Frankfurt/Main, 1944.
— Bericht der Arbeitstagung Wald und Weide im Hochgebirge. Villach, 1941 (Manuskript).
— Bericht der Arbeitstagung Bergbauer und Wald im deutschen Alpengebiet Graz, 1941. (Manuskript.)
Alm und Weide. Munchen. (Zahlreiche Aufsatze in den Jahrgangen 1925 bis 1938)
B a u e r O.: Der Kampf um Wald und Weide. Wien, 1925.
B r o c k m a n n - J e r o s c h H.: Baumgrenze und Klimacharakter. Zurich, 1919
D o m e s N.: Die klimatisch bedingte Abnahme des Ertrages von Wald und Weide im Gebirge. Verlag C. Gerolds Sohn, Wien, 1936.
F o u r m a n K. L.: Humusfragen (Manuskript), 1943.
F a n k h a u s e r F.: Leitfaden fur Schweizerische Unterforster- und Baumwarten-Kurse. Bern 1923.
F r a n z H.: Bodenleben und Bodenfruchtbarkeit. Verlag Hollinek, Wien, 1949.
— Die Wechselbeziehungen von Bodenfauna und Vegetation. Arbeiten der Botanischen Station in Hallstatt Nr. 97.
— Das Bodenleben auf dem Dauergrunland. Verlag der Landw. Arbeitsgemeinschaft an der Hochschule f. Bodenkultur, Wien, 1950.
F u n k e R.: Entstehung und Entwicklung der Alm- und Weidegenossenschaften in Salzburg. Alm und Weide, 1928.
G r a ß b e r g e r K: Die Salzburger Wald- und Weidenutzungsrechte. Verlag der Salzburger Landw. Kammer, 1947.
H u f n a g l H.: Aufgaben des Almwaldes. Lbsch. Sudmark, 1941.
J u g o v i z R. A.: Wald und Weide in den Alpen. Verlag Wilhelm Frick, Wien, 1908.

Kärntn. Landw. Ges.: Die Alpenwirtschaft in Kärnten. Klagenfurt, 1891.

K e i d e l F.: Die Almen und die Almwirtschaft im Pinzgau. Zell am See, 1936.

K e r n e r v o n M a r i l a u n A.: Die Alpenwirtschaft in Tirol. Wien, 1868. Neudruck d. d. Institut f. angewandte Pflanzensoziologie, Villach, 1941.

— Das Pflanzenleben der Donauländer. Neu herausgegeben von F. V i e r h a p p e r. Wagner, Innsbruck, 1929.

K o b e r R.: Alpverbesserungen, C. Gerolds Sohn, Wien, 1937.

L a u b e r B.: Die natürlichen, geschichtlichen und wirtschaftlichen Grundlagen des Landkreises Tölz. Dissertation, München, 1941.

R a m s a u e r Chr.: Der Kampf ums Dorf. Wien, 1926.

R a n k e K.: Alm- und Weidewirtschaft des Berchtesgadener Landes. Dissertation, München, 1929.

S c h n e i t e r F.: Alpwirtschaft. Leykam, Graz, 1948.

— Statistik und Hebung der steirischen Almwirtschaft. Graz, 1930.

S c h r o e t e r C.: Das Pflanzenleben der Alpen. Verlag Raustein, Zurich, 1926.

S t e b l e r F. G.: Alp- und Weidewirtschaft. Paul Parey, Berlin, 1903.

S t e b l e r F. G. und S c h r o e t e r C.: Die Alpen-Futterpflanzen. Verlag Wyß, Bern, 1889.

S t o t t e r S.: Landw. Mitteilungen, Ktn., 1924.

S t r e l e G.: Grundriß der Wildbach- und Lawinenverbauung. Springer, Wien, 1950.

T h a l l m a y e r R.: Österreichs Alpwirtschaft. Gerold, Wien, 1907.

T i t z e G.: Die Almen der Salzburger Schieferalpen. Wien, 1943.

T r i e n t l A.: Die Verbesserungen der Alpenwirtschaft. Gerold, Wien, 1870.

T r u b r i g J.: Verschiedene Aufsätze: „Alm und Weide", Osterr. Zeitschrift für Forstwirtschaft. und Manuskripte.

Die rechtlichen Grundlagen für die Durchführung der Trennung von Wald und Weide.

Von Dr. Wolfram H a l l e r, Villach.

Der folgende Aufsatz soll nicht eine umfassende Darstellung des ganzen Fragenkomplexes enthalten, der bei einer Trennung von Wald und Weide in rechtlicher Beziehung auftreten kann, sondern vielmehr die Mängel aufzeigen, die sich nach dem derzeitigen Gesetzesstand bei der Durchführung einer derartigen Maßnahme ergeben.

I. ALLGEMEINER TEIL.

1. Waldweide auf fremdem Grund und Boden.

Die Waldweide ist kein Idealzustand, da sie einerseits für den auf sie Angewiesenen keine vollwertige Weide ergibt, anderseits aber für die Waldwirtschaft schädlich ist. Sie ist vielmehr ein Notbehelf, der sich aus der mangelnden Futtergrundlage ergibt und umsomehr in Erscheinung tritt, je gebirgiger das Land ist. In Oberkärnten z. B., das ein ausgesprochenes Bergland darstellt, ist der Großteil der Wälder weideservitutsbelastet, während im flacheren Unterkärnten die Waldweideservitutsrechte keine sonderliche Rolle spielen.

Solange die Wald- und die Weidewirtschaft extensiv betrieben wurden, vertrugen sich beide Wirtschaftsarten. Mit dem Einsetzen einer intensiveren Wald-wirtschaft, die dann in verstärktem Maße durch das Reichsforstgesetz vom Jahre 1852 vorgeschrieben wurde, trat immer mehr das Bestreben nach einer Trennung von Wald und Weide hervor und führte dort, wo die Waldweide nicht im eigenen Wald, sondern als Servitutsrecht auf fremdem Grund und Boden ausgeübt wurde, zu immer größeren Spannungen zwischen den Berechtigten und Verpflichteten, so daß die Gesetzgebung ordnend eingreifen mußte. Den Anstoß hiezu gab das Sturmjahr 1848. Das Grundentlastungspatent vom 7. September 1848 ordnete für ganz Österreich die entgeltliche Aufhebung, somit die Ablösung der Forstservitute an.

Durch das 2. Grundentlastungspatent vom 4. März 1849 wurde verfügt, daß die näheren Bestimmungen über die Aufhebung dieser Rechte für jedes Land nach dessen eigentümlichen Verhältnissen festgesetzt werden sollen.

Es folgte dann doch eine für das ganze Reich geltende Lösung durch das kaiserliche Patent vom 5. Juli 1853, RGBl. Nr. 130.

Dieses hielt den Grundsatz der unbedingten Ablösung nicht aufrecht, sondern sah die Ablösung nur dann vor, wenn durch sie der Hauptwirtschaftsbetrieb des berechtigten oder verpflichteten Gutes nicht gefährdet und kein

Nachteil für die Landeskultur herbeigeführt wurde, sonst war die Regulierung durchzuführen.

In jahrzehntelanger mühevoller Arbeit haben die Grundlastenablösungs- und Regulierungskommissionen in die bis dorthin kaum geregelten Wald- und Weidenutzungsverhältnisse Ordnung gebracht. Ein Teil der Servitutsrechte wurde abgelöst, die aufrechtgebliebenen wurden der Regelung unterzogen und das Ergebnis in den Regulierungsurkunden beurkundet.

Eine Trennung von Wald und Weide führte das Patent vom Jahre 1853 nur in geringem Umfang herbei. Die Fälle, in denen die Waldweiderechte kapitalistisch abgelöst wurden, sind nur vereinzelt. Die Ablösung dieser Rechte in Grund und Boden, die gewöhnlich mit der Ablösung von Forstproduktenbezugsrechten verbunden war, bewirkte selten eine volle Trennung von Wald und Weide, da die Waldweide meistens auf dem Ablösungsgebiet weiter ausgeübt wurde.

Die Änderungen der wirtschaftlichen Verhältnisse, die seit der Aufstellung der Regulierungsurkunden eingetreten waren, ließen um die Jahrhundertwende immer mehr den Ruf nach einer Neuregelung laut werden. In den Jahren von 1908 bis 1911 erließen Kärnten, Steiermark, Niederösterreich, Oberösterreich und Tirol Landesgesetze betreffend die Neuregulierung, Ablösung und Sicherung der Einforstungsrechte. Bestimmungen über eine Trennung von Wald und Weide im Falle einer Neuregulierung enthielten diese Landesgesetze nicht. Ein Trennung von Wald und Weide konnte daher nur in jenen Fällen durchgeführt werden, in denen eine Ablösung zulässig war und die Voraussetzungen für die Trennung bereits naturgegeben waren.

Die Durchführung dieser Landesgesetze, die heute noch in Tirol, Vorarlberg und Niederösterreich aufrecht sind, durch die Agrarbehörden, die an die Stelle der Grundlastenablösungs- und Regulierungskommissionen getreten waren, konnte somit bezüglich der Trennung von Wald und Weide zu keinen nennenswerten Erfolgen führen.

In der Zeit nach dem ersten Weltkrieg erhielt der Bodenreformgedanke einen gewaltigen Auftrieb. Besonders an die Servitutengesetzgebung wurden stürmische Anforderungen gestellt. Die Länder zogen, ohne eine Bundesgrundsatzgesetzgebung abzuwarten, die Erlassung der Servitutengesetze vielfach an sich. So erschienen in Salzburg, Kärnten, Steiermark und Oberösterreich in der Zeit von 1919 bis 1921 neue Servituten-Landesgesetze, die mangels eines einheitlichen Grundsatzes in vielen wesentlichen Punkten von einander abwichen. Der revolutionäre Geist dieser Zeit kommt in diesen Gesetzen durch tief ins Eigentumsrecht einschneidende Bestimmungen zum Ausdruck, so u. a. durch die Möglichkeit, auch unbelastete Grundstücke des Verpflichteten zur Deckung der Servitutsrechte heranzuziehen, wenn sie im belasteten Wald infolge einer die Rechte nicht entsprechend berücksichtigenden Bewirtschaftung seitens des Verpflichteten oder infolge seines Verschuldens keine genügende Bedeckung finden.

Allgemein wurde auch bestimmt, daß bei der Neuregelung der Waldweiderechte die Trennung von Wald und Weide angeordnet werden kann.

Eine Trennung von Wald und Weide konnte nach diesen Gesetzen auf dreierlei Art erfolgen.

Entweder durch die vollständige A b l ö s u n g der Weiderechte, wobei auch Waldboden abgetreten werden kann, der in Reinweide umzuwandeln ist, oder durch die N e u r e g e l u n g, bei der einzelne zur Reinweideschaffung geeignete Teile des belasteten Waldes als Weideflächen ausgeschieden werden und endlich im Wege der S i c h e r u n g der Servitutsrechte durch die Verweisung der Waldweide auf andere dem Verpflichteten gehörige, geeignete Grundflächen.

Da sich die Vereinheitlichung der in den Bundesländern bestehenden, verschiedenen Servitutengesetze als notwendig erwies, erließ die Bundesregierung gemäß Art. 12, Abs.1, Zahl 5, des Bundesverfassungsgesetzes in der Fassung 1929 die Verordnung vom 30. Juni 1933, BGBl. Nr. 307/1933, betreffend Grundsätze für die Behandlung der Wald- und Weidenutzungsrechte sowie besonderer Felddienstbarkeiten.

Über die Ablösung der Servitutsrechte bestimmt dieses Grundsatzgesetz folgendes:

Die Ablösung kann durch Abtretung von Grund oder von Anteilsrechten des Verpflichteten an agrargemeinschaftlichen Grundstücken oder durch Zahlung eines Ablösungskapitales erfolgen. Sie ist unzulässig, wenn hiedurch allgemeine Interessen der Landeskultur oder volkswirtschaftliche Interessen oder der ordentliche Wirtschaftsbetrieb des berechtigten oder der Hauptwirtschaftsbetrieb des verpflichteten Gutes gefährdet wird oder wenn sie übereinstimmend vom Berechtigten und Verpflichteten abgelehnt wird (§ 13).

Bei der Ablösung durch Abtretung von Grund ist aus dem belasteten Besitz des Verpflichteten ein solches Ablösungsgrundstück auszuwählen, welches nach seiner nachhaltigen Ertragsfähigkeit bei pfleglicher Bewirtschaftung die Deckung der abzulösenden Nutzungsrechte dauernd sichert.

Aus dem nichtbelasteten Besitz des Verpflichteten darf gegen seinen Willen ein Ablösungsgrundstück nur ausgewählt werden, wenn ein den Voraussetzungen des vorstehenden Absatzes entsprechendes Grundstück nicht vorhanden ist (§ 14).

Zur Ablösung von Weiderechten durch Abtretung von Grund und Boden ist in erster Linie reine Weidefläche heranzuziehen und zwar auch dann, wenn es sich um Waldweiderechte handelt. Können diese Waldweiderechte so nicht gedeckt werden, so kann Waldboden, insoweit dessen Umwandlung in Weideboden zulässig ist, zur Umwandlung in Weide herangezogen werden. Der Kulturzustand der belasteten Grundstücke zur Zeit der Ablösung ist auf die Feststellung des Rechtsumfanges ohne Einfluß.

Die Landesgesetzgebung hat für das Ausmaß der zur nachhaltigen Deckung des Weidefutterbedarfes für die Kuheinheit bei pfleglicher Bewirtschaftung erforderlichen reinen Weidebodenfläche und für die Umrechnung der einzelnen Tiergattungen auf das Normalrind einheitliche Normen aufzustellen (§ 16).

Die Trennung von Wald und Weide im Zuge einer Neuregelung wird im § 10 wie folgt behandelt:

Bei der Neuregulierung ist eine vollständige oder teilweise Trennung von Wald und Weide, das ist die Verweisung aller oder einzelner Weiderechte auf ein Gebiet vorhandener oder erst zu schaffender reiner Weide unter gänzlicher Befreiung der restlichen belasteten Grundstücke oder von Teilen derselben von den Nutzungsrechten, grundsätzlich anzustreben. Zur Erzielung einer solchen Trennung können, wenn sie anders nicht durchführbar ist, auch bisher nicht belastete Grundstücke des Verpflichteten selbst ohne seine Zustimmung herangezogen werden. Wenn im Falle solcher Trennung der Berechtigte durch bessere Pflege des Reinweidegebietes eine der Berechtigung gegenüber höhere Bestoßung mit Weidevieh ermöglicht, so ist darin eine Erweiterung der Last des verpflichteten Gutes nicht zu erblicken.

Über die Sicherung der Servitutsrechte durch Ersatzleistung sind im § 9 nachstehende Vorschriften enthalten:

In Fällen, in denen die gebührenden Nutzungsrechte aus den belasteten Grundstücken keine genügende Bedeckung finden, ist unter den im folgenden näher bezeichneten Vorraussetzungen Ersatz zu leisten. Sind die belasteten Grundstücke Wald, so tritt die Ersatzleistung ein, wenn die gebührenden Nutzungsrechte in dem belasteten Walde, sei es, weil der Wald in einer dieser Rechte nicht berücksichtigenden Weise bewirtschaftet wurde, sei es infolge eines Verschuldens des Verpflichteten, keine genügende Bedeckung finden. Sind die belasteten Grundstücke andere Grundstücke als Wald, so tritt die Ersatzleistung nur im Falle eines Verschuldens des Verpflichteten ein.

In beiden vorbezeichneten Fällen ist für die Bedeckung zunächst durch Heranziehung der in der Regulierungsurkunde bezeichneten Aushilfsgrundstücke vorzusorgen. Wenn auf diese Weise der Ersatz nicht verfügt werden kann, ist ein anderes Grundstück des Verpflichteten auch ohne seine Zustimmung heranzuziehen, oder es ist von diesem in anderer Weise Naturalersatz zu leisten. Kann ein Ersatz nicht erzielt und auch kein Übereinkommen der Parteien erreicht werden, so ist den Berechtigten eine jährliche Rente zuzuerkennen, welche auf dem Gute des Verpflichteten sicherzustellen ist.

Die Ausführungsgesetze der Bundesländer hätten nach der Verordnung binnen Jahresfrist erlassen werden sollen, doch kam es infolge aufgetauchter Schwierigkeiten nicht dazu. Salzburg hat als einziges Land, allerdings verspätet, das Wald- und Weideservitutsgesetz vom 11. Dezember 1937, LGBl. Nr.14/1938, als Ausführungsgesetz erlassen. In den übrigen Bundesländern unterblieb die Herausgabe eines solchen Gesetzes, so daß die Uneinheitlichkeit auf dem Gebiete der Servitutengesetzgebung nach wir vor besteht.

2. Waldweide auf eigenem Grund und Boden.

Bezüglich der Ausübung der Waldweide und der Trennung von Wald und Weide auf eigenem Grund und Boden bestehen wenig gesetzliche Vorschriften, da im allgemeinen jeder Grundeigentümer, soferne er nicht Privatrechte anderer oder öffentliche Interessen verletzt, mit seinem Eigentum nach eigenem Ermessen schalten und walten kann.

Im Eigenwald kann der Grundeigentümer eine Trennung von Wald und Weide durch Verweisung der letzteren auf bereits landwirtschaftlich genutzte Eigengrundstücke vornehmen. Will er dagegen zu diesem Zwecke Waldgrundstücke in Weideboden umwandeln, bedarf er erst einer Rodungsbewilligung nach § 2 des Reichsforstgesetzes.

Die hauptsächlichste Ausübung der Weide im Eigenwald findet in der Almregion statt, wo der Almwald mit der Alpe, sehr häufig sind dies Agrargemeinschaftsalpen, mitbeweidet wird. Für diese sehen die Almschutzgesetze die Aufstellung von Wirtschaftsplänen vor, wobei auch auf die Trennung von Wald und Weide verwiesen wird. Ausführliche Vorschriften hierüber sind aber in den Almschutzgesetzen nicht enthalten. So besagt § 5 des Kärntner Almschutzgesetzes vom 24. März 1924, LGBl. Nr. 38, nur: „Weiters sind in den Wirtschaftsplan besondere Bestimmungen über die Bewirtschaftung des Almwaldes, über die Scheidung der Weide vom Walde, über die Zulässigkeit der Waldweide, über die Heu- und Düngerabfuhr, über die Düngerverwendung, über Sicherungen gegen Absturz, über Notfutter bei Schneefällen, über notwendige Tränkeanlagen sowie über die notwendigen Vorkehrungen, Herstellungen und Einrichtungen zur Sicherung und Pflege des Almbodens zwecks Erhaltung und Steigerung der Produktion aufzunehmen.

II. BESONDERER TEIL.

A) Waldweiderechte auf fremdem Grund und Boden.

Wenn wir nun die rechtlichen Grundlagen einer Trennung von Wald und Weide bei den Waldweideservitutsrechten im besonderen betrachten, so werden wir uns zweckmäßigerweise an die drei bereits aufgezeigten Arten, Ablösung, Neuregelung und Sicherung, halten.

1. Die Ablösung.

Die Möglichkeit einer vollständigen Trennung von Wald und Weide im Wege einer Ablösung ist in zweierlei Weise gegeben.

Die eine besteht darin, daß die Waldweiderechte kapitalistisch abgelöst werden. Eine ausführliche Besprechung dieser Art erübrigt sich, da eine kapitalistische Ablösung nur in Ausnahmsfällen zulässig ist, nämlich wenn das belastete Grundstück dauernd außerstande ist, die Bezüge zu decken und ein Ersatzgrundstück aus dem unbelasteten Besitz des Verpflichteten nicht herangezogen werden kann, oder die Rechte für das berechtigte Gut dauernd entbehrlich sind, bzw. wenn die Rechte durch Beschaffung eines dauernden Ersatzes ihre Notwendigkeit verlieren. Für die Berechtigten kann die Ablösung nur vorteilhaft sein, wenn sie die Gelegenheit haben, mit dem Ablösungskapital eine geeignete Weidefläche zu erwerben.

Die zweite Ablösungsart besteht in der Abtretung von Grund und Boden, der auch die Übertragung von Anteilsrechten des Verpflichteten an agrargemeinschaftlichen Grundstücken gleichkommt.

In allen Servitutengesetzen ist der Grundsatz ausgesprochen, daß das Ablösungsgrundstück bei pfleglicher Behandlung die nachhaltige Deckung der abzulösenden Nutzungsrechte gewährleisten muß. Hieraus könnte der Schluß gezogen werden, daß nur eine vollständige Ablösung in Grund und Boden, nicht aber auch eine teilweise erfolgen kann.

Die Grundsatzverordnung spricht sich im III. Abschnitt über die Zulässigkeit einer teilweisen Ablösung nicht aus, wohl aber können nach § 20 (3), des Salzburger Wald- und Weideservitutengesetzes Nutzungsrechte auch nur teilweise einer Ablösung und die verbleibenden Nutzungsrechte gleichzeitig einer Neuregulierung — das Salzburgergesetz nennt sie Ergänzungsregulierung — bzw. der Regulierung unterzogen werden. Aus der Abhandlung „Die Salzburger Wald- und Weidenutzungsrechte" von Graßberger-Kroczek (S. 60) geht aber hervor, daß hiebei nicht an eine teilweise Ablösung in Grund und Boden, sondern an eine teilweise Geldablösung für unbefriedigt gebliebene Rechte gedacht wurde, wie sie § 12 der Grundsatzverordnung vorsieht. Das Kärntner Servitutengesetz erwähnt keine teilweise Ablösung, wohl aber die Durchführungsverordnung vom 26. März 1921, LGBl. Nr. 31 im § 17.

Eine diesbezügliche Klärung wäre gerade für die Trennung von Wald und Weide notwendig, da die Grundsatzverordnung von einer vollständigen oder teilweisen Trennung von Wald und Weide nur im II. Abschnitt, der lediglich die Neuregelung und Regelung behandelt, spricht. Hiebei sind alle oder ein-

zelne Weiderechte auf ein Gebiet reiner Weide zu verweisen, während die rest
lichen belasteten Grundstücke von fremden Nutzungsrechten gänzlich oder teilweise zu befreien sind. Daß es sich bei dieser „Verweisung" und „Befreiung"
nicht um eine Ablösung handeln kann, geht abgesehen davon, daß es sich hier
um eine nicht unter den Abschnitt Ablösung fallende Maßnahme handelt, auch
daraus hervor, daß der unbefriedigte Teil der Rechte bei dieser Art der Trennung von Wald und Weide in Geld abgelöst werden kann, was dem Grundsatz
der nachhaltigen Bedarfsdeckung im Falle einer Grundablösung widerspricht.

Weitere diesbezügliche Ausführungen werden im Abschnitt Neuregelung
folgen, doch soll hier schon festgehalten werden, daß es bei einer Trennung von
Wald und Weide nicht gleichgültig ist, ob die ausgeschiedenen Reinweideflächen
in Form einer Ablösung ins Eigentum der Berechtigten übergehen oder bei
einer Neuregelung im Eigentum des Verpflichteten bleiben, da der Erwerber
von Ablösungsgrund auf diesem auch Nutzungen vornehmen darf, die über den
urkundlichen Rahmen hinausgehen.

Besonders wenn eine vollständige Trennung von Wald und Weide moglich
ist, wird man normalerweise nicht den Weg der Neuregelung, sondern den der
Ablösung beschreiten.

Dieser Weg kann umso leichter eingeschlagen werden, als zur Ablösung von
Waldweiderechten, wenn Reinweideflächen nicht in ausreichendem Maße vorhanden sind, auch Waldboden nach Maßgabe der forstgesetzlichen Zulässigkeit
zur Umwandlung in Weide herangezogen werden kann.

Bedenklich in zweierlei Beziehung ist die Bestimmung der Grundsatzverordnung, daß Ablösungsgrundstücke auch aus dem nichtbelasteten Besitz des
Verpflichteten herangezogen werden können.

Erstens führt es zu einer Rechtsunsicherheit beim Besitz des Verpflichteten,
wenn auch unbelastete Grundstücke unter gewissen Voraussetzungen dem
Eigentümer gegen seinen Willen entzogen werden können.

Zweitens können aber auch die Berechtigten benachteiligt werden, wenn
ihnen gegen ihren Willen ein bisher nicht belastetes Grundstück des Verpflichteten als Ablösungsäquivalent zugesprochen wird. Für ein als Heimweide
dienendes Waldweidegebiet kann z. B. eine unbelastete Alpe des Verpflichteten
keinen Ersatz bieten.

Es sollte daher für die Heranziehung unbelasteter Grundstücke die Zustimmung sowohl des Verpflichteten als auch des Berechtigten vorausgesetzt werden.

2. Die Neuregelung.

Nun kommen wir zu dem für die Frage der Trennung von Wald und
Weide wohl wichtigsten Fall, der in der Grundsatzverordnung dadurch besou-
ders hervorgehoben wird, daß ihm ein eigener Paragraph gewidmet wird (12),
der als einziger in der Verordnung von der Trennung von Wald und Weide
spricht. Die Grundsatzverordnung erblickt daher nicht in einer Ablösung der
Weideservitutsrechte, bei der diese in Eigentumsrechte umgewandelt werden,
das Hauptanwendungsgebiet einer Trennung von Wald und Weide, sondern in
einer Neuregelung, bei der die Weideservitutsrechte als solche aufrecht erhalten werden.

Die Grundsatzverordnung schreibt vor, daß bei der Neuregelung eine vollständige oder teilweise Trennung von Wald und Weide grundsätzlich anzustre·
ben ist. Sie bezeichnet die Trennung als die Verweisung der Weiderechte auf

ein Gebiet reiner Weide unter gänzlicher Befreiung von Waldteilen von den Waldweideservitutsrechten. Daß es sich hiebei nicht um eine vollständige oder teilweise Ablösung in Grund und Boden handelt, wurde bereits ausgeführt. Der Boden bleibt weiterhin Eigentum des Verpflichteten und die Weide bleibt als Servitutslast im Falle der vollständigen Trennung auf dem Weideboden, bei teilweiser Trennung teils auf Weide-, teils auf Waldboden. Während bei der Grundablösung unbelastete Ersatzgrundstücke des Verpflichteten bei gewissen Voraussetzungen nur mit Zustimmung des Verpflichteten herangezogen werden können, ist bei der Neuregelung die Zustimmung nie notwendig. Auch der Zustimmung des Berechtigten bedarf es nicht.

Was aber für die Berechtigten besonders gefährlich werden kann, ist die Bestimmung, daß bei einer vollständigen Trennung die unbefriedigten Rechte kapitalistisch abgelöst werden können, wenn die erzielte Reinweidefläche so klein wird, daß die Nutzungsrechte trotz ordentlicher Bewirtschaftung nicht vollkommen befriedigt werden können.

Diese Bestimmung öffnet Tor und Tür, um bei einer für die Berechtigten nachteiligen Auslegung indirekt die Neuregelung zu einer sehr ungünstigen Ablösung zu gestalten. Da die Trennung von Wald und Weide grundsätzlich vorgeschrieben ist, würde es dem Verpflichteten leicht fallen, stets auf eine solche zu drängen, wenn nur eine kleine Reinweidefläche erzielbar ist, um den unbefriedigten Teil der Nutzungsrechte, der bei kleinen Reinweideflächen immer der größere sein wird, zur kapitalistischen Ablösung zu bringen. Während im Abschnitt über die kapitalistische Ablösung diese von besonderen Voraussetzungen abhängig gemacht wird, ist hier bei dieser Art der Neuregelung nichts zum Schutze der Berechtigten vorgesehen.

Der Salzburger Landtag hat diese Gefahr jedenfalls erkannt und sich über diese Grundsatzbestimmung einfach hinweggesetzt.

Im übrigen ist aus § 10 der Grundsatzverordnung nicht zu entnehmen, ob die Trennung von Wald und Weide nur durchführbar ist, wenn bereits Gebiete reiner Weide vorhanden sind oder auch, wenn solche erst durch Umwandlung von Wald in Weideboden zu schaffen sind. Eine ähnliche Bestimmung, wie bei der Ablösung von Weiderechten, wäre nötig gewesen. Das Salzburger Wald- und Weideservitutengesetz hat dies im § 17 mit den Worten „auf ein Gebiet vorhandener oder erst zu schaffender reiner Weide" getan.

Nach § 18 des heute noch geltenden Kärntner Servitutengesetzes vom Jahre 1920 kann bei Waldweiderechten eine Trennung von Wald und Weide angeordnet werden. Nähere Vorschriften fehlen sowohl im Gesetz als in der Durchführungsverordnung.

Die Spruchpraxis der Kärntner Agrarbehörden, die auch vom Obersten Agrarsenat bestätigt wurde, war folgende:

Bei der Feststellung des Ausmaßes der Waldweiderechte nahm die Agrarbehörde den Standpunkt ein, daß den Berechtigten, soferne nicht eine durch alte Sachverständigengutachten bereits ziffernmäßig festgestellte Auftriebsberechtigung vorlag, ein Anspruch auf jenen Weideertrag zustand, welchen der belastete Wald zur Zeit der Urkundenaufstellung zur Deckung des Weidebedarfes des eingeforsteten Viehes abwarf. Der Weideertrag war durch die Intensivierung der Holzzucht gegenüber jenem zur Zeit der Urkundenaufstellung erheblich verringert worden, was durch den Vergleich mit den von den Sachverständigen in den Sechzigerjahren ermittelten Weideerträgen ohne weiteres nachweisbar ist.

Bei den Servitutsgebietsbegehungen verwiesen die Berechtigten immer wieder auf die Verdichtung der Bestockung und die Aufforstung früherer Waldblößen, auf deren seinerzeitiges Vorhandensein noch alte Bezeichnungen wie Ochsengschwand, Kühleger usw. hindeuteten.

Zur Wiederherstellung des urkundlichen Ausmaßes der Waldweiderechte ordnete die Agrarbehörde an, daß im belasteten Walde Reinweideflächen in jenem Umfange auszuscheiden sind, daß deren Ertrag zusammen mit dem Weideertrag der bestocktbleibenden Waldfläche dem urkundenmäßigen Ertrag entsprach.

Über eine Beschwerde der Verpflichteten hat jedoch der Verfassungsgerichtshof in seinem Erkenntnis vom 7. Juni 1932, B 63/31—11, entschieden, daß durch die Entscheidung der Agrarbehörde, Teile des Waldbodens in Reinweide umzuwandeln und als solche zu erhalten, ohne gleichzeitige Einschränkung der Ausübung des Waldweiderechtes im übrigen belasteten Wald, als eine durch keine Bestimmung des Regulierungs-Ablösungsgesetzes gedeckte Anordnung die verfassungsgesetzlich gewährleistete Unverletzlichkeit des Eigentums verletzt worden sei.

Es ist bedauerlich, daß diese Spruchpraxis der Kärntner Agrarbehörde, die sowohl bei den Berechtigten und Verpflichteten volles Verständnis fand, was daraus hervorgeht, daß z. B. bei der Agrarbezirksbehörde Villach mehrere hundert Fälle auf dieser Basis durch Abschluß eines Übereinkommens bereinigt wurden, während nur zehn im Instanzenzug an den Obersten Agrarsenat herangetragen werden mußten, nicht in der Grundsatzverordnung eine Deckung fand. Paragraph 9 der Grundsatzverordnung betreffend die Ersatzleistung für unbedeckte Nutzungsrechte reicht jedenfalls nicht zur Deckung hin.

Diese Art einer teilweisen Trennung von Wald und Weide hat für den Verpflichteten den Vorteil, daß das Weidevieh sich hauptsächlich in den Reinweideflächen aufhält, wodurch der übrige Wald entlastet wird, und daß weniger Reinweideflächen ausgeschieden werden müssen, wenn der Weideertrag des übrigen Waldes zusätzlich herangezogen wird.

Die Weideservitutsberechtigten haben den Vorteil des besseren Weideertrages der ausgeschiedenen Reinweideflächen, ohne daß sie eine erhebliche Zaunlast übernehmen müssen, die darin bestehen würde, daß sie den Waldteil, in dem nicht mehr geweidet werden darf, vom verbleibenden noch weiter beweideten Wald abzäunen müssen. Die zu übernehmende Zaunlast läßt die Berechtigten häufig auf jede Trennung von Wald und Weide verzichten.

Durch die auf obiger Grundlage durchgeführten Neuregelungen ist in Kärnten in der früher so stürmischen Servitutenfrage eine derartige Beruhigung eingetreten, daß diese derzeit nicht aktuell ist.

Wenn mehr Reinweideflächen ausgeschieden werden, als nötig sind, um einschließlich des verbleibenden Waldweideertrages, den Gesamtweideertrag, wie er zur Zeit der Urkundenaufstellung bestand, wieder herzustellen, erscheint eine entsprechende Entlastung des übrigen Waldes gerechtfertigt.

Auf einen Mangel ist bei der Trennung von Wald und Weide besonders aufmerksam zu machen: Die Ausscheidung von Reinweideflächen allein genügt nicht, um den angestrebten Zweck zu erreichen. Wenn sie zu einem wirtschaftlichen Erfolg führen soll, wird sie sich oft auch auf Weideverbesserungsmaßnahmen in der ausgeschiedenen Reinweidefläche erstrecken müssen, die Vorkehrungen und Nutzungen am belasteten Grund voraussetzen, die bisher noch nicht zu Recht bestanden.

Die Grundsatzverordnung sieht die Neueinräumung derartiger Dienstbarkeiten nicht vor, sondern bestimmt im Gegenteil ausdrücklich im § 6, daß sich das Verfahren an die bestehenden Grundlagen zu halten hat.

Paragraph 17 (2) des Salzburger Wald- und Weideservitutengesetzes geht etwas darüber hinaus, indem es für notwendig werdende Zäune eine Holzbeistellung seitens des Verpflichteten vorsieht.

Das Kärntner Servitutengesetz sieht diesbezüglich auch nichts vor, was sich naturgemäß nachteilig auswirken muß. So hatte die Agrarbezirksbehörde Villach zwecks Intensivierung des Weidebetriebes in einem Waldweideservitutsgebiet, in dem eine rund 50 Hektar große Reinweidefläche ausgeschieden worden war, die Errichtung eines Stallgebäudes für 50—60 Kühe mit Dünger- und Gülleanlage und einem angebauten Wirtschaftsgebäude, die Errichtung einer Wasserversorgungsanlage und von Koppelzäunen vorgesehen.

Die Ausführung mußte unterbleiben, da nach Ansicht des Obersten Agrarsenates die hiefür notwendigen Ergänzungsservituten in der alten Regulierungsurkunde keine Deckung fanden.

Eine diesbezügliche gesetzliche Regelung wäre daher dringend notwendig.

Die Bestimmung hätte etwa folgendermaßen zu lauten:

„Ist für die zweckmäßige Ausübung der zu regelnden oder neuzuregelnden Nutzungsrechte die Neueinräumung einer Dienstbarkeit auf dem belasteten Grunde notwendig (Ergänzungsservitut, z. B. die Gestattung von Weg- oder Bringungsanlagen, Wasserleitungen, Beistellung von Holz für Zäune, Tränkanlagen und Alpgebäude usw.), so kann der Verpflichtete hiezu gegen angemessene Entschädigung verhalten werden, soweit hiedurch sein Wirtschaftsbetrieb nicht erheblich gestört wird."

3. Die Sicherung.

Wird mit Weiderechten belasteter Weideboden aufgeforstet, so kann nach § 25 der Grundsatzverordnung die Gutmachung der eintretenden Weidebeeinträchtigung durch Zuweisung eines anderen Weidebodens auch aus dem unbelasteten Besitz oder durch Zuerkennung einer Rente erfolgen. Da es sich nur um vorübergehende Maßnahmen handelt, erübrigt sich eine ausführliche Besprechung. Ähnliche Bestimmungen waren schon früher in den Landesgesetzen enthalten.

Zu bemerken ist, daß die Grundsatzverordnung nur die Säuberung des Weidebodens vom natürlichen Anflug durch die Berechtigten vorsieht, nicht aber auch die Entfernung einer eigenmächtigen Aufforstung. Das Salzburger Wald- und Weideservitutengesetz enthält keine Beschränkung der Säuberungsbewilligung auf den natürlichen Anflug. Dies erscheint berechtigt, da nicht einzusehen ist, warum eine widerrechtliche Aufforstung, die eine Besitzstörung darstellt, nicht wieder entfernt werden soll.

B. Waldweide auf eigenem Grund und Boden.

Für die Trennung von Wald und Weide im Eigenwald erscheinen gesetzliche Vorkehrungen weniger notwendig, da sie abgesehen von den forstgesetzlichen Beschränkungen dem Belieben des Waldeigentümers anheim gestellt bleiben. Immer mehr hat sich die Erkenntnis durchgerungen, daß in den Almregionen der Erhaltung eines die Weide schützenden Alpwaldes besondere

Bedeutung zukommt und daß bei einer Trennung von Wald und Weide in der Kampfzone besonders vorsichtig vorgegangen werden muß.

Es liegt sowohl im Interesse des Forstwirtes als auch des Almbesitzers, daß die Waldgrenze nicht weiter herabgedrückt, sondern besonders dort, wo der Boden für die Alpweide weniger günstig ist, möglichst nach oben verschoben wird. Ersatz für den der Holznutzung zugeführten Alpboden kann in den nicht gefährdeten Waldteilen gesucht werden. Ein entsprechendes Zusammenarbeiten der das Almschutzgesetz handhabenden Agrarbehörde und der Forstbehörde wird hier immer den rechten Weg finden lassen.

Obwohl die Almschutzgesetze keine ausführlichen Bestimmungen über die Durchführung der Trennung von Wald und Weide enthalten, kann die Agrarbehörde auf Grund der im Gesetze vorgesehenen Trennung von Wald und Weide in den Wirtschaftsplänen der Gemeinschaftsalpen nach eigenem Ermessen im Einvernehmen mit der Forstbehörde alles vorsehen, was zur zweckmäßigen Durchführung dieser Maßnahme notwendig ist.

Steht der Grund, der durch diese betroffen werden soll, im Eigentum von zwei oder mehreren benachbarten Alp- oder Waldbesitzern, so hat die Agrarbehörde nunmehr auf Grund der Flurverfassungsnovelle die Möglichkeit, erforderlichenfalls ein Flurbereinigungsverfahren durchzuführen.

III. WIRTSCHAFTLICHE ERWÄGUNGEN.

Um den Erfolg einer Trennung von Wald und Weide zu sichern, genügt es nicht, die rechtlichen Voraussetzungen für eine solche zu schaffen, sondern noch viel wichtiger sind die wirtschaftlichen Voraussetzungen.

Es muß bezweifelt werden, daß sich die vom Gesetzgeber grundsätzlich vorgeschriebene Trennung von Wald und Weide vorteilhaft auswirken wird, wenn die wirtschaftlichen Unterlagen fehlen. Die Ausscheidung von Reinweideflächen erfordert unbedingt eine intensive Bewirtschaftung derselben. Die Intensivierung der Holzwirtschaft war verhältnismäßig leicht durchzuführen. Wenn nicht übermäßiger Raubbau betrieben wird, unterstützt der Wald selbst durch natürlichen Anflug das Bestreben der Menschen, ihn durch künstliche Aufforstung möglichst rasch wieder in Bestand zu bringen. Durch die abfallenden Nadeln oder Blätter trägt er selbst zur Vermehrung der Humusbildung bei. Anders verhält sich dies bei der Weide. Werden ausgeschiedene Reinweideflächen sich selbst überlassen, so verwildern sie meist rasch, sie verunkrauten oder verwachsen wieder durch natürlichen Anflug. Zu Unrecht würde man diese Vernachlässigung des Weidebodens dem Bauer zum Vorwurf machen.

Zur Befriedigung seines ungedeckten Weidebedarfes würde er den Weideboden dringend benötigen, doch ist er zu dessen intensiver Bearbeitung einfach nicht imstande. Man kann vom Bauer, dem genügende Arbeitskräfte zur intensiven Bewirtschaftung seiner Acker- und Wiesengrundstücke fehlen, nicht verlangen, daß er die meist vom Hof weit entfernten Weideböden intensiv bewirtschaftet. Für die Herrichtung und Erhaltung der Weideböden sind ausreichende Arbeitskräfte, nach Möglichkeit Bodenbearbeitungsmaschinen (Stockroder u. dgl.), Natur- oder Kunstdünger, Kalk, Grassamen usw. erforderlich. An all dem fehlt es dem Bauer. Nur wenn der Staat zumindest einmalig bei der Kulturumwandlung helfend eingreifen würde, wie z. B. durch Aufstellung von Arbeiterpartien bei den Agrarbehörden, die systematisch mit den vorgenannten

Hilfsmitteln die Verbesserungsaktion durchzuführen hätten, könnte die Trennung von Wald und Weide erfolgversprechend sein. Sonst aber hat der Bauer nichts davon, wenn ihm ein verkleinertes Weidegebiet zur Verfügung steht, das ihm zwar auf dem Papier nach den ermittelten Weideertragsziffern unter der Voraussetzung einer pfleglichen Bewirtschaftung, die ja auch im Gesetz vorgeschrieben ist, den gebührenden Weideertrag liefern soll, in Wirklichkeit aber wegen der ausbleibenden intensiven Bearbeitung weniger Weideertrag abwirft als früher. Solange nur eine teilweise Trennung von Wald und Weide bei der Aufrechterhaltung der Weideausübung im gesamten belasteten Gebiet durchgeführt wird, läßt sich zwar, wie Kärnten gezeigt hat, auch ohne Druck nach intensiver Weidewirtschaft ein Ruhezustand zwischen Berechtigten und Verpflichteten herstellen, da die Berechtigten eine Weideerleichterung fühlen, und der Verpflichtete aus einem natürlichen Anflug nur Nutzen ziehen kann. Wenn aber im Zuge der Trennung von Wald und Weide eine teilweise A u f h e b u n g d e r   W e i d e   i m   b e l a s t e t e n   W a l d   v o r g e s c h r i e b e n   w e r d e n m u ß, wird der Kampf kaum zur Ruhe kommen. Vom volkswirtschaftlichen Standpunkt aus erscheint es jedenfalls nur dann vertretbar, bei der Trennung von Wald und Weide auf den Holzertrag ausgedehnter Waldflächen dauernd zu verzichten, wenn hiefür entsprechende Gegenwerte durch eine tasächliche Verbesserung des Weidebetriebes erzielt werden.

In diesem Zusammenhang soll auf die wertvolle Unterstützung hingewiesen werden, die das Institut für angewandte Pflanzensoziologie des Herrn Univ.-Prof. Dr. E. A i c h i n g e r der Agrarbehörde in der Frage der Trennung von Wald und Weide angedeihen läßt, und es wäre zu wünschen, daß die derzeit laufenden gemeinsamen Versuche zu einer Mechanisierung der Weideintensivierungsarbeiten, die bei dem herrschenden Leutemangel von besonderer Bedeutung ist, zu einem erfolgreichen Abschluß führen.

Abgeschlossen 1. Juni 1950.

Vegetationskundliche Vorarbeiten zur Ordnung von Wald und Weide.

Von Univ.-Prof. Dr. Erwin A i c h i n g e r.

E i n l e i t u n g.

Die vegetationskundlichen Wechselbeziehungen von Wald und Weide sind so vielfältig, daß wir uns vor jeder schablonenhaften Ordnung hüten müssen, zumal Fragen der vorbeugenden Lawinen- und Hochwasserbekämpfung mit diesen Fragen eng zusammenhängen.

Es geht nicht an, daß weiterhin mit öffentlichen Mitteln auf der einen Seite Hochwasserschäden durch Arbeiten der Wildbachverbauung und Flußregulierung bekämpft werden und auf der anderen Seite in grenzenloser Raubwirtschaft im Kampfgürtel des Waldes die letzten Vorposten des Waldes vernichtet werden.

Es geht nicht an, daß weiterhin gewaltige Elektrizitätswerke gebaut werden, welche an die Kontinuität des Wasserabflusses angewiesen sind und auf der anderen Seite durch Verwüstung des Waldes und anschließenden ungeregelten extensiven Weidebetrieb die Kontinuität des Wasserabflusses unterbunden wird.

Dazu kommt, daß besonders der Bergbauer auf den Ertrag des Waldes ebenso angewiesen ist, wie auf den Ertrag seiner landwirtschaftlich genutzten Gründe.

Nicht ungeregelte extensiv betriebene Wald- und Weidewirtschaft wird die Höfe der Bergbauern sichern, sondern möglichste Intensität in der Land-, Alm- und Waldwirtschaft.

Diese Intensität können wir mit dem geringsten Aufwand von Mitteln aber nur dann erreichen, wenn wir die naturgegebenen Zusammenhänge, die vegetationskundlichen Grundlagen der Ordnung von Wald und Weide kennen; denn es ist nicht möglich, Wälder und Grünlandflächen, die durch viele Jahrhunderte in grenzenloser Raubwirtschaft ausgeplündert wurden, von heute auf morgen wieder zu intensivieren.

Was nützen uns all die vielen Erkenntnisse der Grünlandverbesserung unserer Talgründe, wenn wir weder die Mittel noch die Menschen besitzen, um diese Verbesserungen im Kampfgürtel des Waldes durchzuführen.

Aus den vegetationskundlichen Zusammenhängen werden wir erfahren, daß wir schon durch Unterlassung waldverwüstender Eingriffe, durch Unterteilung gewaltiger, bisher extensiv betriebener Almflächen in mehrere Koppeln und Konzentration der Düngerwirtschaft ohne großen Geld- und Arbeitsaufwand manchen Erfolg erzielen können.

Die vegetationskundlichen Vorarbeiten sollen insbesondere diese Zusammenhänge aufzeigen und den Hinweis liefern, wo wir mit dem geringsten Aufwand an Mitteln den größten Erfolg erreichen.

Sie bringen aus den Gebieten verschiedener geologischer, klimatischer und
biotischer Verhältnisse Schilderungen der Wechselbeziehungen von Wald und
Weide.

Diese Vorarbeiten sollen insbesondere aufzeigen, daß die verschiedenen
Wälder, Heiden und Grünlandflächen trotz gleichen Aussehens in Abhängigkeit
von Klima, Boden und den biotischen Verhältnissen nicht immer gleichwertig
sein müssen, sondern verschiedene Entwicklung hinter sich haben.

Demnach ist Bürstlingsrasen nicht gleich Bürstlingsrasen, Rotschwingelwiese nicht gleich Rotschwingelwiese, *Calluna*-Heide nicht gleich *Calluna*-
Heide und Fichtenwald nicht gleich Fichtenwald.

Erst wenn wir die Zugehörigkeit der verschiedenen Grünlandflächen, Heiden und Wälder zu verschiedenen Vegetationsentwicklungstypen erkannt haben,
wird es nicht mehr vorkommen, daß wir Erkenntnisse der verschiedenen For-
scher am untauglichen Objekte auswerten.

I.

Vegetationskundliche Betrachtungen zur Verteilung von Wald und Weide auf der Görlitzen.

Die großen Reserven unserer Bodenkultur liegen insbesondere im Kampfgürtel des Waldes; denn hier wurden die Wälder und Grünlandflächen durch
viele Jahrhunderte in ungeregelter Wald- und Weidewirtschaft verwüstet. Mit
viel geringeren Mitteln könnten wir hier an Stelle der herabgewirtschafteten
Wälder und Grünlandflächen gutwüchsige Wirtschaftswälder und saftige Weiden gewinnen als im Meliorationsgelände verlandeter Seen und Teiche.

Einen Weg zur Ordnung von Wald und Weide, zur besseren Bewirtschaftung der Wälder und Grünlandflächen im Bergland wird uns die folgende vegetationskundliche Betrachtung liefern.

Voraussetzung dieser Betrachtung ist die richtige Beurteilung der Berg-
bauernfrage und der engen Wechselbeziehungen zwischen Landwirtschaft und
Forstwirtschaft, die eng zusammenarbeiten müssen, um die Lebensgrundlage
des Bergbauern zu sichern.

In den Alpen finden wir auf engem Raum die größte Vielgestaltigkeit des
Klimas und Bodens, der Standortsbedingungen schlechthin und damit auch der
Pflanzendecke. Daher stellt die Natur an den Bergbauern auch viel größere An-
forderungen als etwa an einen Flachlandbauern.

Von der Talstufe bis an die Stufe des ewigen Eises durchlaufen wir in
wenigen Stunden die gleiche Zahl von Klimabereichen, wie bei gleichbleibender
Meereshöhe auf tagelangen Reisen durch Europa von den süduropäischen Gebieten bis an das Eismeer. Ebenso entsprechen auch die einzelnen Klimazonen,
die wir am Wege vom Alpenrand gegen das Alpeninnere erkennen können, den
Klimazonen auf den weiten Strecken vom ozeanisch beeinflußten Westen bis in
die lufttrockenen osteuropäischen Länder. So keilt die über 1000 Meter hohe
Laubwaldstufe vom ozeanisch beeinflußten Alpenrand gegen die lufttrockenen
inneralpinen Täler ebenso aus, wie der einige 100 Kilometer breite Laubwald-
gürtel vom ozeanisch beeinflußten Westen gegen die lufttrockenen osteuropäischen Gebiete. Die Buche dringt am Alpenrand, je mehr dieser ozeanisch be-

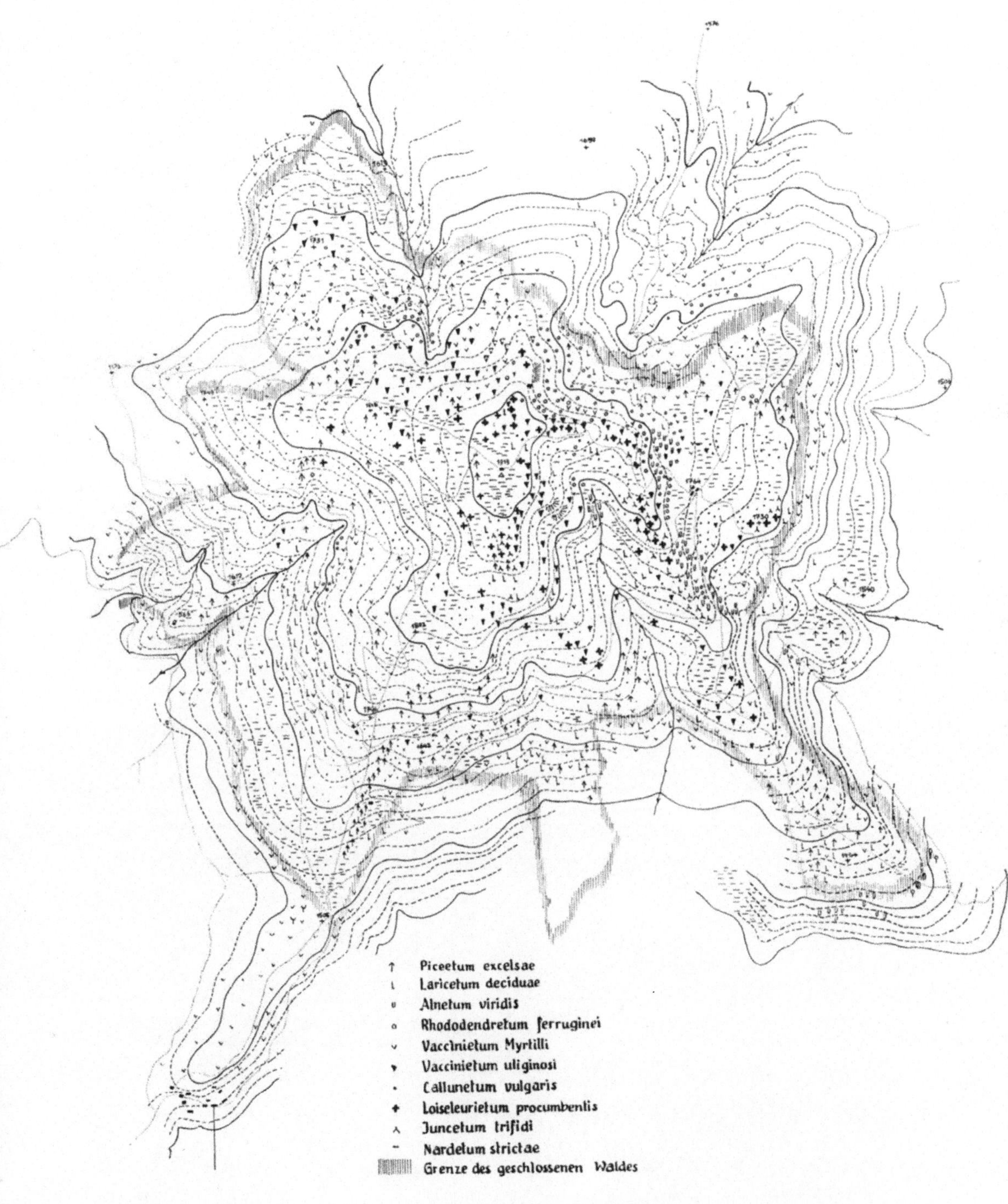

Vegetationskarte des Görlitzengipfels.
Entwurf: Herr u. Frau Dr. Johannes Bartsch, 1942.
Piceetum excelsae
Laricetum deciduae
Alnetum viridis
Rhododendretum ferruginei
Vaccinietum Myrtilli
Vaccinietum uliginosi
Callunetum vulgaris
Loiseleurietum procumbentis
Juncetum trifidi
Nardetum strictae
Grenze des geschlossenen Waldes

einflußt ist, nahezu bis gegen die Baumgrenze vor, wie der Laubwald hoch im Norden, im westlichen Küstengebiet Skandinaviens, fast unmittelbar in den Tundrengürtel übergeht. Der luftfeuchte Alpenrand entspricht in seiner Höhenstufengliederung dem ozeanisch bestimmten Gebiet im Westen Europas, während das lufttrockene Alpeninnere den östlichen Gebieten entspricht.

Wir ersehen daraus, wie verschieden allein die klimatischen Einflüsse in den Alpen sind, und können darauf schließen, daß ebenso wie die Wälder auch die Pflanzengesellschaften unserer Almen völlig verschieden aufgebaut sind.

Klimatische Verhältnisse bedingen auch die Düngerwirtschaft. So treten in der Landwirtschaft oft Meinungsverschiedenheiten auf, ob es richtiger ist, mit Dickgülle oder Dünngülle zu arbeiten. Im feuchten, sehr niederschlagsreichen optimalen Klimagebiet werden wir mit der Dickgülle nicht so fehl gehen wie in den Trockengebieten der Zentralalpen, wo wir mit der Dünngülle mehr Erfolg haben können. Doch nicht allein die Einflüsse des Klimas sind von ausschlaggebender Bedeutung. So können wir beim Bürstling *(Nardus stricta)* feststellen, daß er vom Klima ziemlich unabhängig ist und insbesondere dort vorkommt, wo die auf den sauren Rohhumusböden wachsenden Pflanzen vom Weidevieh negativ ausgelesen werden. Der Bürstling besitzt eine endotrophe Mykorrhiza und ist dadurch in der Lage, luftarmen Boden zu besiedeln und Rohhumus zu ertragen.

Wir treffen den Bürstling auf trockenen, sauren Böden ebenso wie auf nassen, sauren Böden. So beschreibt K. H. O s v a l d in seiner Beschreibung der Vegetation des Hochmoores K o m o s s e : „Ich habe selten eine einförmigere Vegetation gesehen als die auf dem Hochplateau der Pennines. Das einzige, was diese schmutzig graugrüne, schwach kupierte Fläche belebt, sind die Spitzen, die über die Fläche emporragen und mit einer *Vaccinium Myrtillus*-Ass., *Empetrum nigrum*-Ass. und manchmal auch mit einer *Nardus*-Ass. bedeckt sind, und die prächtigen Erosionskanäle, die an einzelnen Stellen die mehrere Meter hohe Torfschichte bis zum Mineralgrunde durchschnitten haben.“

Und F. C. v. F a b e r schreibt in der Besprechung der Höhenregionen in den temperierten Zonen: „Trockene und magere Stellen, besonders Granit und Gneis, sind mit Horsten des Borstengrases, *Nardus stricta,* überzogen.“

Die Bürstlingrasen siedeln von der warmen Unteren Eichenstufe bis in die kalte Obere Alpenstufe.

Allen diesen Bürstlingrasen-Gesellschaften ist gemeinsam, daß sie

a) sauren, nährstoffarmen und wenig durchlüfteten Boden ertragen können und

b) durch die negative Auslese der extensiv betriebenen Viehweide begünstigt werden. Das Weidevieh tritt nämlich auf der Suche nach zusagender Nahrung den Boden zusammen und frißt alle wohlschmeckenden Pflanzen. Den Bürstlingrasen im ausgewachsenen Zustand dagegen verschmäht es, weshalb sich dieser ausbreiten kann. Deshalb kommt er überall auf, wo ein bodensaurer Pflanzenbestand niedergeschlagen, geschwendet und so ungeregelt beweidet wird, daß sich nur der Bürstlingrasen mit seinen Begleitern halten kann, da er nicht gefressen wird und den Betritt gut ertragen kann. Somit ist er, von wenigen Ausnahmen abgesehen, das Weidetritt-Verwüstungsstadium einer Reihe von Rasen- und Zwergstrauchgesellschaften und, nach Abhieb des Waldes, auch verschiedener Nadel- und Laubwaldgesellschaften.

Daraus geht hervor, daß die Bürstlingrasen nach denjenigen Pflanzengesellschaften zu werten sind, mit denen sie in Beziehung stehen.

So ist z. B. ein Bürstlingrasen, der in der Alpenstufe durch Betritt und Weideauslese im Krummseggenrasen aufgekommen ist (Caricetum curvulae ↘ NARDETUM strictae) anders zu bewerten als ein Bürstlingrasen der Unteren Eichenstufe, der nach Abhieb eines bodensauren Kastanienwaldes in der *Calluna*-Heide sich durchgesetzt hat (Castaneetum sativae ↘ Callunetum vulgaris ↘ NARDETUM). Ebenso muß ein Bürstlingrasen, der auf moorigem Boden in der Haarbinsengesellschaft aufgekommen ist (Trichophoretum austriaci turfosum ↘ NARDETUM strictae turfosum), unterschieden werden von einem Bürstlingrasen, der in der Rostalpenrosen-Zwerstrauchheide entstanden ist (Rhododendretum ferruginei ↘ Nardetum strictae).

Ferner ist ein Bürstlingrasen, der in der bodentrockenen *Calluna*-Heide aufgekommen ist, die sich ihrerseits nach Kahlhieb des heidelbeerreichen Rotbuchenwaldes durchgesetzt hat (Fagetum vacciniosum Myrtilli ↘ Callunetum vulgaris ↘ NARDETUM strictae), wieder etwas anderes als ein Bürstlingrasen, der sich nach Abhieb des bodensauren Legföhren-Buschwaldes in der Heidelbeer-Zwergstrauchheide auf Kalkunterlage durchgesetzt hat (Pinetum Mugi calcicolum acidiferens ↘ Vaccinietum Myrtilli ↘ NARDETUM strictae).

Alle diese Bürstlingrasengesellschaften sind deshalb in syngenetischer Betrachtung, also abhängig von Boden, Klima und lebender Umwelt, trotz Zugehörigkeit zum gleichen Erscheinungsbild völlig anders zu beurteilen.

Hier liegt auch des Rätsels Lösung, warum uns im einen Fall diese, im anderen Fall jene Art der Bodenverbesserung die Möglichkeit gibt, den minderwertigen, nährstoffarmen Weideboden in einen hochwertigen, nährstoffreichen überzuführen. So gelingt es uns beim einen Bürstlingrasen mit Bodenbewässerung, beim anderen mit Kalkung, beim dritten mit Kalkung und Volldüngung und beim vierten schließlich nur mit Vollumbruch.

Die Forstleute der bergbäuerlichen Gebiete müssen an dieser Frage ein besonderes Interesse haben. Wenn wir nämlich dafür sorgen, daß der Weideboden in intensiver Wirtschaft verbessert wird und damit das Weidevieh auf kleiner Fläche die erforderliche Nahrung findet, braucht die Waldweide nicht in Anspruch genommen zu werden.

So wie sich der Forstmann darüber im klaren sein muß, daß sich viele Wälder trotz desselben äußeren Aussehens in ihrem inneren Aufbau ebensowenig gleichen wie uniformierte Menschen, muß auch der Landwirt wissen, daß beispielsweise Glatthaferwiese nicht gleich Glatthaferwiese, Fuchsschwanzwiese nicht gleich Fuchsschwanzwiese und Bürstlingrasen nicht gleich Bürstlingrasen ist. I c h   g l a u b e   n i c h t   z u   i r r e n , w e n n i c h   b e h a u p t e , d a ß a u s   U n k e n n t n i s   d i e s e r   Z u s a m m e n h ä n g e   j ä h r l i c h   n i c h t n u r   U n s u m m e n   u m s o n s t   v e r a u s g a b t   w e r d e n ,   s o n d e r n a u c h   u n s e r e   G r ü n l a n d w i r t s c h a f t   e r h e b l i c h e n   P r o d u k t i o n s e n t g a n g   h a t .

Die verschiedenen Bürstlingrasen-Gesellschaften haben sich nicht immer gleich entwickelt, sondern sind auf verschiedenen Wegen entstanden z. B.:

Krummseggenrasen (Caricetum curvulae) ↘ NARDETUM
Bürstensimsenrasen (Juncetum trifidi) ↘ NARDETUM
Haarbinsengesellschaft (Trichophoretum austriaci) ↘ NARDETUM turfosum

Gemsen-Heide (Loiseleurietum procumbentis) ↘ NARDETUM
Calluna-Heide (Callunetum vulgaris) ↘ NARDETUM
Krähenbeeren-Heide (Empetretum nigrae) ↘ NARDETUM
Rauschbeeren-Heide (Vaccinietum uliginosi) ↘ NARDETUM
Schwarzbeeren-Heide (Vaccinietum Myrtilli) ↘ NARDETUM
Rostalpenrosen-Heide (Rhododendretum ferruginei) ↘ NARDETUM
Gletscherweiden-Teppich (Salicetum retusae-reticulatae) ↘ NARDETUM
Legföhren-Gebüsch (Pinetum Mugi prostratae) ↘ NARDETUM
Spirkenwald (Pinetum Mugi arboreae) ↘ NARDETUM
Zirbenwald (Pinetum Cembrae) ↘ NARDETUM
Rotföhrenwald (Pinetum silvestris) ↘ NARDETUM
Lärchenwald (Laricetum deciduae) ↘ NARDETUM
Fichtenwald (Piceetum excelsae) ↘ NARDETUM
Grünerlen-Gebüsch (Alnetum viridis) ↘ NARDETUM
Stieleichenwald (Quercetum Roboris) ↘ NARDETUM
Traubeneichenwald (Quercetum petraeae) ↘ NARDETUM
Hainbuchenwald (Carpinetum Betuli) ↘ NARDETUM
Rotbuchenwald (Fagetum silvaticae) ↘ NARDETUM
Bergahornwald (Aceretum Pseudoplatani) ↘ NARDETUM

Alle diese Bürstlingrasen sind in bodensauren Pflanzengesellschaften aufgekommen und zwar entweder direkt oder erst nach Beseitigung der bodensauren Wald- oder Strauchgesellschaften.

Nach diesen einleitenden Worten beginnen wir die Wanderung. Von der
Bergstation der Kanzelbahn führt ein ± ebener Weg zur sogenannten Waldtratte, die nur wenig über 1500 m Seehöhe gelegen ist, und weiter zum Gipfel
der Görlitzen. Da fällt uns gleich zu Beginn unseres Weges auf, daß der hochstämmige Fichten-Tannen-Mischwald unvermittelt an die extensiv bewirtschafteten Almen angrenzt. Ein Blick in diesen Wald zeigt uns, daß hier Tannen und
Fichten beste Lebenskraft besitzen. Die Tannen wachsen in einer Vollholzigkeit
und bis zu einer Höhe heran, wie sonst im Tal, und in der Krautschicht finden
wir eine ganze Reihe von anspruchsvollen Arten, aus deren Vorkommen wir
schließen können, daß wir keinesfalls an der natürlichen Waldgrenze angelangt
sind. Nur da und dort in den Lücken des Bestandes bedeckt die Heidelbeere
geschlossen den Boden, weil ihr der Halbschatten besonders zusagt. Sie begunstigt durch ihren reichlichen Blattabfall von sich aus die Rohhumusbildung.

Die Heidelbeere *(Vaccinium Myrtillus)*, die eine typische Rohhumuspflanze
ist und den Halbschatten liebt, deckt daher hier die Waldlücken. Unmittelbar
um die Baumstämme hat sich ein besserer Bodenzustand halten können, der
ungefähr dem Boden entspricht, wie wir ihn im geschlossenen Tannen-Fichten-
Mischwald antreffen. Denn der Mischwald in der Forstwirtschaft entspricht
gewissermaßen dem Fruchtwechsel in der Landwirtschaft. Der naturgemäße
Wald mit seiner bestimmten Gliederung in Baum-, Strauch-, Kraut- und Moosschicht, in dem die Fichte mit ihren flach dahinstreichenden, und die Tanne
mit ihren senkrecht tief in den Boden eindringenden Wurzeln in abwechselnder
und ergänzender Weise Raum finden, durchwurzelt alle Bodenschichten. Das
unansehnliche Moos und der Sauerklee gehören ebenso zur Lebensgemeinschaft
„Wald", wie die hochstämmigen Tannen- und Fichtenbäume. Wenn die verschiedenen oberirdisch wachsenden Pflanzen verschwinden und die Zufuhr des
Bestandesabfalles aufhören würde, so würde dem Bodenleben die Lebensgrund-

lage genommen werden. Es würde das Bodenleben abnehmen und der Boden
würde seine Durchlüftung verlieren.

Eine vegetationskundliche Aufnahme dieses Waldes zeigte folgenden Aufbau auf 100 Quadratmetern:

Baumschicht:

Picea excelsa, 0,7 bestockt, 25 m hoch		*Abies alba*, 0,3 bestockt, 20 m hoch

Strauchschicht:

Picea excelsa	1.1

Niederwuchs:

Vaccinium Myrtillus	5.5	*Luzula pilosa*	+
Deschampsia flexuosa	2.3°	*Luzula Sieberi*	+
Homogyne alpina	1.1	*Majanthemum bifolium*	+
Oxalis Acetosella	1.1	*Vaccinium Vitis-idaea*	+
Listera cordata	+.2	*Lastrea Dryopteris*	+
Lycopodium annotinum	+.2	*Dryopteris austriaca*	+
Calamagrostis villosa	+.2	*Pirola uniflora*	+
Luzula flavescens	+		

Moosschicht:

Hylocomium splendens	4.5	*Sphagnum acutifolium*	1.5
Ptilium crista-castrensis	2.4	*Bazzania trilobata*	1.2
Rhytidiadelphus triquetrus	2.3	*Polytrichum formosum*	1.2
Pleurozium Schreberi	2.3	*Rhytidiadelphus loreus*	+.2

Es handelt sich hier um einen *Picea excelsa - Vaccinium Myrtillus - Hylocomium splendens* - Wald im Sinne der fenno-skandinavischen Schule, welche die Wälder nach den dominierenden Arten in den verschiedenen Schichten faßt.

Im Sinne der Schule Braun-Blanquet gehört unser Wald zum Piceetum Subalpinum Br.-Bl. 1938, für welche Waldgesellschaft die Arten: *Lycopodium annotinum, Listera cordata, Luzula flavescens, Pirola uniflora, Rhytidiadelphus loreus* und *Ptilium crista-castrensis* Charakterarten sind.

Ich stelle diesen Bestand zum heidelbeer-reichen Fichten-Tannen-Mischwald, welcher im Weißkiefernwald aufgekommen ist und sich bei pfleglicher Wirtschaft zum Tannenwald weiter entwickeln würde (Pinetum silvestris ↗ Abieteto-PICEETUM myrtillosum ↗ Abietetum).

Die besondere Stellung dieses Waldes im Hinblick auf den Gang der Vegetationsentwicklung ist für die wirtschaftliche Behandlung von maßgeblicher Bedeutung. Wir wissen, daß er sich einst aus einem Weißkiefernwald hochentwickelt hat, und verstehen nun, wieso waldverwüstende Eingriffe wieder zum sekundären Weißkiefernwald zurückführen.

Die Weißkiefer tritt im Raume dieses Waldes auf lichten Blößen besonders hervor.

Besonders wichtig scheint mir die Feststellung, daß sich dieser Wald bei pfleglicher Wirtschaft zum reinen Tannenwald aufwärts entwickeln würde; denn dieser Wald liegt gerade im klimatischen Grenzgebiete der Laubwald- und Nadelwaldstufe.

Wird der Wald aber nicht pfleglich bewirtschaftet, so wird er zur Heidelbeerheide herabgewirtschaftet (Abieteto-Piceetum excelsae myrtillosum ↘ VAC-

CINIETUM Myrtilli), ja sogar zum Bürstlingrasen, wenn ungeregelte Weideraubwirtschaft durch die auslesende Wirkung der Weide und des Weidetrittes
die Heidelbeerheide zurückdrängt (Vaccinietum Myrtilli ↘ NARDETUM
strictae). Wir treten nun aus diesem herrlichen, wuchsfreudigen Wald heraus auf
die unpfleglich bewirtschaftete Weidefläche. Welch ein trostloser Anblick! An

Stelle des eben studierten prächtigen, wuchsfreudigen geschlossenen Nadelwaldes finden wir eine armselige ausgehagerte Hungerweide, die keinem Vieh zusagende Nahrung bieten kann. Das Weidevieh hat, nachdem der Wald niedergeschlagen wur-de, immer wieder solche Pflanzen gefressen, die ihm zusagten, so daß sich in zunehmendem Maße diejenigen Arten ausbreiten konnten, die nicht gefressen wurden. Außerdem wurde der Boden immer mehr betreten und damit verhärtet und verfestigt. Es ist ja klar, daß die Weide schlechter werden muß, wenn immer wieder die guten bekömmlichen Weidepflanzen weggefressen und ihnen auch die Lebensbedingungen entzogen werden, weil durch die Verfestigung des Bodens das Niederschlagswasser nicht mehr eindringen kann und der Luftgehalt im Boden zurückgeht. Auch wird

Nardus-Rasen auf einem stark betretenen Fußpfad
auf der Gerlitzen.

damit den Mikroorganismen insbesondere der Atmungssauerstoff entzogen und
sie können ihrer so wichtigen Aufgabe, der Aufschließung des Bodens, der Ver-
arbeitung der organischen Substanzen, der Überführung des Rohhumusbodens
in milden Humusboden und der Durchmischung der Humusteile mit den
Mineralteilen des Bodens nicht mehr nachkommen. Es kommt zur Bildung des
sehr sauren Rohhumusbodens, der ein freudiges Wachstum wertvoller Weidepflanzen ausschließt.

Wenn man nun aus der Erfahrung weiß, daß gerade durch den Betritt eine
ausgezeichnete Weidenarbe entstehen kann, so ist dies nur dann der Fall, wenn
der Boden gekrümelt ist. Im gekrümelten, garen Zustand kann er weder vom
Vieh noch von Bodenwalzen völlig verdichtet werden.

Wir sehen daraus, daß es auch ohne Betritt zur Bodenverdichtung kommen
kann. Der Bürstling wird nicht gerne gefressen und erträgt, wie gesagt, den Betritt. Die Heidelbeere *(Vaccinium Myrtillus)*, die hier auch den versauerten

59

Rohhumusboden besiedelt, hält dem starken Betritt nicht stand. Wenn die günstige Wirkung der Mähweidewirtschaft auf dem Wechsel von Betritt und Mahd fußt, welcher auch der selektiven Auslese der Weide entgegenwirkt, so ist es doch so, daß hiebei die Beweidung nur zeitweise und immer auf wenige Tage beschränkt erfolgt. Entscheidend ist auch, daß eine Mähweide nur dann eingerichtet werden kann, wenn der Boden vorerst im Hinblick auf seine Struktur und seinen Nährstoffhaushalt verbessert worden ist. In durchnäßten Rohhumusböden hat das Wasser die Luft verdrängt und sind zwischen den feinsten Bodenteilchen nahezu keine Zwischenräume. Im Frühjahr saugt sich der Boden wie ein Schwamm an, so daß auch die letzte Luft verdrängt wird und das lufthungrige Bodenleben seine Lebenskraft verliert und zugrundegeht. Damit kommt es immer mehr zur Bildung von saurem, adsorptiv ungesättigtem Rohhumus, weil der Bestandesabfall immer weniger vom Bodenleben verarbeitet werden kann. Wenn wir den Boden wieder verbessern wollen, müssen wir ihm die Möglichkeit bieten, ein reichliches Bodenleben zu entfalten. Sobald wir dem Mikroleben des Bodens, insbesondere seinen Tieren, günstige Lebensbedingungen geschaffen haben, beginnt auch wieder die Gesundung des Bodens. Dann spielt der zeitweise Betritt keine Rolle mehr; denn alle die guten Weidepflanzen ertragen auf guten Böden zeitweisen Betritt ohne Schädigung.

Es gibt eine ganze Reihe von Pflanzengesellschaften, die den Betritt ertragen können. So erinnere ich an die Gesellschaft des Breitwegerichs, die wir auf Hofplätzen und betretenen Wegen immer wieder antreffen, an die Gesellschaft von *Juncus compressus, Cyperus flavescens* und *Cyperus fuscus,* welchen wir an bodenfeuchten Fußpfaden immer wieder begegnen, sowie an die Fußball- und Rasenplätze mit *Lolium perenne,* dem Deutschen Weidelgras.

Den Betritt erträgt unter den Gräsern vor allem das Deutsche Weidelgras, und unter den Kleearten der Weißklee *(Trifolium repens).* Die Platthalmsimse *(Juncus compressus),* die ebenfalls den Betritt erträgt, besiedelt den nassen Boden. Das Einjahrs-Rispengras verlangt guten Boden und ist die vorherrschende Art im sogenannten Faxrasen, der den betretenen Lägerboden besiedelt.

Wir wollen nun einen solchen Bürstlingrasen auf der Waldtratte in 1540 m Seehöhe auf einem 5⁰ geneigten Südosthang untersuchen. Er zeigt folgenden floristischen Aufbau (4 m²):

Nardus stricta	5.5	*Veronica officinalis*	+
Anthoxanthum odoratum	3.2	*Carex sempervirens*	+
Calluna vulgaris	1.2	*Luzula albida*	+
Potentilla erecta	1.1	*Geum montanum*	+
Campanula Scheuchzeri	1.1	*Ajuga pyramidalis*	+
Luzula multiflora	1.1	*Potentilla aurea*	+
Vaccinium Vitis-idaea	+	*Hypericum maculatum*	
Carex pilulifera	+	(= *H. quadrangulum*)	+
Euphrasia minima	+	*Antennaria dioica*	+
Agrostis tenuis		*Hieracium Pilosella*	+
(= *A. vulgaris*)	+	*Sieglingia decumbens*	+
Arnica montana	+	*Festuca rubra*	+
Gentiana Kochiana	+	*Vaccinium Myrtillus*	+⁰
Melampyrum silvaticum	+		

M o o s e   u n d   F l e c h t e n :

Dicranum scoparium	+	*Pleurozium Schreberi*	+

In 1450 m Seehöhe wurde versucht, die herabgewirtschafteten verangerten Weideflächen durch Kompost zu verbessern.

Im Schatten des Waldrandes sind im Komposthaufen (Nadel- und Ast-streu von *Picea, Calluna*) schon Brennesseln herrschend aufgetreten und haben die Nitrifikationsvorgänge im Boden bekundet.

Wir haben hier also einen Bürstlingrasen vor uns, der ein Waldverwüstungs-stadium des anschließenden Fichten-Mischwaldes ist. Ich stelle diesen Bürstling-rasen zum Nardetum strictae, welcher nach Kahlschlag des heidelbeer-reichen Fichtenwaldes durch ungeregelte Weideraubwirtschaft entstanden ist (Abieteto-Piceetum ↘ Vaccinietum Myrtilli ↘ NARDETUM strictae).

Hier müssen wir uns wirklich die Frage vorlegen, ob es volkswirtschaftlich
zu verantworten ist, einen gutwüchsigen Nadelwald niederzuschlagen und die
Waldbodenfläche einer solchen Weideraubwirtschaft zuzuführen. Gewiß hat in
unserem Staate die Ernährung und somit die Landwirtschaft ein berechtigtes
Vorrecht. Die Volkswirtschaft hat aber das Recht zu verlangen, daß die Böden,
welche der Waldwirtschaft entzogen werden, pfleglich bewirtschaftet werden.
Volkswirtschaftlich ist es einfach nicht zuzulassen, daß wertvolle Waldböden
durch unpflegliche Weidewirtschaft vernichtet werden und in einigen Jahren
nach völliger Ausraubung des Bodenkapitals der Waldwert zum Weidewert sich
verhält wie 100 : 1.

Ludwig L ö h r nimmt in seiner Arbeit „Ganzheitliche Betrachtungsweise
bei der Erforschung komplexer Probleme der Bodenkultur" im Abschnitt 9:
„Die Waldweide als Problem des Ertragsvergleiches" in den Mitteilungen
unseres Institutes (1951) als landwirtschaftlicher Betriebswirtschafter zu diesem
Problem Stellung.

Unser Weg führt uns nun zur Bergerhütte. Beim Hinaufschreiten zeigt sich
uns immer wieder dasselbe Bild der Waldverwüstung. Allerdings erfahren wir,
daß sich der Bürstlingsrasen auf ebenen, für die Beweidung geeigneteren Böden
mehr durchsetzt als auf Steilhängen. So zeigt in 1775 m Seehöhe ein 15° geneigter Südhang auf 20 m² folgenden Aufbau:

Calluna vulgaris	5.5	*Juniperus nana*	+
Deschampsia flexuosa	3.2	*Pulsatilla alpina*	+
Nardus stricta	2.2	*Antennaria dioica*	+
Vaccinium Myrtillus	2.2	*Leontodon helveticus*	+
Vaccinium Vitis-idaea	2.2	*Avenastrum versicolor*	+
Campanula Scheuchzeri	1.1	*Hypochoeris uniflora*	+
Carex pilulifera	1.1	*Luzula albida*	+
Carex sempervirens	1.1	*Luzula multiflora*	+
Arnica montana	1.1	*Potentilla erecta*	+
Campanula barbata	+	*Agrostis tenuis*	
Homogyne alpina	+	(= *A. vulgaris*)	+

M o o s s c h i c h t :

Cetraria islandica	2.2	*Polytrichum formosum*	+
Cladonia rangiferina	2.2		

Dieser *Calluna*-Heide-Bestand ist ein Waldverwüstungsstadium des bodensauren Lärchenwaldes. Wie aus vergleichenden Untersuchungen hervorgeht,
erfolgte die Vegetationsentwicklung folgend:

Der ehemalige Heidelbeer-reiche Fichtenwald wurde niedergeschlagen. Die
Heidelbeer-Heide, welche in dieser Höhenlage auf trockenem Boden die sonnige
Hanglage nicht ertragen kann, verlor durch die so plötzliche Freistellung ihre
Lebenskraft und wurde von der *Calluna*-Heide verdrängt. In der *Calluna*-Heide
setzte sich da und dort im Zuge der Weideauslese der Bürstling durch. Ganz
konnte er diesen Hang nicht erobern, weil der Weidegang ohnehin geringer
war als in ebenen Lagen.

Nun kam sekundär der Lärchenwald hoch, wurde aber dann wieder im
Interesse der Gewinnung von Weideboden niedergeschlagen (Piceetum myrtillosum ↘ Vaccinietum Myrtilli ↘ Callunetum vulgaris ↗ Laricetum calluno-
sum vulgaris ↘ CALLUNETUM nardosum strictae). Aus der Erkenntnis dieser

Zusammenhänge müssen wir zur Ansicht kommen, daß dieser Boden absoluter Waldboden ist und auf keinen Fall der extensiv betriebenen Weidewirtschaft zugeführt werden darf. Niemals wird es uns gelingen, hier an Stelle dieses bodentrockenen, bodensauren *Calluna*-Heide-Bestandes der sonnigen Hanglage eine saftige Weide zu erhalten. Es sei denn, daß hiezu Mittel verwendet werden, welche die Wirtschaftlichkeit des Weideerfolges übersteigen.

Nach Abhieb des geschlossenen Nadelwaldes breitet sich in sonniger, ebener Lage die *Calluna-vulgaris*-Heide und bei ungeregelter Weideraubwirtschaft der Bürstlingrasen aus.

Anschließend an diesen *Calluna*-Heidebestand siedelt in windausgesetzterer Lage ein Bestand von *Vaccinium uliginosum*. Eine Aufnahme dieses Bestandes zeigt folgenden Aufbau:

Vaccinium uliginosum	5.5	*Arnica montana*	+
Calluna vulgaris	3.4	*Pulsatilla alpina*	+
Deschampsia flexuosa	2.2	*Leontodon helveticus*	+
Luzula albida	2.2	*Avenastrum versicolor*	+
Vaccinium Myrtillus	1.2	*Luzula multiflora*	+
Vaccinium Vitis-idaea	1.1	*Nigritella nigra*	+
Carex sempervirens	1.1	*Agrostis tenuis*	
Nardus stricta	+.2	(= *A. vulgaris*)	+
Anthoxanthum odoratum	+.2	*Cetraria islandica*	2.2
Homogyne alpina	+	*Cladonia rangiferina*	2.2

Das so herrschende Hervortreten von *Vaccinium uliginosum* sowie das Zurücktreten von *Nardus stricta* und *Vaccinium Myrtillus* zeigen uns, daß die

Weideverhältnisse hier noch viel ungünstiger liegen. Ja, wir müssen zur Ansicht kommen, daß im Interesse des Schutzes der Weiden hier ein Wald als Windschutz aufgebracht werden muß.

Darum ist ja auch der Begriff „Trennung von Wald und Weide", wie insbesondere A. Gayl in seiner almwirtschaftlichen Studie „Ordnung von Weide und Wald im Bereich der Almen" in diesem Heft darlegt, durch den Begriff „Ordnung von Wald und Weide" zu ersetzen. Gerade im Interesse der Grünlandflächen müssen wir da und dort den Wald aufbringen, um den Windeinfluß aufzuhalten.

Würde es uns gelingen, in der *Vaccinium uliginosum*-Heide einen schütteren Lärchenwald aufzubringen, so würde der Schnee im Windschutz liegen bleiben und die Heidelbeere würde sich ausbreiten und das Vordringen des Lärchenwaldes ermöglichen.

Nahe der Bergerhütte liegt in 1840 m Seehöhe eine mehr oder weniger schwach geneigte Fläche, vom Bürstlingrasen bestanden. Die pflanzensoziologische Aufnahme ergibt folgenden Aufbau:

Nardus stricta	4.5	*Calluna vulgaris*	+.2
Carex sempervirens	3.2	*Luzula multiflora*	+
Homogyne alpina	3.2	*Leontodon helveticus*	+
Arnica montana	3.1	*Phyteuma nanum*	+
Festuca rubra	1.2	*Hieracium Lachenalii*	+
Anthoxanthum odoratum	1.2	*Vaccinium Myrtillus*	+
Potentilla erecta	1.2	*Vaccinium uliginosum*	+
Potentilla aurea	1.1	*Rhododendron ferrugineum*	+
Avenastrum versicolor	1.1		

Dieser Bürstlingrasen ist ein aus dem Heidelbeer-Rostalpenrosen-Bestand hervorgegangenes Waldverwüstungsstadium und besiedelt einen sehr tiefgründigen sauren Humusboden.

Das reichliche Vorkommen von *Festuca rubra* läßt darauf schließen, daß der Boden örtlich besser ist, vermutlich infolge des von den Weidetieren herangebrachten organischen Düngers. Da und dort außerhalb unserer Aufnahmefläche kommen noch die Bleich-Segge *(Carex pallescens)* und wieder an einer anderen Stelle die Pillen-Segge *(Carex pilulifera)* hinzu.

Beide *Carex*-Arten stellen an den Boden und an das Klima ähnliche Ansprüche, nur kommt *Carex pallescens* bei größerer Bodenfeuchtigkeit vor als *Carex pilulifera*. Wir treffen sie daher hier nur in kleinen Mulden und Gräben.

Neben dem *Festuca rubra*-reichen Bürstlingrasen findet sich unweit der Aufnahmefläche ein Bürstlingrasen, in dem *Anthoxanthum odoratum* vorherrscht. Dieser Bürstlingrasen erträgt viel mehr Bodentrockenheit als der, in dem *Festuca rubra* herrschend hervortritt.

In der Nähe der überdüngten Läger wurde der Bürstlingrasen durch den Faxrasen völlig verdrängt. Dieser erträgt mit seinen niederliegenden, wurzelnden Trieben den Betritt sehr gut. Schon von weitem sind die hellgrünen, von *Poa annua* meist vollbedeckten Stellen zu erkennen. Dieses Gras wird von den Weidetieren nicht gerne gefressen und kann sich daher auf überdüngten, stark betretenen, beweideten Stellen stark ausbreiten. Schröter erwähnt, daß die Pflanze oft mehrere Jahre ausdauert.

Der Faxrasen von *Poa annua* ist immer dicht geschlossen und von *Trifolium repens, Alchemilla hybrida, Alchemilla vulgaris, Sagina Linnaei (= S.*

saginoides) begleitet. Er ist meist an windgeschützte, lange schneebedeckte Örtlichkeiten gebunden.

Eine wirtschaftliche Bedeutung haben die Einzelbestände unseres Rasenlägers trotz ihres guten nährstoffreichen Bodens und frischgrünen Aussehens nicht, da auf ihnen das Vieh wenig Weide findet.

Einige Meter höher hat sich das Bestandesbild wesentlich geändert. Es treten auf: *Rhododendron ferrugineum, Vaccinium Myrtillus, Vaccinium uliginosum, Vaccinium Vitis-idaea, Juniperus nana* unter Vorherrschaft der Rostalpenrose.

Wir haben die R o s t a l p e n r o s e n - H e i d e l b e e r - G e s e l l s c h a f t vor uns, die wir uns noch näher ansehen wollen:

Diese Gesellschaft wächst in 1800 m Seehöhe auf einem 30⁰ nach Osten geneigten, sehr schneereichen Hang, der nur bis 13 Uhr von der Sonne beschienen wird.

Die vegetationskundliche Aufnahme ergab auf 10 m²:

Rhododendron ferrugineum	4.5	*Calamagrostis villosa*	1.2
		Solidago alpestris	+
Vaccinium Myrtillus	3.4	*Arnica montana*	+
Juniperus nana	2.3	*Geum montanum*	+
Deschampsia flexuosa	2.3	*Potentilla aurea*	+
Vaccinium uliginosum	2.2	*Dryopteris austriaca*	+
Vaccinium Vitis-idaea	2.2	*Melampyrum silvaticum*	+
Homogyne alpina	2.2	*Majanthemum bifolium*	+
Luzula albida	1.2	*Alnus viridis*	+
Calluna vulgaris	1.2	*Larix decidua*	+
Oxalis Acetosella	1.2	*Picea excelsa*	+

M o o s s c h i c h t :

Pleurozium Schreberi	2.2	*Dicranum undulatum*	+
Hylocomium splendens	1.2	*Polytrichum formosum*	+
Rhytidiadelphus triquetrus	1.1		

Eingeschlossen ist dieser Alpenrosenbestand von einem Grünerlen-Rostalpenrosen-Heidelbeer-reichen Grünerlenbestand aus dem vereinzelte Lärchen und Fichten als Reste des ehemals geschlossenen Nadelwaldes emporwachsen.

Wir haben hier einen Rostalpenrosen-Heidelbeer-Bestand vor uns, welcher ein Waldverwüstungsstadium des über den Grünerlen-reichen Lärchenwald sich entwickelnden Fichtenwaldes ist (Alnetum viridis ⁄ Laricetum deciduae ⁄ Piceetum excelsae rhodoreto-vacciniosum Myrtilli ⭨ Rhodoreto-VACCINIETUM).

Im Sinne der Schule B r a u n - B l a n q u e t haben wir hier einen Einzelbestand des „R h o d o r e t o - V a c c i n i e t u m e x t r a s i l v a t i c u m P a l l m a n n u n d H a f f t e r 1 9 3 3“ vor uns, den P a l l m a n n u n d H a f f t e r in ihren pflanzensoziologischen und bodenkundlichen Untersuchungen im Oberengadin eingehendst untersucht haben.

Wird dieser Hang flacher, so vermag das Weidevieh schon heranzukommen und diesen Alpenrosen-Heidelbeer-Bestand in einen Bürstlingrasenbestand überzuführen.

So zeigt ein solcher Bürstlingrasenbestand folgenden Aufbau am 10⁰ Ost geneigten, sehr schneereichen Hang:

Nardus stricta	3.4	*Campanula barbata*	+
Calluna vulgaris	3.3	*Solidago alpestris*	+
Vaccinium Myrtillus	3.2	*Gentiana Kochiana*	+
Vaccinium Vitis-idaea	2.2	*Potentilla erecta*	+
Vaccinium uliginosum	2.2	*Leontodon helveticus*	+
Anthoxanthum odoratum	2.2	*Pulsatilla alpina*	+
Festuca rubra	2.2	*Luzula multiflora*	+
Arnica montana	1.2	*Dianthus superbus*	+
Luzula albida	1.2	*Rhododendron ferrugineum*	+⁰
Potentilla aurea	1.1		
Carex sempervirens	1.1	*Polytrichum formosum*	+.2
Avenastrum versicolor	+	*Cetraria islandica*	+

Wir haben hier wieder einen Bürstlingrasen vor uns, der ein Verwüstungsstadium des Rostalpenrosen-Heidelbeer-Bestandes ist (Rhodoreto-Vaccinietum ➘. NARDETUM strictae vacciniosum Myrtilli).

Niemals hätte man auf dem Steilhang den Fichtenwald niederschlagen dürfen, weil in dieser so schneereichen Lage am Steilhang niemals eine gute Weide geschaffen werden kann. Noch viel weniger aber am Nordhang der Görlitzen in gleicher Seehöhe; denn hier ist infolge der schattigen Lage und der langen Schneebedeckung die Vegetationszeit viel zu kurz.

Eine Aufnahme eines solchen Rostalpenrosen-Heidelbeer-Bestandes zeigt folgenden Aufbau:

Vaccinium Myrtillus	4.5	*Empetrum nigrum*	+.2
Rhododendron ferrugi-		*Lycopodium Selago*	+.2
neum	3.4	*Melampyrum silvaticum*	1.1
Deschampsia flexuosa	2.2	*Leontodon helveticus*	+
Vaccinium Vitis-idaea	2.2	*Avenastrum versicolor*	+
Oxalis Acetosella	2.2	*Sorbus aucuparia*	+
Homogyne alpina	2.2	*Dryopteris austriaca*	
Lycopodium annotinum	1.2	ssp. *dilatata*	+
Listera cordata	1.1	*Luzula flavescens*	+
Luzula silvatica		*Pirola uniflora*	+
ssp. *Sieberi*	+.2	*Lycopodium alpinum*	+

Moosschicht:

Sphagnum acutifolium	3.4	*Hylocomium splendens*	2.2
Rhytidiadelphus triquetrus	2.3	*Ptilium crista-castrensis*	1.4
Pleurozium Schreberi	2.3	*Polytrichum formosum*	1.3

Würden wir diesen Bestand im Sinne der Charakterartenlehre B r a u n-B l a n q u e t s einzuordnen versuchen, so stellen wir einmal auf Grund der Ordnungscharakterarten *Lycopodium Selago* f. *recurvum, Sorbus aucuparia* var. *glabrata, Empetrum hermaphroditum, Vaccinium Myrtillus, Vaccinium Vitis-idaea, Homogyne alpina* fest, daß dieser Bestand der O r d n u n g Vaccinio-Piceetalia angehört. Ferner stellen wir auf Grund der Verbandscharakterarten

Dryopteris austriaca ssp. *dilatata, Lycopodium alpinum, Lycopodium anno-tinum, Calamagrostis villosa, Luzula silvatica* ssp. *Sieberi, Luzula flavescens, Listera cordata, Pirola uniflora, Rhododendron ferrugineum, Melampyrum silvaticum, Ptilium crista-castrensis* fest, daß dieser Bestand dem V e r b a n d e Vaccinio-Piceion angehört.

Innerhalb dieses Verbandes gehört er dem Unterverband Rhodoreto-Vaccinion Br.-Bl. 1926 an, also einem ·Unterverbande, der auf die subalpine Stufe der mitteleuropäischen Gebirge beschränkt ist. Nach B r a u n - B l a n q u e t ist dieser Unterverband vom montanen Abieto-Piceion-Unterverband unterschieden durch die zur Hauptsache subalpinen Arten *Listera cordata, Pinus Cembra, Rhododendron ferrugineum,* ferner durch die dominierenden Ericaceen in der Bodenschicht und durch das Bodenprofil, das entweder ein ausgeprägtes Bleicherdeprofil oder doch stark podsoliert ist oder aber aus einer dicken Auflagehumusschicht besteht.

Innerhalb dieses Unterverbandes Rhodoreto-Vaccinion Br.-Bl. 1926 gehört unser Bestand zur A s s o z i a t i o n Rhodoreto-Vaccinietum, und zwar zur S u b a s s o z i a t i o n extrasilvaticum.

Die Bezeichnung Rh. extrasilvaticum soll nach P a l l m a n n und H a f f-t e r ein Hinweis sein, daß diese Subassoziation außerhalb des Waldes, und zwar meistens über dem geschlossenen subalpinen Walde auftritt. Als Differenzialarten des Rhodoretum extrasilvaticum können hier *Lycopodium alpinum, Empetrum hermaphroditum, Lycopodium Selago, Leontodon helveticus, Avenastrum versicolor* angesehen werden.

Wir müssen aber in den Ostalpen annehmen, daß die obere Verbreitungsgrenze des Rostalpenrosenbestandes mit der klimatischen Waldgrenze zusammenfällt. So ist auch unser Alpenrosenbestand ein Waldverwüstungsstadium des Lärchen-Fichten-Mischwaldes (Piceetum laricetosum myrtillosum ↘ Rhodoreto-VACCINIETUM Myrtilli).

Wir müssen annehmen, daß im Nordkar der Görlitzen nach Wegschmelzen des Gletschereises sich langsam eine primäre Rostalpenrosen-Zwergstrauchgesellschaft angesiedelt hat, daß im Laufe der nachfolgenden Jahrtausende Lärche und Zirbe in der Alpenrosen-Heide aufgekommen sind und daß im geschlossenen Lärchen-Zirben-Wald die Alpenrose von der Heidelbeere zurückgedrängt wurde. Aus vergleichenden Untersuchungen müssen wir schließlich annehmen, daß im lichtkronigen Lärchen-Fichten-Wald die schattenfestere Fichte aufkommen konnte und ein geschlossener moosreicher Fichtenwald das Endglied der Vegetationsentwicklung darstellte.

Erst Jahrtausende später hat der Mensch den Nadelwald im Interesse der Holzgewinnung und Weidenutzung zurückgedrängt und hat der Rostalpenrosen-Zwergstrauchgesellschaft ein sekundäres Vordringen ermöglicht.

Auch P a l l m a n n und H a f f t e r kommen auf Grund ihrer pflanzensoziologischen und bodenkundlichen Untersuchungen im Oberengadin zur Annahme, daß das Rhodoreto-Vaccinietum extrasilvaticum einerseits als primäre Vorstufe des Zirbenwaldes (Rhodoreto-Vaccinietum cembretosum) anzusehen ist und als solches den heute seltenen Assoziationsfragmenten über der klimatischen Waldgrenze entspricht. „Andererseits könnte das heutige Rhodoreto-Vaccinietum extrasilvaticum unterhalb der klimatischen Waldgrenze als Relikt des zurückgedrängten Rh. cembretosum aufgefaßt werden. Wo die orographischen bzw. lokalklimatischen Verhältnisse ein erneutes Aufkommen des Waldes gestatten, kann sich das waldfreie Rhodoretum extrasilvaticum wieder in das Rh. cembretosum zurückverwandeln. Ansätze hierzu sind oft zu beobachten."

Schematisch dargestellt ergibt sich daher folgendes Bild:

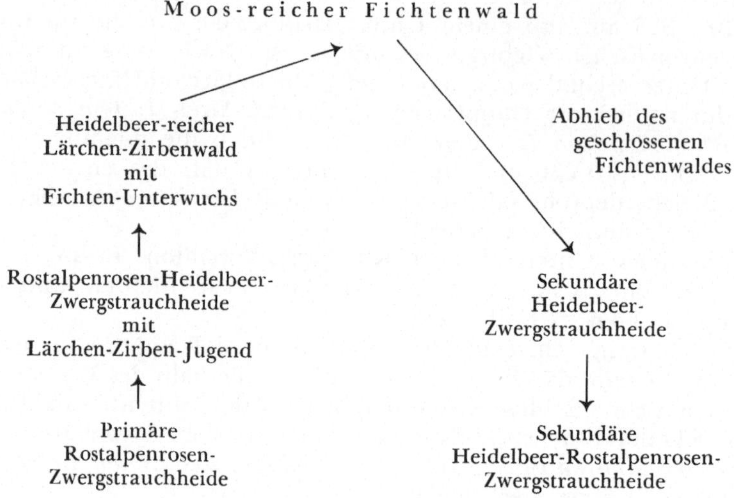

Im Nordkar der Görlitzen sind die Ansätze dazu überall schon vorhanden, und so müssen wir annehmen, daß bei Unterbleiben der menschlichen Eingriffe wie Weidenutzung und Wildüberhege in der Rostalpenrosen-Heidelbeer-Zwergstrauchgesellschaft sich wieder die Lärche und Zirbe einfinden und schließlich wieder die Vegetationsentwicklung zum Moos-reichen Fichtenwald weiterführt. Wir haben also hier im Sinne der Vegetationsentwicklungstypen ein „Rhodoreto-Vaccinietum ⁊ Lariceto-Pinetum Cembrae myrtillosum ⁊ Piceetum muscosum ⟍ Vaccinietum Myrtilli ⟍ Rhodoreto-VACCINIETUM oder kürzer ausgedrückt ein Piceetum ⟍ Rhodoreto-VACCINIETUM".

Dieser Alpenrosen-Heidelbeer-Bestand unterscheidet sich ganz wesentlich vom Rostalpenrosen-Heidelbeer-Bestand, den wir ober der Bergerhütte beschrieben haben und der als Waldverwüstungsstadium des Grünerlen-Bestandes aufzufassen ist (Alnetum viridis ⟍ Rhodoreto-VACCINIETUM ⁊ Alnetum viridis) und nach Aufhören der waldverwüstenden Eingriffe wieder zum Grünerlen-Bestand sich entwickeln würde.

Diese Erkenntnis ist für Forst- und Almwirtschaft von grundsätzlicher Bedeutung; denn im Rostalpenrosen-Bestand ober der Bergerhütte könnten wir die Grünerle als Vorkultur mit Aussicht auf Erfolg einbringen und damit die Wiederbewaldung der verödeten Flächen beschleunigen, während wir im Rostalpenrosen-Bestand des Nordkares der Görlitzen niemals die Grünerle als Vorkultur aufbringen könnten. Während der Boden des sekundären Rostalpenrosen-Bestandes oberhalb der Bergerhütte ein Mineralboden mit gutem Wasserhaushalt ist, und damit in der schneereichen Lage der Grünerle beste Lebensbedingungen bieten kann, ist der Boden des sekundären Rostalpenrosen-Bestandes vom Nordkar der Görlitzen tiefgründiger extrem saurer Rohhumusboden, welcher ein Aufkommen der Grünerle niemals ermöglichen wird.

68

Stellen wir diese beiden Rostalpenrosen-Bestände gegenüber, so finden wir auch vegetationskundlich eine klare Differenzierung:

	Bestand vom Osthang ober der Bergerhütte	Bestand vom Nordkar der Görlitzen
Luzula albida	1.2	
Calluna vulgaris	1.2	
Arnica montana	+	
Geum montanum	+	
Potentilla aurea	+	
Majanthemum bifolium	+	
Alnus viridis	+	
Larix decidua	+	
Picea excelsa	+	
Polygonatum verticillatum	+	
Rubus idaeus	+	
Athyrium alpestre	+	
Ranunculus aconitifolius	+	
Epilobium angustifolium	+	
Dicranum undulatum	+	
Lycopodium annotinum		1.2
Listera cordata		1.1
Lycopodium Selago		+.2
Lycopodium alpinum		+.2
Empetrum hermaphroditum		+.2
Pirola uniflora		+
Luzula flavescens		+
Leontodon helveticus		+
Avenastrum versicolor		+
Luzula silvatica ssp. *Sieberi*		+
Sorbus aucuparia		+
Sphagnum acutifolium		3.4
Ptilium crista-castrensis		1.4

Im Bestand ober den Bergerhütten finden wir eine ganze Reihe anspruchsvoller Arten, welche die Beziehung zum Grünerlen-Bestand erkennen lassen, während wir im Rostalpenrosen-Bestand vom Nordkar der Görlitzen neben der Rostalpenrose und einigen Pflanzen alpiner Wiesen vor allem die für den subalpinen Fichtenwald so charakteristischen Arten antreffen.

Wieso vermag nun die Grünerle im schneereichen Nordkar der Görlitzen den tiefgründigen Rohhumusboden nicht abzubauen?

1. Der Boden dieses Rostalpenrosen-Bestandes ist so sauer und adsorptiv ungesättigt und damit luftarm, daß die Grünerle, welche an den Mineralstoffhaushalt des Bodens und den Luſthaushalt größere Ansprüche stellt, diesen Boden nicht ertragen kann.

2. Die Grünerle kann auf diesen Böden die Konkurrenz des überaus dicht wachsenden Rostalpenrosen-Heidelbeer-Bestandes nicht ertragen.

Die Eberesche vermag diesen extrem sauren Rohhumusboden in dieser kalten Klimalage und der kurzen Vegetationszeit um vieles besser zu ertragen, wenn sie auch für einen besseren Nährstoffhaushalt dankbar ist. Wir dürfen doch nicht vergessen, daß dieser bis einen halben Meter tiefe, extrem saure Rohhumusboden durch die ganz kleinen Elektrolytmengen nicht adsorptiv gesättigt werden kann. Wir sollten auch bei unseren forstwirtschaftlichen Maßnahmen der Ödlandaufforstung diese Zusammenhänge berücksichtigen und die Pflanzlöcher für die Ebereschen-Vorkultur schon im Herbst graben und den Boden der Pflanzlöcher durch reichliche Kalkgaben oder noch besser Kalkammonsalpeter-Gaben absättigen (2—3 Eßlöffel pro Pflanzloch). Damit erreichen wir in kurzer Zeit einen lokal abgesättigten Boden und damit die Voraussetzung für das wuchsfreudige Aufkommen der Eberesche als Vorkultur.

Die aufkommende Eberesche vermag bald in den tiefer liegenden Mineralboden mit ihren Wurzeln vorzudringen und damit den Nährstoffkreislauf einzuleiten. Erst dann, wenn die Eberesche den Boden einigermaßen verbessert und überschirmt hat, kann an den Unterbau mit Fichte herangegangen werden.

Diese Zusammenhänge müssen bei der Ödlandaufforstung mehr als bisher beachtet werden; denn es ist unmöglich, daß wir die Fichte in einem Klimagebiet, in dem sie sich erst als Schlußglied der Vegetationsentwicklung einfinden kann, auch dann aufbringen können, wenn wir den Boden durch waldverwüstende Eingriffe völlig herabgewirtschaftet haben.

Aus der schematischen Darstellung ersehen wir, daß in der primären Alpenrosen-Zwergstrauchheide vorerst nur Lärchen und Zirben aufkommen können. Erst wenn der Lärchen-Zirbenwald gedeiht, kann im Schutze dieses Waldes die Fichte sich durchsetzen. Wenn nun der Wald geschlagen wird und der Fichtenwald durch den Kahlschlag und die Weidenutzung wieder zum Rostalpenrosen-Heidelbeer-Bestand sekundär verwüstet wird, können wir nicht erwarten, daß dann auf einmal der Fichtenwald in der Rostalpenrosen-Heide lebenskräftig aufkommen kann.

Mit dieser Betrachtung steht und fällt die Frage der Aufforstung der verödeten Gebiete im Kampfgürtel des Waldes. Noch viel weniger wird es möglich sein, diese Rostalpenrosen-Bestände in gutwüchsige Grünlandflächen überzuführen. Gewiß wäre es möglich, wenn wir den Boden umbrechen würden und gewaltige Mengen von Mineralstoffen und organischem Dünger einbringen würden. Wie wollen wir aber in diesen entfernt liegenden Almgebieten so große Düngermittelmengen heranbringen, wie wir sie nicht einmal auf unseren Heimgütern aufbringen können?

So sehen wir daraus, daß die Überführung dieser Rostalpenrosen-Bestände des Nordkars der Görlitzen in saftige Grünlandflächen mit wirtschaftlich tragbaren Mitteln nicht möglich ist und daß daher auch diese Rostalpenrosen-Bestände aus wirtschaftlichen Gründen der Wiederbewaldung zuzuführen sind.

Am Rande dieses Kares liegt ein Bürstlingrasenbestand, der durch Betritt des Bodens und die negative Auslese des Weideviehes entstanden ist.

Dieser Bürstlingrasen besitzt viele alpine Begleiter:

Lycopodium alpinum, Avenastrum versicolor, Carex canescens, Loiseleuria procumbens, Leontodon helveticus, Gentiana Kochiana, Phyteuma hemisphaericum, Agrostis rupestris, Senecio carniolicus, Euphrasia minima, Festuca Halleri, Potentilla aurea, Juncus trifidus, Geum montanum, Pulsatilla alpina, welche geradezu als Differenzialarten gegenüber den anderen Bürstlingrasen verwendet werden können.

Diese Stellung zeigt sich besonders auch in den Umweltbedingungen.

Fassen wir die Erkenntnisse über den Rostalpenrosen-Bestand in Hinblick auf den Bürstlingrasen-Bestand zusammen, so haben wir folgendes erfahren:

1. Die beiden Rostalpenrosen-Bestände sind im Hinblick auf den Gang ihrer Vegetationsentwicklung in Abhängigkeit von den Bodenverhältnissen nicht gleichwertig; denn der eine siedelt auf einem Mineralstoffboden mit großer nachschaffender Kraft und steht in Beziehung zum Grünerlen-Bestand, während der andere auf extrem saurem, tiefgründigem Rohhumusboden siedelt und nicht in Beziehung zum Grünerlenwald steht.

2. Beide Rostalpenrosen-Bestände können durch den Betritt und die negative Auslese der Beweidung zu Bürstlingrasen herabgewirtschaftet werden. Diese beiden Bürstlingrasen unterscheiden sich ebenfalls sowohl im Hinblick auf ihre Standortsverhältnisse als auch im Hinblick auf ihre Stellung als Glied der Vegetationsentwicklung.

3. Während es mit verhältnismäßig geringen Mitteln möglich wäre, den Bürstlingrasen im Raume der Bergerhütte, soweit er in Beziehung zum Rostalpenrosen-Bestand steht, in wuchsfreudige Grünlandflächen überzuführen, ist dies mit dem Bürstlingrasen des Nordkars der Görlitzen nicht möglich.

Daraus geht hervor, daß es wirtschaftlich möglich ist, die Bürstlingrasenflächen im Raume der Bergerhütte der Grünlandverbesserung zuzuführen, daß es aber völlig unwirtschaftlich wäre, die Bürstlingrasenflächen, welche aus den Alpenrosenbeständen des Nordkars hervorgegangen sind, in Grünlandflächen überzuführen.

Dies gilt aber nicht für die Bürstlingrasen im Kesseltumpf, die mit geringen Mitteln in wertvollste Grünlandflächen übergeführt werden könnten.

Im Rahmen des Institutes für angewandte Pflanzensoziologie wurden die Bürstlingrasenflächen bei den Bergerhütten mit großem Erfolg in gutwüchsiges Grünland übergeführt.

Besonderen Eindruck hinterläßt ein Einzelbestand des Empetreto-Vaccinietum, ein Krähenbeeren-Moorbeeren-Bestand. Sein floristischer Aufbau in 1800 Meter Seehöhe, in ebener mehr oder weniger windgeschützter Lage ist folgender:

Empetrum hermaphroditum	3.5	*Phyteuma hemisphaericum*	+
		Phyteuma nanum	+
Vaccinium uliginosum	3.3	*Leontodon helveticus*	+
Vaccinium Myrtillus	+.2	*Deschampsia flexuosa*	+
Loiseleuria procumbens	+.2	*Oreochloa disticha*	+
Vaccinium Vitis-idaea	+.2	*Festuca Halleri*	+
Lycopodium Selago	+	*Senecio carniolicus*	+
Avenastrum versicolor	+		

M o o s s c h i c h t :

Cladonia rangiferina	2.2	*Hylocomium splendens*	1.2
Cetraria islandica	1.2	*Pleurozium Schreberi*	1.2
Cladonia silvatica	1.1	*Polytrichum formosum*	+

Wie wir aus dieser Pflanzenliste erkennen, nimmt der untersuchte Krähenbeer-Moorheidelbeer-Bestand in seinem floristischen Aufbau eine Mittelstellung ein zwischen Gemsenheide und Rostalpenrosen-Heide und steht der Moorheidelbeer-Heide sehr nahe.

Die Rostalpenrosen-Heide verlangt weit mehr winterlichen Schneeschutz
als die Krähenbeer-Moorheidelbeer-Heide. Die Gemsen-Heide erträgt viel mehr
winterliche Schneefreiheit als die Krähenbeer-Moorheidelbeer-Heide.

Wir ersehen aus dieser Gegenüberstellung der verschiedenen Zwergstrauchgesellschaften, daß diese in ihrer Verbreitung von ganz bestimmten Umwelt-
faktoren abhängig sind.

Nun begeben wir uns auf einen Nord-Süd verlaufenden Rücken und untersuchen ober den Bergerhütten die gürtelförmige Anordnung verschiedener
Pflanzengesellschaften. Am besonders dem Winde ausgesetzten Rücken siedelt
ein *Juncus trifidus*-Bestand. Ihm folgen auf der Leeseite in kaum einen Meter
breiten Gürteln hangabwärts die Zwergstrauchheiden Loiseleurietum procumbentis, Vaccinietum uliginosi, Callunetum vulgaris, Vaccinietum Myrtilli,
Rhodoreto-Vaccinietum und Bestände von *Alnus viridis*.

In Zusammenarbeit mit Professor Dr. Wilhelm K ü h n e l t, Direktor des
Zoologischen Institutes der Universität Graz, untersuchten wir den Pflanzen-
und Bodentierbestand. So war es möglich, den von K ü h n e l t aufgenommenen
Tierbestand an die folgende Pflanzenliste anzuschließen.

Nummer des Bestandes:	1	2	3	4	5	6	7
H o c h s t r ä u c h e r :							
Alnus viridis						1.2	5.5
Sorbus aucuparia						+	+
Larix decidua					+	+	+
Z w e r g s t r ä u c h e r :							
Loiseleuria procumbens	1.4	5.5	2.3				
Vaccinium uliginosum		2.3	4.5	2.3	2.3	+.2°	1.2
Calluna vulgaris		+°	2.3	5.5	1.2	+.2	1.2
Vaccinium Myrtillus			+.2°	1.2	4.5	3.3	3.4
Rhododendron ferrugineum					1.2	3.4	2.3
Vaccinium Vitis-idaea			+.2°		1.2	2.2	
Juniperus nana			+.2	+.2	1.2	2.2	1.2

Die Keile 1—12 bedeuten:

1. Abnehmender Windeinfluß.
2. Abnehmende Sonnenbestrahlung.
3. Zunehmende winterliche Schneebedeckung.
4. Zunehmende Feinerdeablagerung.
5. Zunehmende wasserhaltende Kraft.
6. Zunahme der Wasserzufuhr vom Oberhang und durch Niederschlag.
7. Zunehmender Wärmehaushalt.
8. Zunehmender Nährstoffhaushalt.
9. Zunehmend höher wachsender und besser geschlossener Pflanzenbestand.
10. Zunehmendes Bodenleben.
11. Zunehmende Bodendurchlüftung.
12. Zunehmende Aufschließung des Rohhumus zu mildem Humus.

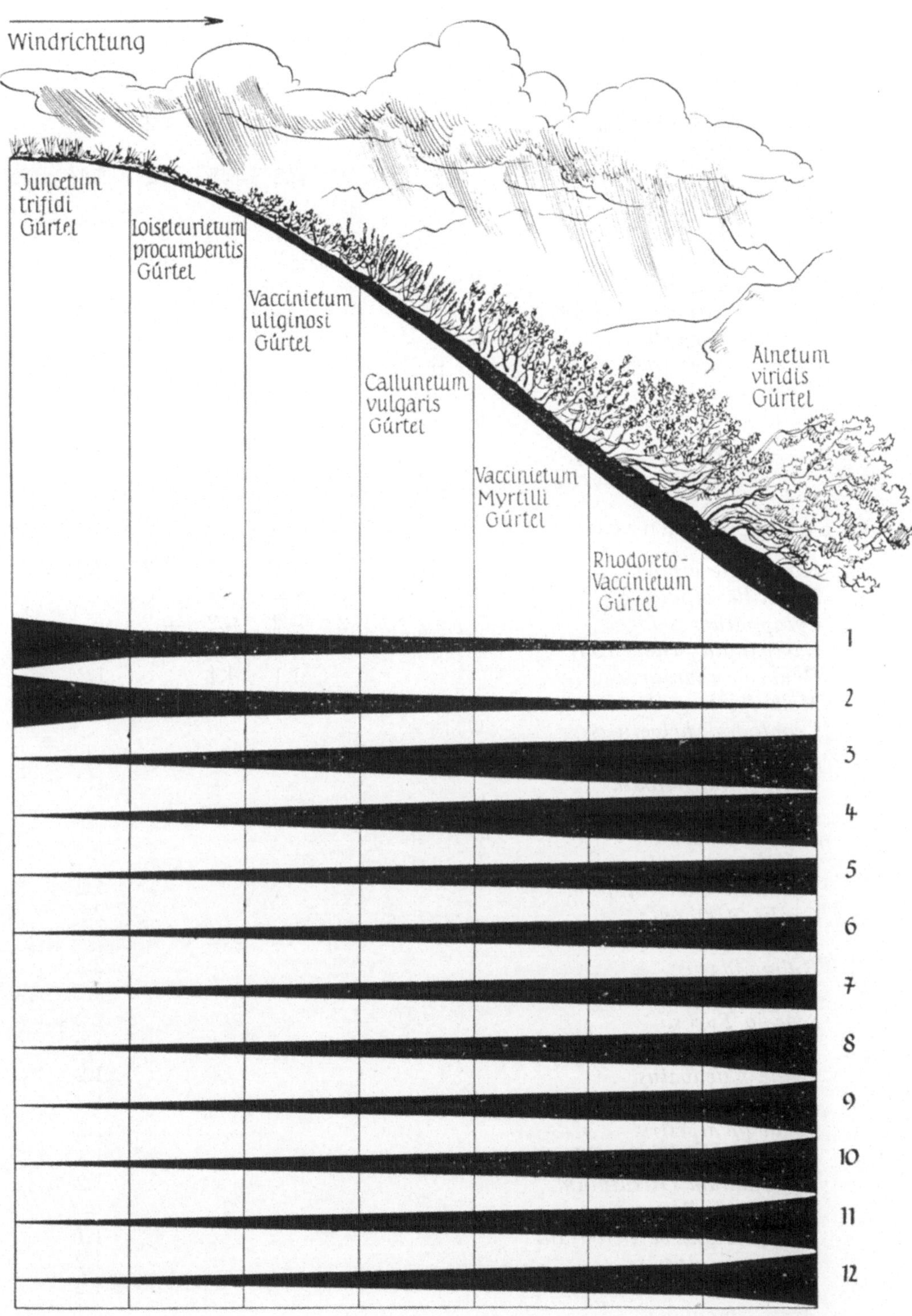

Windrichtung
Juncetum trifidi Gürtel
Loiseleurietum procumbentis Gürtel
Vaccinietum uliginosi Gürtel
Callunetum vulgaris Gürtel
Vaccinietum Myrtilli Gürtel
Rhodoreto-Vaccinietum Gürtel
Alnetum viridis Gürtel
1
2
3
4
5
6
7
8
9
10
11
12

Nummer des Bestandes:	1	2	3	4	5	6	7

Gräser:

	1	2	3	4	5	6	7
Deschampsia flexuosa		+	2.2	1.2	1.1	1.2	+[0]
Juncus trifidus	3.3	1.2					
Calamagrostis villosa				+.2	+.2	2.2	3.4
Avenastrum versicolor	1.1	+	+	+	+		
Festuca rubra				+	+		1.2
Luzula albida				+.2	1.2	1.2	2.2
Oreochloa disticha	1.2	+	+				
Anthoxanthum odoratum				+	+	+	1.2
Agrostis rupestris	+.2	+.2					
Carex sempervirens		+.2	+.2				
Carex pilulifera			+				
Festuca Halleri	+	+					

Krautige Pflanzen:

	1	2	3	4	5	6	7
Homogyne alpina		+	+	1.1	1.2	1.2	2.2
Pulsatilla alpina		+	+	+	+	+	
Lycopodium Selago			+.2	+.2	+.2	+.2	
Campanula Scheuchzeri		+	+	1.1	+		
Geum montanum				1.1	1.1		1.2
Melampyrum silvaticum			+		1.1	1.1	
Leontodon helveticus	+	+	+				
Potentilla aurea			+			+	+
Campanula barbata				+	+		1.2
Phyteuma hemisphaericum	+	+	+				
Phyteuma nanum	+	+					
Senecio carniolicus	+	+					
Majanthemum bifolium						+	1.2
Oxalis Acetosella						1.2	2.3
Hypochoeris uniflora				+	+		
Rubus idaeus							2.3
Ranunculus aconitifolius							2.2
Senecio Fuchsii							2.2
Rumex arifolius							1.2
Silene Cucubalus							1.2
Hypericum perforatum							1.2
Solidago alpestris							1.2
Chamaenerion angustifolium							1.1
Peucedanum Ostruthium							1.2
Veratrum album							+
Polygonatum verticillatum							1.1
Athyrium alpestre							1.2
Dryopteris austriaca							1.2
Arnica montana			+				

Nummer des Bestandes:	1	2	3	4	5	6	7
Flechten:							
Cetraria islandica var. *crispa*	1.2	2.2					
Cladonia silvatica	1.2	1.2					
Cladonia rangiferina		1.2					
Cladonia cucullata		+					
Cladonia gracilis		+					
Thamnolia vermicularis	+						
Moose:							
Polytrichum attenuatum			1.2			1.2	+
Pleurozium Schreberi					3.4	4.5	1.4
Hylocomium splendens						1.3	+.3
Rhytidiadelphus triquetrus						2.3	2.3

In dieser Liste geben die Zeichen die bei der Aufnahme festgestellte Anzahl einer Tierart an:
/ = 1 Stück, + = 2—5 Stück, × = 5—10 Stück, ∞ = mehr als 10 Stück.

Nummer des Bestandes.	1	2	3	4	5	6	7
Tiere:							
Formica rufa	∞	∞		×	∞	+	×
Formica fusca	∞	+		×	∞		∞
Mitopus morio	/			/	/	/	+
Platycleis brachyptera	+	+		+	×		
Lasius niger	/	×		×	×		.
Deltocephalus sp.	+	+		+			
Lycosa tarsata oder *palustris*	/	/					
Bradycellus oreophilus	+						
Haplodrassus signifer	+						
Kalaphorura Burmeisteri		+		+	+	×	×
Folsomia quadrioculata		∞		+	+	+	×
Schöttela parvula		+		+	+	+	
Cymindis vaporariorum		/					
Chordeumidae (gen.?, sp.?)		/					
Meta sp. (juv.)		+					
Lycosa sp.		+					
Lithobius sp.				/	+	+	+
Pseudisotoma sensibilis				×	×	/	/
Onychiurus alborufescens				∞	∞	∞	×
Vertagopus cinereus				/	/		/
Anurophorus laricis				×	×	×	
Gomphocerus sibiricus				+	+		
Stenobothrus viridulus					+		
Stenobothrus montanus					+		
Deltocephalus abdominalis					+		
Pseudachorutes parvulus					+		
Pterostichus subsinuatus						+	+
Tracheoniscus Ratzeburgii						/	+

Nummer des Bestandes:	1	2	3	4	5	6	7
Trechus alpicola						/	×
Sphaerosoma globosum						∞	/
Anthophagus alpestris						+	+
Onychiurus armatus						∞	∞
Leptophyes albovittata						/	
Orthops montanus						/	
Amara alpestris						+	
Psyllide (gen.?, sp.?)						×	
Tomocerus vulgaris						+	
Xantholinus tricolor						/	
Medon brunneus						/	
Trimium brevicorne						+	
Cephennium carnicum						+	
Euconnus pubicollis						×	
Diodesma subterranea						×	
Enicmus brevicornis						+	
Dasycerus sulcatus						/	
Rhagonycha nigripes						+	
Pygidia denticollis						/	
Mniophila muscorum						/	
Omias forticornis						/	
Acalles echinatus						×	
Cotaster uncipes						/	
Aranea Reaumuri (quadrata)						/	
Xysticus sp.						+	
Linyphia sp.						+	
Odiellus Remyi							+
Othius crassus							/
Leptothora × *acervorum*							+
Limnobiidae (gen.?, sp.?)							/
Anthocoris sp. (Larve)							+
Chrysopa sp. (Larve)							+
Nemastoma lugubre							/
Xenilla mucronata							×
Folsomia fimetaria							×
Orthezia cataphracta							/
Anthophagus omalinus							∞
Geotrupes silvaticus							/
Longitarsus membranaceus							/
Polydrosus tereticollis							×

Im Hinblick auf den tierischen Anteil kommt K ü h n e l t zu folgenden Feststellungen:

Die Betrachtung der Tierlisten zeigt einerseits das Vorkommen von Charakterarten, die sich nur in einer der genannten Pflanzengesellschaften finden, anderseits eine Anzahl von Arten, die zwei oder mehreren benachbarten Gesellschaften gemeinsam sind: schließlich ist eine Zunahme der Artenzahl von der *Juncus-trifidus*-Gesellschaft aus zu den anderen Gesellschaften fortschreitend zu erkennen. Sehr bemerkenswert ist die qualitative Zusammensetzung der einzelnen Tiergesellschaften: so beherbergt der *Juncus-trifidus*-Bestand an größeren Tieren lediglich die Laubheuschrecke *Platycleis brachyptera* und den Weberknecht *Mitopus morio*, während Ameisen *(Lasius niger, Formica rufa* und *Formica fusca)* und Spinnen *(Lycosa tarsata* oder *palustris* und *Haplodrassus signifer)* die Hauptmasse des übrigen Tierbestandes ausmachen. An Käfern ist nur *Bradycellus oreophilus*, von Zikaden eine kleine *Deltocephalus*-Art zu nennen, die sich unter Steinen und zwischen Wurzeln aufhält. Besonders auffällig ist das Zurücktreten von Pflanzenfressern gegenüber den Fleischfressern und das Fehlen einer eigentlichen Bodenfauna. Im benachbarten *Loiseleuria*-Teppich finden sich neben den schon genannten Arten als Vertreter der Bodenfauna Diplopoden (Chordeumidae) und Collembolen (*Schöttela parvula, Kalaphorura Burmeisteri* und *Folsomia quadrioculata).* Sehr ähnlich ist die Tierwelt der Besenheide und der Vaccinien-Bestände zusammengesetzt, wobei besonders auf das Vorkommen pflanzenfressender Heuschrecken, wie *Gomphocerus sibiricus* und *Stenobothrus viridulus* hingewiesen sei. Im Boden ist ein beträchtlicher Zuwachs an Collembolen zu verzeichnen: *Anurophorus laricis, Pseudachorutes parvulus, Pseudisotoma sensibilis, Vertagopus cinereus* und *Onychiurus alborufescens.* Innerhalb des Alpenrosengebüsches verschwinden nahezu sämtliche oberflächlich lebenden Arten der bisher behandelten Gesellschaften. Unter den Heuschrecken kommt die zarte Laubheuschrecke *Leptophyes albovittata* und unter den Wanzen *Orthops montanus* hinzu. Unter den Bodentieren ist die Zunahme sehr beträchtlich (siehe die Liste). Hier sei nur auf das Vorkommen zahlreicher Käfer hingewiesen, die sonst zu den charakteristischen Bewohnern von Waldböden gehören. Einigermaßen ähnlich ist die Tiergesellschaft des Grünerlenbestandes. Außerdem sei auf das Vorkommen des Weberknechtes *Odiellus Remyi* und des bodenbewohnenden Staphyliniden *Othius crassus* hingewiesen. Für die beschriebene eigenartige Verteilung der Tierwelt kann die verschiedene Wanderfähigkeit der Tiere nicht von Bedeutung sein, da die untersuchten Stellen so nahe beisammenliegen, daß die genannten Tiere in kurzer Zeit von einem Bestand zum anderen gelangen können. Hingegen läßt sich die entscheidende Bedeutung der Verdunstungskraft der Luft für die Verteilung der Tierwelt leicht beweisen: Bringt man eine Anzahl oberflächlich lebender Arten aus dem *Juncus-trifidus*-Bestand einerseits und dem Alpenrosengebüsch anderseits in ein trockenes Gefäß, so zeigt sich eine auffällige Verschiedenheit der Trockenresistenz. Während *Orthops montanus, Leptophyes albovittata* und *Rhagonycha nigripes* (aus dem Alpenrosengebüsch) sehr bald Schädigungen durch Wasserverlust zeigen, erweisen sich die Ameisen und Wolfsspinnen ebenso wie *Platycleis brachyptera* (aus dem *Juncus-trifidus*-Bestand) als vollständig indifferent. Damit ist aber das Fehlen der zuletzt genannten Arten im Alpenrosen- und Grünerlenbestand noch nicht erklärt. Hierüber gibt ein folgender Versuch Auskunft: Bringt man die schon genannten Arten in ein Licht- und Temperaturgefälle (am einfachsten in eine lange Schachtel, deren eine Schmalseite durch eine Glasscheibe ersetzt ist), so sucht z. B. *Platycleis brachyptera* das volle Sonnenlicht auf, während *Leptophyes albovittata* im Halbschatten zur Ruhe kommt.

Schon diese wenigen rohen Versuche zeigen, daß für die Verteilung der Arten auf verschiedene Pflanzengesellschaften die in ihnen herrschenden Faktorengefälle verantwortlich gemacht werden können. Selbstverständlich werden auch andere Faktoren außer Licht, Temperatur und Luftfeuchtigkeit in Be-

tracht kommen, doch geben schon diese gute Hinweise auf die Ursachen der
Verteilung der Tiere.

Als Zoologe kommt K ü h n e l t ebenfalls zu der Überzeugung, daß die Zu-
sammensetzung der Organismengesellschaft eines bestimmten Bestandes sich als
der beste Ausdruck für die Summe der dort herrschenden Lebensbedingungen
erweist. Und er meint ebenfalls: „Da sich aber eine zoologische und botanische
Bestandesaufnahme verhältnismäßig schnell und mit geringen technischen
Mitteln durchführen läßt, ist sie zugleich auch die einfachste Methode zur
Erfassung der Lebensbedingungen. Damit soll nicht gesagt werden, daß andere
Methoden, wie kleinklimatische Messungen, Untersuchungen des Bodens usw.,
dadurch überflüssig gemacht würden; es wird sich aber empfehlen, zuerst eine
Aufnahme des Organismenbestandes durchzuführen, mit deren Hilfe charak-
teristische Stellen auszuwählen sind und erst dann zeitraubende und technisch
komplizierte Messungen durchzuführen, die dann viel eher den gewünschten
Aufschluß geben werden, als ohne biologische Vorarbeit.“

Wenn im Grünerlenbestand die für den hohen Nährstoffhaushalt entsprechenden Bodentiere nicht noch mehr hervortreten, so liegt die Erklärung
darin, daß auch der Grünerlenbestand immer wieder geschwendet wird und
damit zum Rostalpenrosenbestand herabgewirtschaftet wird (Rhodoreto-Vaccinietum ↗ Alnetum viridis ↘ Rhodoreto-Vaccinietum sec.).

Wir würden fehlschließen, wenn wir annehmen würden, daß die gürtelförmige Anordnung dieser Pflanzengesellschaften immer wieder von denselben
Faktorenkomplexen abhängig ist und nur bei Geländebrüchen vorkommen kann.

Nein. Diese gürtelförmige Anordnung gilt nur für diese Örtlichkeit ober
den Bergerhütten. Gleicht sich das Relief aus, so breiten sich auch die Pflanzen-
bestände aus. So können wir auf flachen Bergkämmen den *Juncus-trifidus*-
Bestand den ganzen Bergrücken besiedelnd antreffen und auch die Bestände
von *Loiseleuria procumbens* und *Vaccinium uliginosum* und die anderen Pflan-
zenbestände, wie aus der Karte zu ersehen ist.

Wir treffen die Bestände von *Juncus trifidus* und *Loiseleuria procumbens*
auch in windstillen, schneereichen Örtlichkeiten als Pioniergesellschaften an;
ja wir finden sehr oft, daß die Reihenfolge der Nachfolgestadien in der Besiedlung von jungen Bergsturzböden der eben beschriebenen gürtelförmigen Anordnung entspricht (Juncetum trifidi ↗ Loiseleurietum procumbentis ↗ Vaccinietum uliginosi ↗ Callunetum vulgaris ↗ Vaccinietum Myrtilli ↗ Rhodoreto-Vaccinietum ↗ Alnetum viridis).

Die Fichtenwälder nahe dem Görlitzengipfel.

Die Fichtenwälder nahe dem Görlitzengipfel haben für uns ein ganz besonderes Interesse; denn sie sind entweder die Schlußgesellschaft oder stehen
der Schlußgesellschaft sehr nahe. Demnach stellen die Fichtenwälder ± den
Höhepunkt der Waldentwicklung dar und alle die Rasengesellschaften und
Zwergstrauchheiden und Grünerlenbestände des Görlitzengipfels sind als Waldverwüstungsstadien zu betrachten.

Z u B e g i n n u n s e r e r S t u d i e haben wir einen Heidelbeer-reichen
Fichtenwald kennengelernt, der noch Beziehungen zum montanen Fichtenwald
besitzt und sich früher oder später zum Tannenwald weiterentwickeln würde
(Pinetum silvestris ↗ PICEETUM myrtillosum ↗ Abieteto-Piceetum ↗ Abietetum).

O b e r   d e r   B e r g e r h ü t t e   haben wir Grünerlenbestände kennengelernt, welche als Waldverwüstungsstadien des Fichtenwaldes zu betrachten sind (Piceetum alnetosum viridis ↘ ALNETUM viridis).

I m   N o r d k a r   der Görlitzen haben wir Rostalpenrosen-Heidelbeer-Zwergstrauchheiden kennengelernt, welche als Waldverwüstungsstadien des Fichtenwaldes zu betrachten sind (Piceetum myrtillosum ↘ Rhodoreto - VACCINIETUM).

Wir wollen nun einen solchen Fichtenwald studieren und dem Gang der Vegetationsentwicklung nachgehen. So zeigt ein moosreicher Fichtenwald im Nordkar der Görlitzen in 1800 m Seehöhe auf einem 15⁰-Hang folgenden Aufbau:

B a u m s c h i c h t, 0,9 bestockt:

Picea excelsa, 0,8 bestockt, 20 bis 25 m hoch.		*Larix decidua,* 0,2 bestockt.	

N i e d e r w u c h s :

Oxalis Acetosella	3.3	*Luzula silvatica* ssp. *Sieberi*	+.2
Calamagrostis villosa	3.2	*Luzula albida*	+.2
Lycopodium annotinum	2.2	*Luzula pilosa*	+.2
Listera cordata	1.1	*Vaccinium Myrtillus*	+
Luzula flavescens	1.1	*Dryopteris austriaca*	+
Deschampsia flexuosa	1.1⁰	*Homogyne alpina*	+
		Lastrea Dryopteris	+

M o o s s c h i c h t :

Hylocomium splendens	4.5	*Sphagnum acutifolium*	1.3
Ptilium crista-castrensis	3.4	*Pleurozium Schreberi*	1.2
Polytrichum formosum	2.2	*Plagiochila asplenioides*	1.2
Rhytidiadelphus loreus	1.3	*Rhytidiadelphus triquetrus*	+.2

Die Heidelbeere findet in diesem schattigen Walde keine Lebensbedingungen, weil sie die große Beschattung nicht ertragen kann. Dafür tritt sie in räumdigen Stellen und Blößen stark hervor. Ein solcher Heidelbeer-Bestand zeigt folgenden floristischen Aufbau:

Vaccinium Myrtillus	5.5	*Dryopteris austriaca*	
Lycopodium annotinum	2.2	ssp. *dilatata*	+
Homogyne alpina	2.2	*Lastrea Dryopteris*	+
Deschampsia flexuosa	2.2⁰	*Luzula silvatica*	
Vaccinium Vitis-idaea	1.1	ssp. *Sieberi*	+
Oxalis Acetosella	1.1	*Rhododendron ferrugi-*	
Listera cordata	+	*neum*	+.3
Melampyrum silvaticum	+		

M o o s s c h i c h t :

Ptilium crista-castrensis	3.4	*Polytrichum formosum*	2.2
Pleurozium Schreberi	3.3	*Sphagnum acutifolium*	1.4
Rhytidiadelphus triquetrus	2.3	*Dicranum scoparium*	1.3
Hylocomium splendens	2.3	*Plagiothecium undula-*	
Rhytidiadelphus loreus	2.2	*tum*	+.4

Werden die Blößen noch größer, so breitet sich die Rostalpenrose aus und es kommt zum Rhodoreto-Vaccinietum. So zeigt dieses Beispiel, welch entscheidenden Einfluß der Lichtfaktor hat.

Die Heidelbeere kann am Nordhang in dieser Höhenlage den geschlossenen Fichtenwald nicht so besiedeln wie die schattenfesteren Moose und der Sauerklee. Erst bei Lichtung des Bestandes kann sich die Heidelbeere im gelichteten Fichtenwald ausbreiten.

Die Rostalpenrose kann nicht soviel Beschattung ertragen, wie die Heidelbeere. Daher vermag sie erst dann in der Heidelbeer-Heide aufzukommen, wenn der Bestand sehr viel Licht bekommt. Der Gang der Vegetationsentwicklung verläuft somit hier folgend:

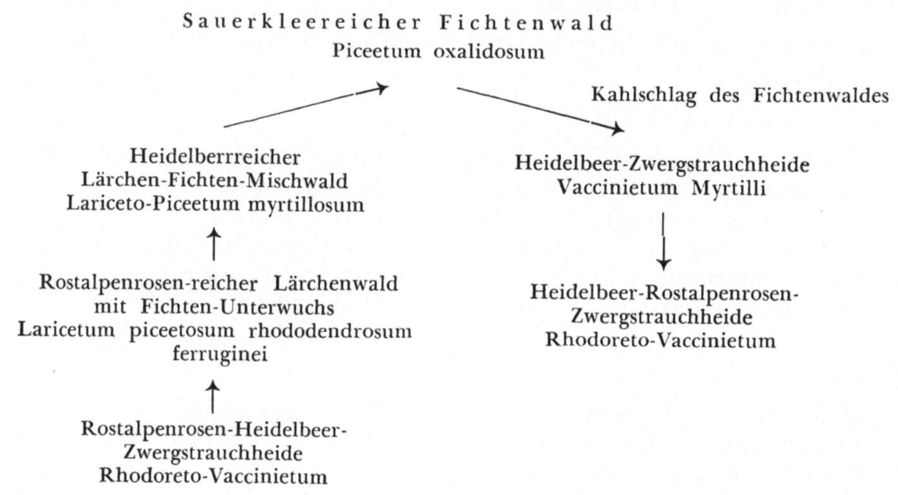

Unser Fichtenwald entwickelte sich über einen Rostalpenrosen-Heidelbeer-Bestand und Heidelbeer-reichen Lärchen-Fichten-Mischwald herauf und wird durch Kahlschlag zur Heidelbeer-Zwergstrauch-Heide und weiter zur Rostalpenrosen-Heidelbeer-Zwergstrauch-Heide degradiert.

Im Sinne der Vegetationsentwicklungstypen ist somit unser Wald ein Lariceto-Piceetum myrtillosum ↗ Lariceto-PICEETUM oxalidosum.

Den Rostalpenrosen-Heidelbeerbestand des Nordkars der Görlitzen haben wir oben eingehend besprochen.

Diese Betrachtungen haben gezeigt, daß vor Inangriffnahme und Durchführung einer Ordnung von Wald und Weide immer die vegetationskundlichen Zusammenhänge studiert werden müssen. Es hat sich dabei herausgestellt, daß innerhalb der klimatischen Waldstufen, von wenigen Ausnahmen abgesehen, alle Zwergstrauchheiden und alpinen Rasengesellschaften Verwüstungsstadien des Waldes sind. Diese sind aber trotz ihres gleichen Aussehens nicht immer gleich entstanden und bilden daher verschiedene Voraussetzungen für eine derartige Ordnung und für unsere bodenpfleglichen Maßnahmen. So haben wir unter anderem gesehen, daß der aus Rostalpenrosen-Beständen entstandene Bürstlingrasen unweit der Bergerhütten bei Ausschaltung der ungeregelten Weidewirtschaft und Einsetzen von bodenpfleglichen Maßnahmen in prächtige Grünlandflächen übergeführt werden kann, während anderseits die Alpenrosenrosenbestände im Nordkar der Görlitzen oberhalb des Kesseltumpfes Ausdruck anderer Umweltbedingungen sind, absoluten Waldboden darstellen und sich nicht zur Überführung in gutes Grünland eignen. Die vegetationskundliche Betrachtung gibt uns den Schlüssel hiezu.

Nach Vernichtung des Nadelwaldes durch Kahlschlag wird auch das letzte Glied der Waldverwüstung, der Gemsheidebestand, durch Winderosion zurückgedrängt.

II.
Wald und Weide am Schuttkegel des Rauscherbaches.

Wenn wir südlich des Faaker Sees (Kärnten) der Straße nach Mallestig folgen, überschreiten wir den gewaltigen Schuttkegel des vom Mallestiger Mittagskogelgebiet kommenden Rauscherbaches. Er besitzt in der Höhe dieser Straße schon eine Breite von 1500 Meter und reicht über die Bahnlinie bis in die Mitte der Mooswiesen des Faakerseebaches.

Wie alle anderen Wildbäche, so änderte auch der Rauscherbach nach Austritt aus der Enge des Grabens sein Bett und baute am Schuttkegel einmal hier, einmal dort, das gröbere Geschiebe ablagernd, höhere Rücken auf. Zwischen den erhöhten Rücken dieses Schuttkegels liegen tieferliegende Verschneidungen, die bei späteren Hochwässern die neue Bachsohle bilden. So änderte der Rauscherbach bis zur Regulierung immer wieder seinen Lauf und baute, dem geringsten Widerstand folgend, einmal hier, einmal dort, die erhöhten Rücken des Schuttkegels verlassend, sein Bachbett auf.

So ist es zu verstehen, daß der Rauscherbach nicht immer gleiches Geschiebematerial abgelagert hat und daß daher Böden mit gröberen Kiesen, feineren Sanden und tonigen Bestandteilen immer wieder abwechseln.

Trotz alledem führt die Vegetationsentwicklung immer wieder in dieselbe Richtung. Die jungen, humusdurchmischten Schuttkegelböden werden von verschiedenen Weiden und von der Grauerle besiedelt. Im geschlossenen Grauerlenwald kommt die Fichte hoch und schließlich führt der Gang der Vegetationsentwicklung zum Rotbuchen-Tannen-Fichten-Mischwald.

So treffen wir hier insbesondere:

1. Grauerlen-Bestände
   (Salicetum ⁄ ALNETUM incanae ⁄ Piceetum).

2. Fichtenwälder
   (Alnetum incanae ⁄ PICEETUM ⁄ Fagetum).

3. Rotbuchen-Tannen-Fichten-Mischwälder
   Piceetum alnetosum incanae ⁄ Abieteto-FAGETUM piceetosum).

Wenn auch auf diesem gewaltigen Schuttkegel auf den jungen Böden noch primäre Wälder siedeln, also Wälder, welche durch waldverwüstende Eingriffe noch nicht gestört wurden und sich in Aufwärtsentwicklung befinden, so sind die meisten Wälder dieses Schuttkegels Waldverwüstungsstadien; also Grauerlen-Bestände, die nach Kahlschlag der Fichtenwälder sekundär aufgekommen sind (Piceetum ↘ ALNETUM incanae sec.) und Fichtenwälder, welche nach Kahlschlag der Rotbuchen-Tannen-Fichten-Mischwälder sekundär aufgekommen sind (Abieteto-Fagetum piceetosum ↘ PICEETUM alnetosum incanae sec.).

Wir wollen nun diese verschiedenen Wälder aufsuchen und ihren floristischen Aufbau studieren, um so die vegetationskundliche Grundlage für unsere Waldwirtschaft zu erhalten.

Dann wollen wir die Weideflächen aufsuchen, ihren floristischen Aufbau studieren und unsere Folgerungen ziehen.

Die Grauerlenwälder des Rauscherbachschuttkegels.

Wir wollen nun einen jungen Grauerlenwald studieren, der auf jungem Feinerde-reichen Geschiebeboden aufgekommen ist. Zu diesem Zwecke gehen wir den Schuttkegel hoch hinauf, wo der Bach erst vor wenigen Jahrzehnten beim Hochwasser Geschiebe abgelagert hat.

Baumschicht: 8 Meter hoch

Alnus incana   5.5

Strauchschicht:

Salix purpurea	2.2⁰	*Rhamnus Frangula*	1.2
Alnus incana	1.2	*Viburnum Opulus*	1.2
Humulus Lupulus	1.2	*Clematis Vitalba*	1.1

Niederwuchs:

Aegopodium Podagraria	3.3	*Deschampsia caespitosa*	+.2
Salvia glutinosa	2.2	*Geum urbanum*	+.2
Euphorbia amygdaloides	2.2	*Myosotis silvatica*	+.2
Brachypodium silvaticum	2.2	*Agropyron caninum*	+.2
Galium Mollugo ssp. *du-*		*Stellaria nemorum*	+.2
metorum	1.2	*Festuca gigantea*	+.2
Rubus caesius	1.2	*Prunella vulgaris*	+.2
Ajuga reptans	1.2	*Alnus incana*	+.2
Campanula Trachelium	1.2	*Geranium Robertianum*	+.2
Listera ovata	1.1	*Solanum Dulcamara*	+.2
Viola Riviniana	1.1		

Moosschicht:

Mnium undulatum   4.5

Der Boden dieses Waldes ist sehr reich an Feinerde und besitzt geringe Durchlüftung.

Wir haben einen jungen Grauerlenwald vor uns, der im Purpurweiden-Bestand aufgekommen ist und, wie aus vergleichenden Untersuchungen zu ersehen, sich früher oder später zum Fichtenwald weiter entwickeln würde (Salicetum purpureae ↗ ALNETUM incanae mniosum undulatae ↗ Piceetum).

Von diesem floristischen Aufbau sind für den Grauerlenwald besonders bezeichnend:

Alnus incana, Clematis Vitalba, Humulus Lupulus, Aegopodium Podagraria, Galium Mollugo ssp. *dumetorum, Rubus caesius, Agropyron repens, Festuca gigantea, Mnium undulatum.*

Alle diese Arten stellen hohe Ansprüche an den Wasserhaushalt des Bodens. Dagegen fehlen die Arten, welche große Bodendurchlüftung verlangen, wie z. B. *Asarum europaeum, Hepatica nobilis, Pulmonaria officinalis, Polygonatum multiflorum, Oxalis Acetosella, Paris quadrifolia, Majanthemum bifolium.*

Da nun Arten auftreten, welche an den Wasserhaushalt des Bodens erhebliche Ansprüche stellen und geringe Bodendurchlüftung ertragen können, aber Arten fehlen, welche an die Bodendurchlüftung große Ansprüche stellen, müssen wir schließen, daß Bäume wie Esche und Fichte, welche an die Bodendurchlüftung erhebliche Ansprüche stellen, noch nicht lebenskräftig aufkommen können. Ein Versuch, die wertvollere Esche und Fichte hier aufzubringen, würde keinen Erfolg bringen.

Was würde geschehen, wenn die Weideberechtigten diesen Grauerlenwald niederschlagen und ohne Bodenverbesserung in Weideboden überführen würden? Wie aus vergleichenden Untersuchungen zu ersehen, würde sich die Rasenschmiele ausbreiten und mehr oder weniger geschlossen den Boden decken.

Wir haben also erfahren, daß dieser junge Grauerlenwald noch zu wenig reif ist und daher ohne erheblichen Aufwand weder in einen wertvolleren Eschen- oder Fichtenwald, noch in einen wertvollen Weideboden übergeführt werden kann.

Unser Grauerlenwald ist eben noch jung und soll möglichst ungestört bleiben, damit er durch seinen Bestandesabfall und das diesen Abfall verarbeitende

Bodenleben möglichst bald zum Wirtschaftswald heranreift oder mit Erfolg in einen wertvollen Weideboden übergeführt werden kann.

Nun wollen wir einen älteren Grauerlenwald studieren, in dem Esche und Fichte schon lebenskräftig aufkommen können. Zu diesem Zwecke betreten wir nun von außen kommend durch ein überaus dichtes Gebüsch von Liguster, Weißdorn, Berberitze und Grauerle das Innere eines solchen Grauerlenwaldes.

Wir erfahren gleich, daß es sich hier um einen sehr stark beweideten Grauerlen-Ausschlagwald handelt, der erst vor 10 Jahren abgehauen wurde. Wir ersehen dies aus den Grauerlen-Ausschlägen und aus dem besonderen Hervortreten derjenigen Arten, die vom Weidevieh nicht gefressen werden, z. B. der Sträucher: *Ligustrum vulgare, Crataegus monogyna, Juniperus communis, Rhamnus cathartica, Berberis vulgaris.*

Der Grauerlenwald zeigt folgenden floristischen Aufbau:

Baumschicht:

Alnus incana	5.5

Strauchschicht:

Ligustrum vulgare	3.5	*Crataegus monogyna*	1.1
Picea excelsa	2.1	*Berberis vulgaris*	1.1
Cornus sanguinea	1.2	*Rhamnus Frangula*	1.1
Rhamnus cathartica	1.2	*Clematis Vitalba*	1.1
Alnus incana	1.2	*Juniperus communis*	+
Corylus Avellana	1.2	*Quercus Robur*	+
Salix purpurea	1.2°		

Niederwuchs:

Asarum europaeum	4.3	*Galium vernum*	1.1
Aegopodium Podagraria	3.2	*Listera ovata*	1.1
Brachypodium silvaticum	2.2	*Rubus caesius*	1.1
Paris quadrifolia	2.2	*Cirsium palustre*	+
Stachys silvatica	2.1	*Cardamine impatiens*	+
Salvia glutinosa	2.1	*Helleborus niger*	+
Pulmonaria officinalis	1.2	*Viburnum Opulus*	+
Oxalis Acetosella	1.2	*Ajuga reptans*	+
Galium Mollugo ssp. *dumetorum*	1.2	*Moehringia trinervia*	+
		Daphne Mezereum	+
Anemone trifolia	1.2	*Veronica Chamaedrys*	+
Melica nutans	1.2	*Geranium Robertianum*	+
Carex alba	1.2	*Viola Riviniana*	+
Lamium Orvala	1.2	*Sanicula europaea*	+
Knautia drymeia	1.2	*Majanthemum bifolium*	+
Hepatica nobilis	1.1	*Hieracium silvaticum*	+
Lamium Galeobdolon	1.1	*Pteridium aquilinum*	+
Polygonatum multiflorum	1.1	*Symphytum tuberosum*	+
Euphorbia amygdaloides	1.1		

Mooschicht:

Mnium undulatum　　2.4　　*Rhytidiadelphius triquetrus* 2.2

Beim Studium dieses Waldes stößt man immer wieder auf alte Fichtenstöcke, halb vermorscht, von Moosen und Cladonien übeideckt. Darin finden wir die Bestätigung, daß dieser Wald kein primäres Grauerlenwaldstadium ist, das sich am Wege in der Entwicklung zum Fichtenwald befindet, sondern, daß es ein Wald ist, der immer wieder niedergeschlagen wurde, also ein Verwüstungsstadium des die Schuttkegel so häufig bewohnenden, kräuterreichen Fichtenwaldes. Er hat sich über einen Grauerlenwald zum Fichtenwald entwickelt und wird bei seiner Vernichtung wieder zum Grauerlenwald zurückgeworfen. Aber nach Kahlschlag des Waldes nutzt ein regelloser Weidebetrieb die Kahlschlagfläche und es können sich immer wieder nur diejenigen Arten durchsetzen, welche die Beweidung besonders gut ertragen, wie die stacheligen und dornigen Sträucher und die Kräuter, die vom Weidevieh nicht gefressen werden.

So können wir diese an Liguster, Berberis, Wacholder, Weißdorn und Kreuzdorn reiche Ausbildung des Grauerlenwaldes geradezu als Weidefazies dieses Waldes bezeichnen.

Wenn wir uns nun fragen, ob diese Ausbildung mehr den charakteristischen Aufbau eines Grauerlenwaldes (Alnetum incanae) oder eines mesophytischen Laubmischwaldes hat, so müssen wir hier antworten, daß dieser Wald wohl noch Reste der typischen Ausbildung des Grauerlenwaldes besitzt, wie insbesondere *Aegopodium Podagraria, Brachypodium silvaticum, Rubus caesius, Galium Mollugo* ssp. *dumetorum, Salıx purpurea, Clematis Vitalba* und vor allem das Moos *Mnium undulatum;* aber diese Arten sind wohl nur mehr als Reste eines ehemaligen starken Vorkommens zu betrachten.

Der Wald steht dem mesophytischen Laubmischwald, sagen wir dem Querceto-Carpinetum stachyetosum, viel näher und wir könnten hier, wenn wir die Konkurrenz der Fichte ausschalten, einen prächtigen Eichenmischwald aufbringen.

Für diesen Wald gilt wieder dasselbe, was ich schon aufgezeigt habe, daß die Fichte nur darum in diesen Beständen so leicht aufkommt, weil ihr der frische Humusboden zusagt und weil sie, wenn sie den Boden einmal in Besitz genommen hat, von der Eiche und Hainbuche oder Erle oder Esche nicht mehr verdrängt werden kann.

Ein Grauerlenwald, der einen so tiefen Mullboden und so viele anspruchsvolle Arten in seiner Krautschicht besitzt, kann jederzeit in einen hochstämmigen Wirtschaftswald übergeführt werden.

Ich stelle diesen Grauerlenwald im Sinne meines Systems der Vegetationsentwicklungstypen zum Piceetum alnetosum incanae ↘ ALNETUM incanae regerminatum asarosum vulgaris ↗ Piceetum, also zum haselwurzreichen Grauerlen-Ausschlagwald, welcher nach Kahlschlag des kräuterreichen Fichtenwaldes aufgekommen ist und sich wieder zum Fichtenwald aufwärts entwickeln würde.

Wir haben also erfahren, daß Grauerlenwald nicht gleich Grauerlenwald ist.

Der zuerst besprochene, junge primäre Grauerlenwald ist trotz der herrschenden Grauerlenschicht floristisch und auch ökologisch völlig anders zu werten als der zuletzt besprochene sekundäre Grauerlen-Ausschlagwald.

Im jungen primären Grauerlenwald fehlen die anspruchsvollen Arten wie *Asarum europaeum, Hepatica nobilis, Stachys silvatica, Pulmonaria officinalis,*

Polygonatum multiflorum, Oxalis Acetosella, Lamium Orvala, Cardamine impatiens, Moehringia trinervia, Daphne Mezereum, Sanicula europaea, Majanthemum bifolium, Symphytum tuberosum, welche an die Bodendurchlüftung und den Wasserhaushalt erhebliche Ansprüche stellen.

Dem ist es zuzuschreiben, daß der Grauerlenbestand mit den vielen anspruchsvollen Arten so gute Bodenverhältnisse besitzt, daß er gleich in einen Eschenwald, einen Fichtenwald, ja auch in einen Rotbuchen-Tannen-Fichten-Mischwald übergeführt werden kann.

Aus der nachfolgenden schematischen Darstellung ersehen wir, welchen Waldgesellschaften die einzelnen Pflanzenarten der beiden Grauerlenwälder angehören.

Wie steht es mit der Überführung des letztbeschriebenen Grauerlenwaldes in Weideboden?

Wir hätten mit dieser Maßnahme vollen Erfolg, vorausgesetzt, daß der Grünlandboden pfleglich behandelt und daß durch Unterteilung in viele Weidekoppeln der negativen Auslese entgegengearbeitet wird. Geschieht dies nicht, so würde trotz der günstigen Bodenverhältnisse nur eine minderwertige Weidefläche entstehen. Denn das Weidevieh würde nur Pflanzenarten fressen, welche ihm schmecken und es würden sich in zunehmendem Maße die Arten ausbreiten, welche infolge ihrer Bewehrung (Stacheln, Dornen) z. B. *Crataegus monogyna, Rhamnus cathartica, Prunus spinosa, Ononis spinosa, Berberis vulgaris,* ihres festen Gewebes, z. B. *Pteridium aquilinum* oder ihrer Bitterstoffe oder giftigen Wirkung, z. B. *Ligustrum vulgare, Rhamnus Frangula, Euphorbia amygdaloides, Helleborus niger, Daphne Mezereum,* nicht gefressen werden.

Die Unterteilung der Weidefläche in mehrere Koppeln wirkt dieser negativen Weideauslese entgegen, insbesondere dann, wenn die Weideflächen immer wieder nachgemäht werden.

Diese Zusammenhänge zeigen uns klar, daß trotz zusagender Klima- und Bodenverhältnisse der biologische Faktor der negativen Weideauslese entscheidenden Einfluß haben kann.

Wir wollen nun einen geschlossenen Fichtenwald studieren und gehen deshalb den flach bis mäßig geneigten Schuttkegel höher hinauf bis zu einem an seinem östlichen Rand stehenden Fichtenwald, den wir von weitem aus den Grauerlen herausragen sehen.

Leider ist auch dieser nicht so geschlossen, wie ich hoffte, sondern besitzt bei einer Höhe von 15 Metern und einer Bestockung von 0,7 einen strauchigen, wenn auch durch die Beschattung wenig lebenskräftigen Unterwuchs, in dem besonders *Alnus incana, Crataegus monogyna, Berberis vulgaris, Ligustrum vulgare, Picea excelsa* sich in den Raum teilen.

In der Krautschicht tritt insbesondere die Weiß-Segge, *Carex alba* 4.2, stark hervor, daneben aber auch *Hepatica nobilis, Anemone trifolia, Majanthemum bifolium, Euphorbia amygdaloides, Melica nutans, Helleborus niger, Salvia glutinosa, Lamium Galeobdolon, Viola Riviniana, Asarum europaeum, Knautia drymeia, Sanicula europaea, Aquilegia vulgaris, Picea excelsa, Pulmonaria officinalis, Ajuga reptans, Pteridium aquilinum,* jedoch in viel geringerer Lebenskraft als im Grauerlenwald; und in der Moosschicht treten neben *Mnium undulatum* auch *Rhytidiadelphus triquetrus, Pleurozium Schreberi* und *Hylocomium splendens* besonders hervor.

Wir haben hier im Sinne meines syngenetischen Systems einen weißseggenreichen Fichtenwald vor uns, der in einem Grauerlenwald aufgekommen ist

	Alnetum incanae	Piceetum excelsae	Abieteto Fagetum piceetosum
Aegopodium Podagraria			
Agropyron caninum			
Ajuga reptans			
Alnus incana			
Anemone trifolia			
Asarum europaeum			
Brachypodium silvaticum			
Campanula Trachelium			
Cardamine impatiens			
Carex silvatica			
Cirsium palustre			
Daphne Mezereum			
Deschampsia caespitosa			
Euphorbia amygdaloides			
Festuca gigantea			
Galium Mollugo ssp. dumetorum			
Galium vernum			
Geranium Robertianum			
Geum urbanum			
Helleborus niger			
Hepatica nobilis			
Hieracium silvaticum			
Knautia drymeia			
Listera ovata			
Lamium Galeobdolon			
Lamium Orvala			
Majanthemum bifolium			
Melica nutans			
Mnium undulatum			
Moehringia trinervia			
Myosotis silvatica			
Oxalis Acetosella			
Paris quadrifolia			
Polygonatum multiflorum			
Prunella vulgaris			
Pteridium aquilinum			
Pulmonaria officinalis			
Rubus caesius			
Rhytidiadelphus triqueter			
Salvia glutinosa			
Sanicula europaea			
Solanum dulcamara			
Stachys silvatica			
Stellaria nemorum			
Symphytum tuberosum			
Veronica Chamaedrys			
Viola Riviniana			
Virburnum Opulus			

und sich bei Unterbleiben waldverwüstender Eingriffe zum Rotbuchen-Tannen-Fichten-Mischwald ganz von selbst entwickeln würde (Alnetum incanae ⟋ PICEETUM caricosum albae ⟋ Abieteto-Fagetum piceetosum).

Woran liegt es, daß hier *Carex alba*, die doch schon große Trockenheit ertragen kann, so stark hervortritt, daß die anspruchsvollen Arten so sehr an Lebenskraft verloren haben und weniger stark hervortreten und daß in der Moosschicht neben *Mnium undulatum* nunmehr auch *Rhytidiadelphus triquetrus, Pleurozium Schreberi* und *Hylocomium splendens*, diese gewöhnlichen Strauchmoose, die wir in den Fichtenwäldern meist antreffen, hier auf einmal auftreten?

Die Weißsegge, *Carex alba*, tritt besonders hervor, weil sie den durch die flachere Bewurzelung der Fichte trockener gewordenen Boden besser ertragen kann und weil ihr die Beschattung, soferne sie nicht gewisse Grenzen überschreitet, nichts anhaben kann.

Die anspruchsvollen Arten haben aus demselben Grunde ihre Lebenskraft verloren, sind kleiner und unscheinbarer geworden und treten auch nicht mehr so stark hervor wie im Grauerlenwald. Dies muß ja so sein, denn sie stellen an die Bodenfrische ganz besondere Ansprüche und sie können den durch die Nadelstreu begünstigten beginnenden Rohhumusboden nicht ertragen. Wohl aber können dies die Moose *Pleurozium Schreberi, Hylocomium splendens* und *Rhytidiadelphus triquetrus*, die sich darum ausbreiten.

Stimmt unsere Vermutung, dann müßten dort in den Lücken, wo die hohen Fichten zurücktreten, die Grauerlen und alle die Sträucher ungehindert wieder dem Lichte zuwachsen können, in der Krautschicht müßte wieder ein üppigeres Leben der anspruchsvollen Arten auftreten, dagegen müßte die Weiß-segge, ebenso wie die Strauchmoose *Rhytidiadelphus triquetrus, Pleurozium Schreberi* und *Hylocomium splendens* zurücktreten; dann müßte dort, wo der Fichtenwald sich noch mehr schließt, *Carex alba* noch stärker hervortreten und die anspruchsvollen Arten der Krautschicht des Grauerlenwaldes müßten noch mehr zurücktreten und an Lebenskraft noch mehr verlieren.

Wir wollen nun sehen, ob unsere Vermutung stimmt. In der Tat, hier in der Räumde des Fichtenwaldes, wo eine Grauerlenstrauchschicht vergesell-schaftet mit Weißdorn und den übrigen Sträuchern von der Beschattung un-gehindert wieder aufkommen kann, hier finden wir wieder eine Krautschicht, in der all die Arten, die wir im Grauerlenwald vorhin festgestellt haben, lebens-kräftig vorkommen, der Kleb-Salbei, das Leberblümchen, der Seidelbast, das Buschwindröschen, der Beinwell, die Haselwurz, Sanikel, Eirundblättriges Zwei-blatt, Bereifte Brombeere, Frühlings-Labkraut, Mandelblättrige Wolfsmilch, Vielblütige Weißwurz; aber auch hier treten neben *Mnium undulatum* die Ast-moose *Rhytidiadelphus triquetrus, Pleurozium Schreberi* und *Hylocomium splendens* auf, was uns aber nicht wundern kann, denn auch der Boden dieser Lücke ist voll von einer Fichtennadelstreu bedeckt, die den Boden oberfläch-lich versauert und diesen Strauchmoosen damit Lebensmöglichkeiten gibt.

Und dort, wo der Fichtenwald völlig geschlossen ist, dort tritt, fast allein den Boden bedeckend, die Weißsegge hervor, begleitet von den Moosen *Rhyti-diadelphus triquetrus, Pleurozium Schreberi* und *Hylocomium splendens* und von der azidiphilen *Pirola secunda*.

Daraus ersehen wir, daß unter dem gleichen Großklima und unter den gleichen Bodenverhältnissen für den Vegetationsaufbau der Krautschicht und Strauchschicht die Holzart eine ganz wesentliche Rolle spielt; wir sehen insbesondere, daß die Fichte durch ihre flache Bewurzelung den Boden oberflächlich austrocknet und ihn stark beschattet und versauert.

Wir dürfen hier aber immer nur solche Örtlichkeiten miteinander vergleichen, die ganz nebeneinander liegen, also räumdige Stellen mit dem geschlossenen Bestand; denn der Schuttkegel ist, wie ich schon vorhin aufgezeigt habe,
nicht überall gleich. Von Osten nach Westen wechseln parallel dem Bachlauf
steinigere, wasserdurchlässigere Rücken mit muldigeren, weniger wasserdurchlässigen Vertiefungen, und von unten nach oben wird das abgelagerte Geröll

Gemeinschaftsweide auf dem Schuttkegel des Rauscherbaches südwestlich Faaker See in Kärnten,
vom Adlerfarn vollkommen verwachsen.
Die Weidegemeinschaft hat lediglich den Fichtenwald, der im Grauerlenwald hochgekommen
ist, niedergeschlagen und das Weidevieh auf die Kahlfläche eingetrieben.
Das Weidevieh hat alles, was ihm zusagte, immer wieder gefressen und damit die Pflanzen
begünstigt, die infolge ihrer Bewehrung, Stacheln und Dornen, ihres festen Gewebes oder ihrer
Giftstoffe nicht gefressen wurden.

immer gröber und verliert an wasserhaltender Kraft, da ja die schleppende
Kraft von oben nach unten immer mehr nachläßt und schließlich nach unten
nur mehr das feinste Material kommt.

Greift hier der Mensch, ohne diese Zusammenhänge zu beachten, ein, und
schlägt den Wald, um Weideboden zu gewinnen, so werden sich an verschiedenen Stellen, je nach den Bodenverhältnissen, völlig verschiedene Ergebnisse
einstellen; man wird an mancher Stelle Erfolg, anderwärts jedoch völligen
Mißerfolg haben.

So sehen wir schon von weitem eine frei gehauene Fläche, die von *Salix
Elaeagnos (= incana)* besiedelt ist. Hier muß der Boden trocken sein, denn
diese Weide vermag auf Kalkboden von allen Baumweiden die größte Trockenheit zu ertragen. Wir gehen auf diese Weidenausschlaghorste zu und finden
unsere Annahme bestätigt. Sie wurzeln in einer *Erica-carnea*-Heide, einer
Heide, die durch ihren Aufbau erkennen läßt, daß der Boden hier völlig wasserdurchlässig und verarmt ist.

Eine Aufnahme dieser *Erica-carnea*-Heide auf einer Fläche von nur vier
Quadratmetern zeigt folgenden Aufbau:

Erica carnea	5.5	*Euphorbia Cyparissias*	1.1
Teucrium Chamaedrys	3.2	*Trifolium montanum*	1.1
Genista germanica	2.2	*Galium verum*	1.1
Selaginella helvetica	2.2	*Globularia Willkommii*	+.2
Bromus erectus	1.2	*Carlina vulgaris*	+
Festuca sulcata	1.2	*Plantago media*	+
Polygala Chamaebuxus	1.2	*Carex flacca*	+
Koeleria pyramidata	1.1	*Alnus incana*	+
Crepis incarnata	1.1		
Thuidium abietinum	4.3	*Pleurozium Schreberi*	1.2°
Tortella inclinata	1.2	*Rhytidiadelphus triquetrus*	1.2°

Wir haben hier eine *Erica-carnea*-Heide vor uns, die sich früher oder später zum bodenbasischen Weißkiefernwald entwickeln würde (Ericetum carneae
sec. ↗ Pinetum silvestris ericetosum carneae).

Hier vermag der Boden keine ordentliche Viehweide zu geben. Hier ist es
ein Unfug, diesen absoluten Waldboden niederzuschlagen und zu Weideboden
zu machen. Hier hätten erst Generationen und Generationen von Wald Humus
aufbauen und die Lebensgrundlage für eine ordentliche Weide geben müssen.
Die Entwicklung dieser Weide geht aber zum ausgesprochenen Trockenrasen,
was wir aus den charakteristischen Arten des Trockenrasens erkennen können,
z. B. *Festuca sulcata, Koeleria pyramidata, Bromus erectus, Thuidium abietinum, Tortella inclinata.* Niemals kann ein Trockenrasen die Grundlage unserer Weidewirtschaft sein.

Die Weidewirtschaft muß aber hier umsomehr Interesse daran haben, diese
trockensten Stellen, die derzeit noch absoluter Waldboden sind, und die im
Sinne des Wildbachlaufes von Süden nach Norden verlaufen, zu bewalden, denn
sie schafft sich damit nicht nur einen Holzboden, sondern schützt die Weide
gerade auf den erhöhten Rücken vor den von West und Ost kommenden
Winden.

Diese Stellen sind aber schon von weitem nicht nur durch das Auftreten
von *Salix Elaeagnos,* sondern auch von *Juniperus communis-*zu erkennen, die
ebenfalls große Trockenheit gut ertragen können. Die azidiphile *Genista germanica* verdankt ihr Vorhandensein auf diesem Kalkboden dem Umstand, daß ja
auch dieser Boden früher von Kiefern und Fichten besiedelt war, welche den
Rohhumus aufgebaut haben.

Wir wollen nun von den oberen mehr oder weniger bewaldeten Teilen
des Schuttkegels abwärts wandern und studieren, wie sich hier am Unterhang,
der schon in Weideboden übergeführt wurde, das Pflanzenkleid aufbaut, wo

nur mehr feineres Geschiebematerial abgelagert wurde, der Boden daher eine höhere wasserhaltende Kraft besitzt und er immer wieder vom Oberhang zusätzlich Feinerde und Wasser zugeführt erhält.

Schon von weitem fällt uns auf, daß in den unteren Partien, gewissermaßen am Unterhang des Schuttkegels, stellenweise der Adlerfarn, begleitet von Grauerlen, besonders hochwüchsig ist, obwohl diese Stellen durch Jahrzehnte in Weideboden umgewandelt wurden.

Der ungeregelte Weidebetrieb begünstigte schließlich so dichten Wuchs, daß auch die Schafe keinen Durchgang fanden.
Nur Brand konnte schließlich wieder den bewehrten Buschwald vernichten und wieder Weidenutzung ermoglichen.
So wird hier im 20. Jahrhundert dieselbe extensive Weidenutzungsmethode betrieben wie bei den primitivsten Volkern vor Tausenden Jahren.

Wir betreten nun eine solche Adlerfarnkultur des Weidebodens und sind erstaunt, wieviel charakteristische Arten des Grauerlenwaldes sich hier noch gehalten haben. Neben der Grauerle selbst, die aus den immer wieder niedergeschlagenen Stöcken horstig ausschlägt, treten *Rubus caesius, Galium Mollugo* ssp. *dumetorum, Lithospermum officinale* hervor, daneben eine ganze Reihe anspruchsvollerer Arten wie *Salvia glutinosa, Lamium Galeobdolon, Listera ovata, Euphorbia amygdaloides, Galium vernum, Dactylis glomerata;* daneben auf oberflächlich trockenen Bodenstellen aber auch Arten, die bezüglich des Wasser- und Nährstoffhaushaltes geringere Ansprüche stellen, wie *Plantago media, Brachypodium pinnatum, Bromus erectus, Euphorbia Cyparissias, Agrimonia Eupatoria, Thymus Serpyllum, Carex verna* und viele Arten, die durch aromatischen Geruch ausgezeichnet sind, vor allem *Origanum vulgare,* treten hier stark hervor.

Wie ist es zu dieser Pflanzengesellschaft gekommen, die doch zweifellos ihren Aufbau nicht nur dem Niederhieb des Waldes, sondern insbesondere der Beweidung verdankt?

Der Fichtenwald, der sich ehemals über einen Grauerlenwald zum Fichtenwald entwickelt hat, wurde niedergeschlagen. Die Fichte, die keine Ausschlagfähigkeit besitzt, konnte nicht mehr aufkommen, aber die tiefwurzelnde Grauerle und die anderen tief wurzelnden Sträucher, die hier überall in den Grauerlenwäldern durch die extensive Weidewirtschaft ausgelesen wurden, wie der Sauerdorn, der Kreuzdorn, der Weißdorn, konnten durch den Niederhieb und die Beweidung nicht völlig zurükgedrängt werden. Sie breiten sich, geschützt durch ihre dornige Bewehrung und durch Bitterstoffe, aus und in der Krautschicht hielten sich auch die Arten, die tiefer wurzelten, und neue kamen hinzu, die den Betritt und die Beweidung ertragen können, stachelige *Rubus*-Arten, dornige Hauhechel usw. Es kamen aber auch neue Arten hinzu, deren Samen von der nächsten Umgebung leicht herankommen und die in dem durch den Weidetritt offenen Boden leicht keimen konnten, und breiteten sich aus, und zwar umso mehr, je weniger sie gefressen werden konnten, wie die Zypressen-Wolfsmilch, *Origanum vulgare, Helleborus niger, Cirsium palustre.*

Wir können aber verfolgen, wie hier die extensive Weidewirtschaft wieder eingreift und besonders im Herbste diese trockenen Bestände niederbrennt oder ausreutet. Damit verschwinden langsam die anspruchsvolleren Arten, die zwischen den Horsten des Sauerdorns und der Grauerle, des Kreuzdorns und des Weißdorns, wo der Boden nicht vom Weidevieh zusammengetreten wird, zusagende Lebensbedingungen gefunden hatten, und es breiten sich in zunehmendem Maße neu hinzukommende Arten aus, die den Betritt des Bodens, den festen Boden, den oberflächlich trockenen Boden ertragen können, und die Entwicklung verläuft auch hier zum Trockenrasen.

Eine Aufnahme eines solchen Trockenrasens zeigt folgenden Aufbau:

Bromus erectus	5.5	*Galium verum*	1.1
Ononis spinosa	3.2	*Potentilla erecta*	1.1
Carex verna	3.2	*Carex flacca*	1.1
Brachypodium pinnatum	2.2	*Cirsium acaule*	+
Euphorbia Cyparissias	2.2	*Parnassia palustre*	+
Briza media	2.1	*Plantago lanceolata*	+
Koeleria pyramidata	1.2	*Leontodon hispidus*	+
Plantago media	1.2	*Polygala comosa*	+
Lotus corniculatus-villosus	1.2	*Gentiana cruciata*	+
Tetragonolobus siliquosus	1.2	*Herminium Monorchis*	+
Trifolium repens	1.2	*Gentiana verna*	+
Dactylis glomerata	1.2	*Selaginella helvetica*	+

Wir sehen also aus diesem Aufbau, daß wir es mit einer Weidefazies des Trockenrasens zu tun haben, einer Weidefazies, die wir wegen des starken Hervortretens von *Bromus erectus* und der Hauhechel einen hauhechelreichen Bestand der Aufrechten Trespe nennen können.

Was sagt uns diese Untersuchung? Sie sagt uns, daß im ganzen Schuttkegelgebiet des vom Mallestiger Mittagskogel herunterkommenden Rauscherbaches

die Vegetationsentwicklung an den Stellen, die wegen Ablagerung von grobem
Geröll von Haus aus oberflächlich größere Trockenheit besitzen, über eine
Grauerlenwaldgesellschaft zum Fichtenwald fortschreitet. Nach Rodung und
Reutung des Waldes in extensivem Weidebetrieb entsteht auf von Haus aus
trockenem Boden ein hauhechelreicher Trockenrasen, auf ursprünglich boden-
frischeren Stellen ein hauhechelreicher Magerrasen und auf ursprünglich bodenfeuchten Stellen ein Rasenschmielenbestand.

Ist es an und für sich schon auffallend, daß die Grauerle und die Fichte
Örtlichkeiten besiedeln, die zum Trockenrasen herabdegradiert werden können,
so ist es umso auffallender, daß, wie die Untersuchungen hier zeigen, die
Trockenrasengesellschaft sich hier wieder zum Grauerlenwald entwickelt. Zum
Trockenrasenbestand kommt es, weil der zur Trockenheit neigende Weide-
boden durch den Weidebetrieb oberflächlich so zusammengetreten wird, daß

Im Unterwuchs des durch die ungeregelte Weide ausgelesenen Buschwaldes kommen wieder
Weißdorn *(Crataegus monogyna)*, Sauerdorn *(Berberis vulgaris)*, Schneerose *(Helleborus niger)*
auf; also Arten, die vom Weidevieh nicht gefressen werden.

das Niederschlagswasser nur schwer eindringen kann bzw., wenn es nach langem
Regen eingedrungen ist, kapillar wieder leicht aufsteigen kann, also der Boden
leicht austrocknet. Zum Fichtenwald führt früher oder später die Vegetationsentwicklung, wenn der Weidebetrieb aufhört, wieder so, daß zuerst xero-
phytische Gehölze, die die Trockenheit des Oberbodens ertragen können, ankommen, wie *Rhamnus cathartica, Crataegus monogyna, Pinus silvestris, Berberis vulgaris,* die den trockenen Oberboden durchwurzeln und den Boden be-

schatten und damit anspruchsvolleren Arten der Strauch- und Krautschicht die Möglichkeit geben, aufzukommen.

Damit wird langsam in zunehmendem Maße nicht nur der Oberboden gelockert, sondern die Verbindung zwischen dem trockenen Oberboden und dem durch einen guten Wasserhaushalt ausgezeichneten Unterboden wird wieder geschaffen, der Boden bekommt wieder eine für den Waldboden charakteristische Archtitektur und das Niederschlagswasser kann wieder in den Boden eindringen; damit vermag ein anspruchsvolleres Mikroleben einzuziehen, das den Bestandesabfall verarbeiten kann.

Wollen wir diesen Schuttkegelboden, der in seiner extensiven Wirtschaft dem Weidevieh keine hinreichende Nahrung bieten kann, einer besseren Wirtschaft zuführen, so gibt es nur einen Weg, den Weg der intensiven Koppelwirtschaft. In dieser Koppelwirtschaft wird der Boden nicht dauernd zusammengetreten und verdichtet, sondern wird auch gedüngt und damit auch gelockert. Die Bodenlockerung des in extensiver Weidewirtschaft seit vielen Jahren zusammengetretenen Bodens erfolgt durch die pflegliche Wirtschaft und durch das Bodenleben ganz von selbst.

Daß meine Annahme, wonach der Aushieb der Sträucher und insbesondere der immerwährende Betritt des Bodens in der ungeregelten Weidewirtschaft den Boden nicht nur verfestigt, sondern austrocknet und damit die anspruchsvolleren Weidegräser ausschaltet, richtig ist, geht daraus hervor, daß überall dort, wo noch Horste von Sträuchern, die vom Weidevieh nicht zusammengetreten werden, sich gehalten haben, anspruchsvollere Arten örtlich Lebensmöglichkeiten bekommen. So finden wir in diesen viel mehr Weißklee, Hornklee, Knäuelgras, Wiesenrispengras und Kräuter, aber wir erkennen dabei auch, daß hier örtlich die Fieder-Zwenke, die ja doch anspruchsvoller ist als die Aufrechte Trespe, stark hervortritt.

Daraus geht hervor, daß wir auch im extensiven Weidebetrieb viel mehr Erfolg haben, wenn wir die Fläche nicht völlig reuten bzw. niederbrennen, sondern doch da und dort Horste stehen lassen, deren Inneres und deren Umgebung, weil ihr Boden unbetreten und mehr beschattet ist, einen besseren Wasser- und Nährstoffhaushalt besitzen.

Geschieht aber nichts, d. h. betrachtet der Bauer nach Vernichtung und Entfernung des Waldes seine Tätigkeit für erledigt, so kommen, wie vorhin aufgezeigt, dornige Sträucher auf, die schließlich sich zusammenschließen, den Boden beschatten und damit in zunehmendem Maße anspruchsvolleren Arten wieder Lebensmöglichkeiten geben.

So finden wir in einem auf diese Weise entstandenen Weißdornbuschwald folgenden Aufbau: Der Weißdorn bedeckt, buschig seine dornigen Äste auseinanderstrebend, vier bis sechs Meter hoch aufwachsend, begleitet von wenigen Erlenausschlägen, völlig den Boden.

In der Krautschicht treten auch noch verschiedene Gehölze wie *Cornus sanguinea, Berberis vulgaris, Picea excelsa, Ligustrum vulgare, Viburnum Lantana, Viburnum Opulus, Rhamnus Frangula, Rhamnus cathartica, Quercus Robur,* insbesondere aber die Grauerle hervor, begleitet von einer ganzen Menge anspruchsvoller Kräuter, unter diesen von *Aegopodium Podagraria, Listera ovata, Paris quadrifolia, Pulmonaria officinalis, Euphorbia amygdaloides, Majanthemum bifolium, Galium Mollugo, Helleborus niger, Ajuga reptans, Brachypodium silvaticum, Carex digitata, Melica nutans, Aquilegia vulgaris, Polygonatum multiflorum, Lamium Galeobdolon, Knautia drymeia, Viola Riviniana,*

Hepatica nobilis, Anemone trifolia, Asarum europaeum, Stachys silvatica, Galium vernum, Origanum vulgare, Thalictrum flavum, Euphorbia dulcis, Valeriana officinalis, Salvia glutinosa, Urtica dioica; auch das Moos *Mnium undulatum* finden wir hier.

Aus vergleichenden Untersuchungen solcher Weißdornbuschwälder läßt sich klar erkennen, daß die Vegetationsentwicklung über den Grauerlenwald zum Fichtenmischwald weiterführt.

Auf besonders bodentrockenen Örtlichkeiten hat die negative Weideauslese die bewehrten Sträucher *(Crataegus monogyna, Prunus spinosa, Rhamnus cathartica, Berberis vulgaris)* begünstigt.
Erst im Schutze dieser bewehrten Straucher konnte die Stieleiche aufkommen.
Als das Rindvieh keine Nahrung fand, wurde der ungeregelt betriebene Weideboden den Schafen uberlassen.

Die Eiche vermag, obwohl ihr das Klima und der Boden zusagen, im dunklen Weißdornbusch nicht aufzukommen, weil sie durch das dichte dornige Buschwerk einfach nicht durchkommen kann.

Es ist jedenfalls interessant, wie die Pflanzengesellschaft dieses Bodens, der ursprünglich von einem Fichtenwald besiedelt war, der sich über einen Grauerlenwald entwickelt hat, aber nach Vernichtung des Waldes zum Trockenrasen herabgewirtschaftet wurde, nunmehr über einen Weißdornbuschwald und Grauerlenwald zum Fichtenwald hinaufführt.

Es ist sehr interessant zu verfolgen, wie der von der Laubstreu überdeckte mullige Boden nach einem zweitägigen Regen innerhalb der letzten 24 Stunden noch nicht austrocknen konnte, also noch völlig naß ist, während der Trockenrasen außerhalb dieses Bestandes so trocken ist, daß man beim Sitzen nicht die geringste Feuchtigkeit mehr spürt.

Im Buschwald selbst sind die schwächeren Stämme des Weißdorns völlig verdorrt und vermutlich vom Schnee niedergedrückt, weil sie die Beschattung einfach nicht ertragen können.

Die Entwicklung zum Grauerlenwald ist darum immer möglich, weil in der Krautschicht die Grauerle den Boden sehr stark bedeckt und da und dort durch eine Lücke des niedergedrückten Buschwerkes hinaufwachsen kann und, wenn sie einmal durch ihren rascheren Wuchs ihre Kronen ober dem Weißdorn ausbreitet und diesen beschattet, dann hat sie gesiegt, weil der Weißdorn diese stärkere Beschattung einfach nicht ertragen kann.

Es ist nun sehr interessant, daß die Eiche in diesem, ich möchte fast sagen gesetzmäßigen, Entwicklungsgange nicht vertreten ist, aber doch da und dort auf dieser Weidefläche lebenskräftig in bester Schaftform wächst. Die Erklärung liegt darin, daß die Eiche hier mit ihren schweren Früchten viel schwerer ankommen kann als die übrigen Holzarten und daß sie wegen ihrer Lichtbedürftigkeit in dem dunkler gehaltenen Weißdornbusch nicht aufkommen kann, außer es kommt ihr Same zufällig in einer Lücke auf, durch die sie hinaufwachsen kann.

Während man also die Grauerle in der Kraut- und niederen Zwergstrauchschicht den Boden fast völlig bedeckend antrifft und es ihr daher leicht ist, durch eine sich bietende Kronenlücke hindurchzustoßen, so vermag die Eiche, die nur ganz selten vertreten ist, nur in den seltensten Fällen auch eine Lücke zu finden, durch die sie durchstoßen kann. Diesem Zufall verdanken die wenigen Eichen, die hier lebenskräftig gedeihen, ihr Aufkommen. Der Boden und das Klima sagen ihnen in diesem Typ ganz besonders zu und, würde die Forstwirtschaft hier diesen Weißdornbuschwald niederschlagen, so könnte sie mit einer Stieleichen-Heisterpflanzung hier besten Erfolg haben.

Es entsteht nun die Frage, warum hier in der unteren Buchenstufe, wo Eiche und Buche auf guten Böden beste Lebensbedingungen finden könnten, die Eichen und die Buchen so stark zurücktreten.

Ich habe vorhin aufgezeigt, daß die Vegetationsentwicklung über den Grauerlenwald zum Fichtenwald führt.

Die Erklärung hiefür liegt darin, daß einerseits durch Vernichtung des bodenständigen Eichenwaldes die schweren Eichensamen nicht leicht herankommen können, andererseits durch Begünstigung der Fichte eine Überproduktion der Fichtensamen auftritt.

Diese Fichtensamen können dann im kühlen, feuchten Boden im Schatten der Grauerle leicht aufkommen und schließlich die Herrschaft an sich reißen.

Die Eiche hingegen vermag auf diesen Böden, die der Fichte besonders zusagen, die Konkurrenz der Fichte nicht zu ertragen und kommt deshalb praktisch im natürlichen Entwicklungsgange kaum in Frage, umsomehr als der Mensch durch seine bodenverwüstenden Eingriffe den Nadelholzarten, der Kiefer und der Fichte, die Möglichkeit geboten hat, sich weit über ihr natürliches Areal auszubreiten, und zwar auch dort, wo ehemals der Boden fast ausschließlich von Eichen besiedelt war, weil damals der Mensch aus Gründen der Mastfütterung die Eiche künstlich begünstigt hat. Aber auch dort treffen wir heute fast keine Eichen mehr, wohl aber Fichten und Kiefern, die die herabgewirtschafteten streugenutzten Böden besser ertragen können.

So sind es insbesondere zwei Faktoren, die die Eiche hier mehr oder weniger zurückdrängen:

1. die Erschwerung der natürlichen Aussaat aus entfernt liegenden Gebieten,
2. die Beschattung durch die Fichte.

Diese Erkenntnis ist forstlich darum so wichtig, weil wir auf der einen Seite sehen, daß die Eiche künstlich aufgebracht werden kann, wenn wir in die Konkurrenz der Schattholzarten eingreifen, und auf der anderen Seite erkennen, wo wir ohne Gefahr das Areal der Fichte überschreiten können. Das ist auch der Grund, warum die Auengelände der Eiche und der Fichte so streng voneinander getrennt und florengeschichtlich zu erklären sind, weil sie sich im Konkurrenzkampf mehr oder weniger ausschließen.

Es verbleibt nun noch die Frage, warum die Buche hier nicht aufkommt. Die Buche kommt hier im Trockenrasen nicht auf, weil sie die Trockenheit des Bodens nicht ertragen kann. Früher oder später würde sich aber die Tanne und Rotbuche auch hier durchsetzen und als Schlußglied der natürlichen Vegetationsentwicklung einen Buchen-Tannen-Fichtenmischwald aufbauen.

III.

Die Wechselbeziehungen von Wald und Weide im Raume von Tassach ober Afritz in Kärnten.

Völlig ausgetrocknet sind Wiesen und Äcker. Da und dort zeigen sich auf diesen lehmig-sandigen diluvialen Gehängeböden schon Risse und Sprünge als Ausdruck großer Bodentrockenheit.

Endlich kommt der erwartete Regen. Es regnet mehrere Tage ununterbrochen. Nun wird es manchen Bergbauern im Gegendtal ganz unheimlich zu Mute. So beginnt es im Hause des W e g e r 1100 m hoch im Keller so zu rauschen, als ob ein Wildbach unter dem Gemäuer durchfließen würde. Noch schlimmer wird es, wenn die Sprünge in der Mauer sich erweitern und da und dort der Unterbau des Hauses zu wanken beginnt und von der Nachbarschaft das lawinenartige Dröhnen von Muren und Erdrutschungen hörbar wird.

Es scheint der ganze Hang in Bewegung zu sein. Nun hält es uns nicht mehr im Haus. Wir eilen hinaus und stellen mit Entsetzen fest, daß hier ein ganzes Stück Wiese, dort ein Fleck vom Acker, an anderer Stelle wieder ein kleiner Fichtenbestand weggerutscht ist. Der Boden brach nicht nur hinunter, sondern wurde auch vom Schutt zugedeckt, überlagert, Grünland und Acker vernichtet. Es ist wahrhaftig kein Wunder, wenn der Bauer verzagt wird und sich gedanklich mit der Absicht beschäftigt den Hof zu verlassen, den seine Väter und Urväter durch viele Jahrhunderte gehalten haben.

Wie ist es nur möglich, daß hier auf einmal alles in Bewegung kam, daß nach solcher Trockenheit das Wasser wieder Haus, Hof und Boden mit in die Tiefe zu reißen scheint? Nach Begehung des Gebietes erfahren wir, daß ehemals ein Bergahornwald geschlossen weit über die jetzige Waldgrenze hinaufreichte. Er entwickelte sich auf trockenem Boden vermutlich über einen Weißkiefern-Lärchenwald und auf wasserzügigem Boden über einen Grauerlen-Eschen-Mischwald. Die einzelnen Weißkiefern, Lärchen, Grauerlen, Eschen und Bergahorne an den Besitzgrenzen sind wohl als Reste des ehemals geschlossenen Waldes zu betrachten. Diese Wälder wurden niedergeschlagen und vernichtet und der Nadelwald mit herrschender Fichte konnte von oben in die Laubwaldstufe herabsteigen. Das ehemals vom Laubwald völlig verbrauchte Wasser wird nun nicht mehr verdunstet und überspannt durch seine Schwere den ohnehin schweren mit dem Untergrund wenig verbundenen Boden.

Da und dort tritt es zutage, versickert wieder und bildet an einigen Stellen Quellmoore.

So erfahren wir daraus, daß hier, wo lockere feuchte Moränenböden keine enge Bindung mit dem Grundgestein besitzen, jeder Kahlschlag unausweichlich den Boden mit Wasser anstaut und dadurch gefährdet. Jeder Kahlschlag und jede Weidenutzung hat auf solchen Hängen zu unterbleiben. Der Kahlschlag, weil er zur Wasserstauung im Boden führt und die Weidenutzung, weil durch die scharfen Klauen der Boden geöffnet wird.

Wie ist es aber nur möglich, daß hier das Wasser solches Unheil anstiftet, die Mauern unterwäscht, Wege abbricht, Wiesen und Äcker herunterreißt, wo wir doch oberhalb nur prächtige Wiesen und Äcker, Trockenrasen und heidelbeerreiche Fichtenwälder gesehen haben? Wir wollen nun weiter nach Westen wandern, um zu sehen, ob nicht doch die eine oder andere Quellflur verrät, daß Wasser im Überschuß vorhanden ist. Gehen wir nun in gleicher Höhe den Hang entlang nur wenige 100 m weiter nach Westen, so bemerken wir, daß die entlang der Fallinie verlaufenden Grenzstreifen auf einmal nicht nur von Bergahorn-, Lärchen- und Fichtenwaldstreifen gebildet werden, sondern von Waldstreifen, in denen ganz besonders die Grauerle, die Schwarzerle und die Esche hervortreten. Wir treffen bald hier eine solche Stelle, bald weiter westlich wieder eine und dann noch eine, wo aus dem Hang Quellen hervortreten und Grau- und Schwarzerlen vergesellschaftet mit Fichten in der Baumschicht und *Juncus effusus* in der Krautschicht vollständig den vom Weidevieh zerstampften Boden bedecken, vergesellschaftet mit *Myosotis palustris, Chaerophyllum Cicutaria, Deschampsia caespitosa, Cirsium palustre, Equisetum palustre, Prunella vulgaris, Ranunculus repens, Carex pallescens, Valeriana dioica, Mentha longifolia, Lychnis Flos-cuculi, Lastrea (Dryopteris) Oreopteris, Carex flava, Filipendula Ulmaria, Caltha palustris, Aegopodium Podagraria* und von den Moosen *Climacium dendroides.*

Wir wollen nun in der Fallrichtung weiter abwärts steigen, um zu sehen, wie sich das Wasser, das hier nicht aufgehalten wird, sondern in breiter Front ungelenkt und ungezügelt nach abwärts rinnt, da und dort auswirkt. Schon bemerken wir, daß sich das Wasser am ganzen Hang zwischen den beiden Rinnsalen im Vegetationsaufbau der Weide bemerkbar macht. Treten oberhalb nur *Calluna*-Heide, Pfeilginster und all die vielen Arten, die den beweideten, sonnbeschienenen Rohhumusboden erkennen lassen, hervor, so gesellen sich jetzt in zunehmendem Maße eine ganze Reihe von Arten hinzu, die für den nassen Boden bezeichnend sind, so insbesondere *Deschampsia caespitosa, Trifolium repens, Holcus lanatus,* und geben damit zu erkennen, daß der Boden nicht mehr so trocken ist, ja, daß er Wasser in überreichlichem Maße zur Verfügung hat. Wir wollen nun auf einem 20° S geneigten Hang eine Wiese untersuchen, in der *Holcus lanatus* den Boden völlig bedeckt:

Holcus lanatus	5.5	*Chrysanthemum*	
Trifolium repens	5.5	*Leucanthemum*	2.2
Juncus compressus	3.2	*Ranunculus repens*	2.2
Carex leporina	2.2	*Juncus effusus*	2.1
Campanula patula	2.2	*Lolium perenne*	1.2

Myosotis palustris	1.2	*Taraxacum officinale*	+
Aegopodium Podagraria	1.2	*Equisetum arvense*	+
Cirsium palustre	1.1	*Rumex Acetosella*	+
Rumex crispus	1.1	*Tussilago Farfara*	+
Achillea Millefolium	1.1	*Viola tricolor*	+
Vicia sepium	1.1	*Echium vulgare*	+
Stellaria graminea	1.1	*Raphanus Raphanistrum*	+
Plantago lanceolata	1.1	*Cerastium vulgatum*	
Anthoxanthum odoratum	+.2	(= *caespitosum*)	+
Trifolium pratense	+.2	*Rumex Acetosa*	+
Lolium italicum	+	*Leontodon autumnalis*	+
Carex stellulata	+	*Calystegia sepium*	+
Carex pallescens	+	*Silene Cucubalus*	+
Galeopsis pubescens	+	*Galium Mollugo*	+
Lychnis Flos-cuculi	+		

Im Sinne meiner Wiesenentwicklungstypen stelle ich diese Wiese zum „Alnetum incanae superirrigatum ↘ HOLCETUM lanati trifoliosum repentis"

Diese Wiese ist völlig versauert, verfestigt und besitzt einen zu reichlichen Wasserhaushalt, was schon daraus hervorgeht, daß auf der Böschung *Salix caprea, Sambucus nigra, Padus avium (= Prunus padus), Alnus incana, Fraxinus excelsior* im Wiesenbestand auftreten, die den guten Wasserhaushalt erkennen lassen. Sie können auf der Böschung aufkommen, weil sie tief wurzeln, während oberflächlich die Böschung sehr trocken ist, was am starken Hervortreten von *Thymus „Serpyllum", Festuca „ovina", Rumex Acetosella, Luzula multiflora* zu erkennen ist. Es macht sich hier wie überall bei Wegeinschnitten, Böschungsgräben, Entwässerungen die Drainagewirkung bemerkbar. Wenn nun hier Erdrutschungen meist bei den Böschungen und Wegeinschnitten und dort, wo die Holzlieferung den Oberboden tief abgetragen hat, wie auch beim Haus- und Stadelbau, bemerkbar machen, so liegt dies darin, daß durch diese Einschnitte der lockere auf einer Rutschschicht liegende Gehängeschuttboden angeschnitten wird und seiner Schwerkraft folgend abrutscht. Hier ist es überall so, daß der + sandig-lehmige Moränenboden, dem sehr viel große Steine beigemengt sind bis 2 m und mehr auf einer Lehmschicht aufliegt und daß das Wasser ober der Lehmschicht abrinnt und sich oberflächlich nur dort bemerkbar macht, wo es kapillar aufsteigen kann.

Die Wasserzügigkeit des Bodens ist am Vegetationsaufbau allenthalben zu erkennen. Die Grenzbäume sind Eschen, Grauerlen, Weiden und Traubenkirschen und längs der Zäune, deren Boden dem menschlichen Einfluß wie Mahd, Betritt, Beweidung weniger ausgesetzt ist, treten Arten hervor, die den erhöhten Wasserhaushalt anzeigen, hier z. B. *Scirpus silvaticus, Caltha palustris, Filipendula Ulmaria, Angelica silvestris.*

Überall, wo die Wirtschaft auf so wasserzügigen Wiesen es unterläßt, die aufkommenden Grauerlen sofort zu schlagen, dort gesellt sich zu einem Sproß ein zweiter, zu einem Horst ein anderer und, ehe man es richtig erfaßt hat, ist an Stelle der Wiese ein Grauerlenwald entstanden. Ein solcher Grauerlenhorst zeigt hier nördlich vom Bauer P i c h l e r vulgo H u b e r auf einem 10° östlich geneigtem Hang folgenden Aufbau: In die Baumschicht reichen die Niederwuchshorste der Grauerle, die sich mit den Kronen völlig berühren, 15—20 m hoch. Hie und da sind sie vergesellschaftet mit Fichte und Bergahorn. In der

Strauchschicht treten nur vereinzelt Grauerlen und Bergahorn auf. In der Krautschicht finden wir vorwiegend *Urtica dioica*, beglcitet von einer ganzen Reihe von Arten, die frischen, nitratreichen Boden verlangen. Eine Aufnahme gibt wohl den besten Einblick.

Urtica dioica	5.5	*Moehringia trinervia*	+.2
Deschampsia caespitosa	4.2	*Viola biflora*	+.2
Impatiens Noli-tangere	3.5	*Agrostis stolonifera*	+.2
Fragaria vesca	3.2	*Galeopsis pubescens*	+
Myosotis sivatica	3.2	*Ranunculus acer*	+
Oxalis Acetosella	3.2	*Mycelis muralis*	+
Athyrium Filix-femina	2.2	*Caltha palustris*	+
Glechoma hederacea	2.2	*Rumex crispus*	+
Chaerophyllum Cicutaria	1.2	*Rumex arifolius*	+
Ranunculus repens	1.2	*Dactylis glomerata*	+
Lamium album	1.1	*Campanula Trachelium*	+
Knautia silvatica	1.1	*Geum urbanum*	+
Veronica Chamaedrys	1.1	*Angelica silvestris*	+
Dryopteris Filix-mas	+.2		

Die überaus reiche Nitratvegetation, insbesondere das starke Hervortreten von *Urtica dioica, Impatiens Noli-tangere* und *Fragaria vesca,* erklärt sich aus den überaus reichen Nitrifizierungsvorgängen im Boden. Hier hat nicht etwa das Weidevieh den Boden gedüngt, sondern das Kleintierbodenleben selbst. Hätte der Mensch diesen Wald nicht immer wieder niedergeschlagen und hätte er nicht immer wieder die darin aufkommenden Fichten und Bergahorne herausgeschlagen, so hätten wir hier einen Fichten-Bergahorn-Eschenmischwald. Der Boden besitzt eine solche Güte, daß wir auch jetzt noch künstlich aus diesem Grauerlenniederwald einen Bergahorn-Eschen-Fichtenmischwald aufbauen könnten. Im Sinne meiner Vegetationsentwicklungstypen stelle ich ihn zum „Aceretum Pseudoplatani superirrigatum \ ALNETUM incanae urticosum dioicae"; also zum Grauerlenwald, der nach Kahlschlag des Bergahorn-Unterhangwaldes sekundär aufgekommen ist.

Wir wollen nun feststellen, wie nebenan in einer Mulde eines sehr feuchten Wiesenhanges unter dem Bauer P i c h l e r, in 1200 m Seehöhe, die Wiese aussieht, die nach Rodung des Erlen-Bergahorn-Fichten-Eschenmischwaldes, der sich in einzelnen Resten auf der Wiese noch da und dort erhalten hat, vor Generationen schon begründet wurde. Auch hier können wir verschiedene Örtlichkeiten unterscheiden:

1. Örtlichkeiten, die einen zu reichlichen Wasserhaushalt, also Wasser im Überschuß haben und die ausgezeichnet sind durch das starke Hervortreten von *Scirpus silvaticus.*

2. Örtlichkeiten, deren Boden auch noch einen überreichlichen Wasserhaushalt hat, deren Überfluß jedoch nicht mehr so groß ist, wo aber das Wasser stagniert. Sie sind ausgezeichnet durch das starke Hervortreten von *Equisetum palustre.*

3. Örtlichkeiten, deren Wasserhaushalt schon geringer, aber für das Gedeihen einer wertvollen Wiese noch immer zu groß ist. Sie sind gekennzeichnet durch das Auftreten von *Holcus lanatus.*

Wie unterscheiden sich im Aufbau diese drei Wiesentypen?

Eine Aufnahme einer 100 m² Fläche einer *Scirpus silvaticus*-Wiese gibt auf einem 5⁰ SO geneigten Hang in einer Mulde folgenden Vegetationsaufbau:

Scirpus silvaticus	5.5	*Juncus effusus*	+.2
Caltha palustris	2.2	*Phleum pratense*	+.2
Holcus lanatus	2.2	*Trifolium repens*	+.2
Trifolium pratense	2.2	*Lychnis Flos-cuculi*	+
Equisetum palustre	2.2	*Myosotis palustris*	+
Anthoxanthum odoratum	1.2	*Chrysanthemum*	
Filipendula Ulmaria	1.1	*Leucanthemum*	+
Angelica silvestris	1.1	*Luzula multiflora*	+
Geum rivale	1.1	*Cerastium vulgatum*	+
Alnus incana	1.1	*Carex panicea*	+
Rhinanthus minor	1.1	*Chaerophyllum Cicutaria*	+
Carex leporina	1.1	*Achillea Millefolium*	+
Festuca pratensis	1.1	*Lathyrus pratensis*	+
Festuca rubra	1.1	*Veronica officinalis*	+
Cynosurus cristatus	1.1	*Linum catharticum*	+
Galium palustre	1.1	*Ranunculus acer*	+
Prunella vulgaris	1.1	*Plantago lanceolata*	+
Valeriana dioica	1.1	*Cirsium palustre*	+
Briza media	+.2	*Carex contigua*	+

Unter den Moosen tritt insbesondere *Climacium dendroides* hervor.

Im Sinne meiner Vegetationsentwicklungstypen stelle ich diesen Wiesenbestand zum „Alnetum incanae superirrigatum ↘ SCIRPETUM silvatici", also zum *Scirpus silvaticus*-Bestand, der nach Kahlschlag des Grauerlenwaldes aufgekommen ist.

Ganz anders sind aber das Bild und der Vegetationsaufbau in dem Bestande gleich nebenan, wo das Wasser nicht mehr wie in der Mulde fließt, sondern ± stagniert und wo besonders *Equisetum palustre*, *Eriophorum angustifolium*, *Lychnis Flos-cuculi* und *Caltha palustris* stark hervortreten. Wir haben hier:

Equisetum palustre	5.5	*Myosotis palustris*	1.2
Caltha palustris	4.2	*Rumex Acetosa*	1.1
Eriophorum angustifolium	3.2	*Ranunculus repens*	1.1
Lychnis Flos-cuculi	3.2	*Alnus incana*	1.1
Valeriana dioica	3.2	*Geum rivale*	1.1
Briza media	2.2	*Festuca rubra*	+.2
Anthoxanthum odoratum	2.2	*Poa trivialis*	+
Trifolium pratense	2.2	*Orchis latifolia*	+
Rhinanthus minor	2.2	*Cerastium vulgatum*	
Chaerophyllum Cicutaria	2.2	*(= caespitosum)*	+
Carex contigua	2.2	*Potentilla erecta*	+
Prunella vulgaris	2.2	*Leontodon autumnalis*	+
Holcus lanatus	2.1	*Lathyrus pratensis*	+
Alchemilla vulgaris	1.2	*Cirsium palustre*	+
Filipendula Ulmaria	1.2	*Viola* sp.	+
Trifolium repens	1.2	*Scirpus silvaticus*	+⁰
Linum catharticum	1.2	*Veronica Chamaedrys*	+⁰

Im Sinne meiner Vegetationsentwicklungstypen stelle ich diesen Naßwiesenbestand zum „Alnetum glutinosae paludosum ⩘ EQUISETETUM palustris calthosum palustris"; also zum Sumpfschachtelhalmbestand, der nach Kahlschlag des Schwarzerlen-Unterhangwaldes aufgekommen ist.

Wir könnten den einen Wiesenbestand auch als einen *Scirpus silvaticus*-reichen Naßwiesenbestand und den andern zum Unterschied von diesem als einen Equisetum palustre - Caltha palustris - Eriophorum angustifolium - Lychnis Flos-cuculi - reichen Naßwiesenbestand bezeichnen. Beide Naßwiesen könnten ohne weiteres durch richtige Entwässerung in ordentliche Wiesen übergeführt werden, was schon daraus zu ersehen ist, daß überall dort, wo der Boden örtlich trocken ist, wertvolle Futtergräser und Kräuter auftreten. So finden wir neben einem Entwässerungsgraben auf gedüngter Stelle einen kleinen Bestand der Glatthaferwiese, in dem der Rotklee, *Trifolium pratense*, völlig den Boden bedeckt und wo unter den Obergräsern *Dactylis glomerata, Festuca pratensis, Poa trivialis* neben *Arrhenatherum elatius, Tragopogon pratensis, Pimpinella major* und *Rumex Acetosa* hervortreten.

Der *Holcus lanatus*-Bestand zeigt einen ähnlichen Aufbau wie der Bestand, den wir schon früher aufgenommen haben und wir verweisen auf diesen.

Haben wir nun gesehen, daß in den Mulden, wo überreichliches Wasser dem Boden zur Verfügung steht, aber der Boden luftarm ist, erst dann ein wertvoller Wiesenbestand entsteht, wenn der Boden entwässert wird, so sehen wir hier auf dem Rücken zu beiden Seiten der Mulde, daß der Wasserhaushalt nicht sehr günstig ist, aber auch der Boden durch das ständige Betreten im Herbst einen schlechten Lufthaushalt besitzt. Hier sehen wir einen vom Klappertopf völlig verunkrauteten Wiesenbestand, der nur am Unterhang, wo ihm zusätzlich mehr Wasser- und Düngerstoffe zugeführt werden, gedeihen kann, und dort, wo die Misthaufen gelegen sind, einen Wiesenbestand, den wir auf Grund seines Aufbaues dem Glatthaferwiesenbestand zuteilen können.

Fassen wir das Gesehene zusammen, so haben wir erfahren, daß in den Mulden und auf den Rücken, von wenigen Örtlichkeiten abgesehen, ein minderwertiger Wiesenbestand wächst, daß aber zum Gedeihen eines wertvollen Wiesenbestandes nicht nur ein hinreichender Wasserhaushalt, sondern auch ein genügender Lufthaushalt und Nährstoffhaushalt im Boden notwendig ist. Wir werden im einen Falle durch Entwässerung und damit durch bessere Bodendurchlüftung, im andern Falle durch Bodenlockerung und Düngung hier in dieser Mulde Erfolg haben.

Aus der Verteilung der Pflanzengesellschaften werden wir nicht nur erfahren, wo wir die Entwässerungsgräben zu ziehen haben, sondern auch, wo wir durch Auflockerung des Bodens und Hebung des Närstoffhaushaltes durch Düngung ± eingreifen müssen.

Wir wollen nun den Aufbau der Grauerlenmischwälder untersuchen, die von den Bergbauern H u b e r und P i c h l e r sich nach Osten gegen den Tassachbach hinabziehen, wollen ihren Haushalt studieren und ihren Entwicklungsgang verfolgen. Da greifen wir gleich einen Grauerlen-Fichtenmischwald heraus, der knapp unter einer *Scirpus silvaticus*-reichen Naßwiese gelegen ist, der also einen Überfluß an Zuschußwasser besitzt. Wir erkennen sofort aus dem horstweisen Ausschlagwuchs, daß es sich hier um einen Niederwald handelt, dem die wertvollen Fichten entnommen wurden. Die Baumschicht wird daher, von wenigen Fichten, die der Mensch da und dort zurückgelassen hat, abgesehen, fast vollständig von Grauerlen, die rund 8—10 m hoch sind, eingenommen. In der Strauchschicht treten nur einige wenige Grauerlen und die Traubenkirsche, *Padus avium (= Prunus Padus),* hervor und in der Krautschicht insbesondere *Equisetum silvaticum, Caltha palustris, Chaerophyllum Cicutaria* und *Petasites albus.* Eine genaue Aufnahme ergibt folgendes Bild:

Baumschicht:

Alnus incana	5.5
Picea excelsa	+

Strauchschicht:

Alnus incana	+
Padus avium	+

Krautschicht:

Caltha palustris	3.3	*Scirpus silvaticus*	+
Chaerophyllum Cicutaria	3.3	*Lychnis Flos-cuculi*	+
Equisetum silvaticum	3.1	*Filipendula Ulmaria*	+
Impatiens Noli-tangere	2.3	*Orchis maculata*	+
Deschampsia caespitosa	2.2	*Ajuga reptans*	+
Oxalis Acetosella	2.2	*Myosotis palustris*	+
Circaea alpina	2.2	*Senecio Fuchsii*	+
Viola biflora	2.2	*Athyrium Filix-femina*	+
Petasites albus	2.2	*Stellaria nemorum*	+
Lamium Galeobdolon	1.3	*Veronica latifolia*	+
Prunella vulgaris	1.2	*Ranunculus nemorosus*	+
Crepis paludosa	1.1	*Ranunculus repens*	+
Geum rivale	1.1	*Galium vernum*	+
Urtica dioica	1.1	*Dryopteris Filix-mas*	+
Carduus Personata	1.1	*Knautia dipsacifolia*	+
Poa trivialis	+	*Symphytum tuberosum*	+

Moosschicht: besonders hervortretende Arten:

Mnium undulatum
Mnium punctatum
Climacium dendroides

Im Sinne meiner Vegetationsentwicklungstypen stelle ich diesen Wald zum „Scirpetum silvatici ⁄ ALNETUM incanae superirrigatum ⁄ Piceetum"; also zum Grauerlen-Unterhangwald, der im *Scirpus silvaticus*-Bestand aufgekommen ist.

Wir ersehen, daß es sich fast durchwegs um Arten handelt, die die Beschattung durch den Erlbestand gut ertragen können, und daß dieser Grauerlenwald in Wechselbeziehung steht zur *Scirpus silvaticus*-reichen Naßwiese, daß also aus diesem Bestand wieder eine *Scirpus silvaticus*-reiche Naßwiese würde, wenn wegen Futterbedarfes der Wald niedergeschlagen würde. Bei pfleglicher Waldwirtschaft entwickelt er sich weiter zum bodenfeuchten Fichtenwald.

Bei dieser Aufnahme dürfen wir aber nicht vergessen, daß der Boden da und dort trockener ist, daß also die Arten wie *Oxalis Acetosella, Symphytum*

tuberosum, Galium vernum, Veronica latifolia insbesondere die bodentrockenen
Mosaike bevorzugen.

Wie sieht nun der Wald unterhalb des Rückens aus, dort, wo im Wiesenbestand, wie erinnerlich, die sehr wasserbedürftigen Pflanzen zurücktreten und
solchen Arten Platz machen, die den mageren, ab und zu auch trockeneren Boden ertragen können?

Auch hier haben wir einen Grauerlen-Fichtenmischwald vor uns, und doch
hat sich hier das Bild völlig geändert. Aurch hier finden wir alle die Arten, die
einen guten Wasserhaushalt erkennen lassen, die wir nebenan in bester Lebenskraft kennengelernt haben, aber hier zeigen sie nicht mehr so gute Lebenskraft
wie dort. Dafür aber treten eine ganze Reihe von Arten auf, die wir vorhin
überhaupt nicht oder nur an den trockensten Bodenstellen kennengelernt haben.
So haben die Sumpfdotterblume, *Caltha palustris*, die weißliche Pestwurz, *Petasites albus*, der Waldschachtelhalm, *Equisetum silvaticum*, ferner *Chaerophyllum
Cicutaria, Crepis paludosa, Deschampsia caespitosa* eine viel geringere Lebenskraft, ebenso auch in der Moosschicht *Mnium undulatum* und *Climacium dendroides*. Dafür tritt an Stelle von *Myosotis palustris* hier *Myosotis silvatica* auf;
neu hinzukommen: *Moehringia trinervia, Hieracium silvaticum, Mycelis muralis, Fragaria vesca, Veronica Chamaedrys;* ferner treten die für trockene saure
Böden so bezeichnenden Arten schon auf, so insbesondere *Vaccinium Myrtillus,
Luzula albida* und die Moose *Rhytidiadelphus triqueter* und *Pleurozium Schreberi*. Haben wir also dort auf dem überaus wasserzügigen Boden gesehen, daß
die Fichtennadelstreu nicht in der Lage ist, den Boden zu versauern, so treten
hier, wo der Wasserhaushalt um vieles geringer ist, auf den ganz oberflächlichen, den darunterliegenden Boden isolierenden Fichtenwurzeln die ersten
bodensauren Arten auf.

Haben wir nun gesehen, daß hier unten am Unterhang auch an ±
trockenen Stellen die Erlen und ihre Begleiter Lebensmöglichkeiten finden,
wenn auch in geringer Lebenskraft, so erfahren wir, wenn wir an einem solchen
Rücken aufwärts, also vom Unterhang auf den Oberhang gehen, daß dann in
zunehmendem Maße die Lebenskraft der Erle und ihrer Begleiter abnimmt und
die Fichte und Lärche mit ihren Begleitern an ihre Stelle treten. So gelangt
man hier beim Hinaufschreiten entlang des Rückens vom Erlen-Fichtenbestand,
in dem *Deschampsia caespitosa* noch eine Rolle spielt, zu einem Erlen-Fichtenbestand, in dem *Deschampsia caespitosa* verschwunden und *Calamagrostis villosa*
an ihre Stelle getreten ist, und schließlich breiten sich auch *Deschampsia flexuosa* und *Luzula albida* mehr und mehr aus, vergesellschaftet mit *Vaccinium
Myrtillus* und allen möglichen azidiphilen Arten, die von oben herunterkommen. Dagegen ist auf gleicher Höhe im Graben von einer Versauerung des
Bodens noch keine Rede, sondern die Grauerle mit ihren Begleitern steigt noch
lebenskräftig hinauf, bis sie höher oben entweder, wenn der Graben aufhört, so
wie tiefer unter am Rücken ihre Herrschaft langsam der Fichte und ihren Begleitern abgibt, oder aber, wenn der Graben bleibt, allmählich von einem Grünerlenbestand und seinen Begleitern abgelöst wird.

Schematische Darstellung:

Es kann aber auch sein, daß ein Rücken nach oben zu in eine Mulde übergeht, daß also auf breiter Fläche der Boden wieder wasserzügiger wird. So ist es
sehr interessant, vom Tassachbach auf dem nach SW geneigten Hang von der
Mühle aufwärts zu steigen. Während in der Mulde die Erle bleibt und am

bodentrockenen Rücken in zunehmendem Maße an Lebenskraft verliert, so daß gleich alte Erlen in der Mulde und am Rücken gleiche Höhe besitzen und die Erle zum Schlusse ganz ausbleibt, hört später plötzlich der Rücken auf und geht in eine breite Mulde über, in der die von unten hinaufziehende Mulde ein-

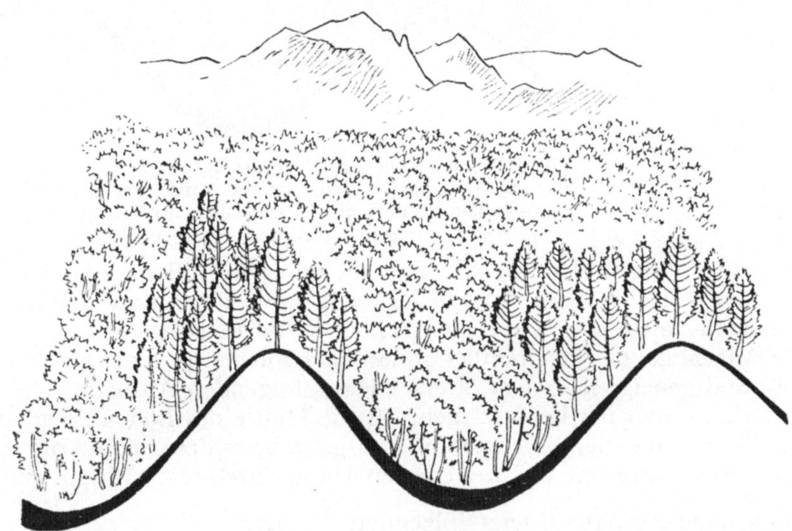

Reliefbedingt finden Grauerlenbestände auf bodenfeuchten Unterhängen beste Lebensbedingungen (Alnetum incanae superirrigatum), während Weißkiefern und Lärchenbestände die bodentrockenen Oberhänge und Rücken besiedeln.

mündet. Hier treten mit einem Male wieder Grauerlen auf und dort, wo der Wald niedergeschlagen ist, tritt an seine Stelle eine Naßwiese, die folgenden Aufbau zeigt:

Eriophorum angustifolium	3.2		*Cirsium palustre*	1.1
Prunella vulgaris	3.2		*Holcus lanatus*	+.2
Juncus effusus	2.2		*Chaerophyllum Cicutaria*	+
Carex flava	2.2		*Sieglingia decumbens*	+
Carex scabra (= Davalliana)	2.2		*Juncus articulatus*	+
Briza media	2.2		*Tofieldia calyculata*	+
Potentilla erecta	2.2		*Ranunculus acer*	+
Trifolium pratense	2.2		*Orchis maculata*	+
Valeriana dioica	2.2		*Lychnis Flos-cuculi*	+
Carex flacca	1.2		*Hieracium* sp.	+
Pinguicula vulgaris	1.2		*Caltha palustris*	+
Myosotis palustris	1.2		*Linum catharticum*	+
Lotus corniculatus	1.2		*Equisetum palustre*	+
Alnus incana	1.2			

Im Fichtenwald des Rückens, der unter einem bodensauren, bodentrockenen Lärchenwald hochgekommen ist, fehlen die bodenfeuchten krautigen Pflanzen des Grauerlenwaldes, während im Fichtenwald der Mulde die bodenfeuchten Arten hervortreten. Dafür fehlen hier die Arten des sauren trockenen Rohhumusbodens.

Im Sinne meiner Vegetationsentwicklungstypen stelle ich den Fichtenwald des Rückens zum „Laricetum acidiferens ∕ PICEETUM" und den Fichtenwald der Mulde zum „Alnetum incanae superirrigatum ∕ PICEETUM".

Wir wollen nun die Vegetationsverhältnisse auf den bodentrockenen Oberhängen und Rücken hier studieren. Auf trockenen, sonnig gelegenen Steilhängen in schneearmer Lage vermag die Heidelbeere nicht mehr so günstige Le-

Die Wuchsleistungen am Unterhang sind wesentlich besser als am Oberhang. Dem ist es zuzuschreiben, daß trotz wechselndem Relief mit seinen Ober- und Unterhängen die Baumkronen oft in einer Ebene liegen.

bensbedingungen zu finden wie die Besenheide, schon allein, weil sie an den Wasserhaushalt viel größere Ansprüche stellt und schneearme Lagen infolge Frostgefährdung nicht so gut ertragen kann wie die Besenheide.

Eine Aufnahme des Pflanzenbestandes einer solchen *Calluna*-Heide gibt auf einem 30⁰ Süd geneigten, freien, offenen Hang folgenden Aufbau:

Die *Calluna vulgaris* bedeckt mehr als die Hälfte des Bodens, begleitet von der Preißelbeere und dem Pfeilginster, der ganz besonders hervortritt und der gerade zu dieser Jahreszeit von weitem den Hang durch seine Blüten gelb färbt.

Eine genaue Aufnahme zeigt folgenden Aufbau:

Calluna vulgaris	4.5	*Antennaria dioica*	+.2
Genista sagittalis	3.4	*Larix decidua*	+
Vaccinium Vitis-idaea	3.2	*Thesium alpinum*	+
Nardus stricta	2.2	*Arnica montana*	+
Thymus „Serpyllum"	2.2	*Sieglingia decumbens*	+
Helianthemum ovatum	1.2	*Luzula multiflora*	+
Festuca rubra	1.2	*Platanthera bifolia*	+
Deschampsia flexuosa	1.2	*Viola canina*	+
Carex pilulifera	1.2	*Stellaria graminea*	+
Juniperus communis	1.2	*Briza media*	+
Picea excelsa	1.1	*Carlina acaulis*	+
Anthoxanthum odoratum	1.1	*Campanula rotundifolia*	+
Potentilla erecta	1.1	*Pimpinella saxifraga*	+
Galium austriacum	1.1	*Chrysanthemum Leucan-*	
Hieracium Pilosella	1.1	*themum*	+
Luzula albida	1.1	*Betula verrucosa*	+
Galium verum	1.1⁰	*Campanula barbata*	+
Silene nutans	+.2	*Gentiana Kochiana*	+
Veronica officinalis	+.2	*Veronica Chamaedrys*	+⁰

Im Sinne meiner Vegetationsentwicklungstypen stelle ich diesen Bestand zum „Laricetum acidiferens ↖ CALLUNETUM genistosum sagittalis"; also zur *Calluna*-Heide, die sekundär nach Kahlschlag des bodensauren Lärchenwaldes aufgekommen ist.

Wir haben also eine typische *Calluna*-Heide vor uns, eine *Calluna*-Heide, die ich wegen ihres gesellschaftlichen Zusammenlebens mit dem Pfeilginster als „Pfeilginster-reiche *Calluna*-Heide" bezeichnen möchte, eine *Calluna*-Heide, die

der Ausdruck eines trockenen, stark besonnten Rohhumusbodens in der
O b e r e n L a u b w a l d s t u l e ist. Wir sehen hier nicht die geringsten An-
zeichen dafür, daß dieser Boden das Niederschlagswasser in wesentlicher Menge
aufnehmen würde, um es tieferliegenden Bodenschichten zuzuführen. Im Gegenteil, der Boden ist durch den ungeregelten Weidetritt trotz seiner Steillage so
verdichtet, daß das Niederschlagswasser kaum in den Boden eindringen kann,
sondern oberflächlich abrinnt. Die ungeregelte Weidenutzung hat es bewirkt,
daß all die Sträucher, Stauden und Kräuter, die nicht gefressen werden können
und den sauren, trockenen Rohhumusboden ertragen, sich ausbreiten und daß
die anderen anspruchsvollen Arten, weil sie ja immer wieder gefressen werden,
zurückgegangen sind. Der Wacholder, die Silberdistel, der Pfeilginster, der
Bürstling und alle anderen Pflanzen, die sich hier ausbreiten, weil sie nicht gefressen werden, den Betritt ertragen und den Rohhumusboden in sonniger Lage,
all diese Pflanzen sind also der Ausdruck der starken Beweidung.

Wir wollen aber jetzt 20 m höher hinauf gehen, diesen Wald untersuchen
und seinen Aufbau studieren, um zu sehen, ob wir hier in diesem Walde von
der Wasserzügigkeit des Bodens etwas verspüren.

Nun stehen wir heroben, ebenfalls im südseitig geneigten Steilhang im
Fichtenwald. Aber wir finden keinen homogenen Vegetationsaufbau vor, denn
dort, wo die Bäume am dichtesten zusammenstehen und nur wenig Licht
hereinlassen, dort haben wir auf dem von Nadeln dicht überdeckten, braunen
Boden nicht die geringste Vegetation, weil der bei der Fichte tiefbeastete Wald
selbst in sonniger Lage zu sehr beschattet ist und weder Blüten- noch Moos-
pflanzen das erforderliche Licht finden. Aber dort, wo der Bestand nicht mehr
so dicht steht, dort ist der Boden von einer dichten Moosschicht bedeckt, in der
neben *Hylocomium splendens* und *Pleurozium Schreberi* insbesondere *Rhytidiadelphus triquetrus* in großen Herden stark hervortritt, so daß an Blütenpflanzen nur einige wenige Individuen von *Vaccinium Myrtillus, Luzula albida,
Deschampsia flexuosa* da und dort in den zusammenhängenden Moospolstern
wenig lebenskräftig auftreten, währenddem wir im schütteren Bestand bereits
eine moosreiche Heidelbeerflur antreffen, in der die Heidelbeere, *Vaccinium
Myrtillus,* und die Preißelbeere, *Vaccinium Vitis-idaea,* fast völlig den Boden
bedecken, der auch von einer dicht zusammenhängenden Moosdecke von
Pleurozium Schreberi, vergesellschaftet mit *Hylocomium splendens, Dicranum
scoparium, Rhytidiadelphus triqueter* und wenigen Teppichen von *Ptilium
crista-castrensis,* überzogen wird. *Rhytidiadelphus triqueter* aber bevorzugt die
stärker beschatteten Örtlichkeiten. Wir sehen also, daß dieser Vegetationsaufbau nicht nur vom Boden, sondern insbesondere von der Beschattung und von
der Bodenfrische abhängt. Wir würden uns aber sehr irren, wenn wir vermuten,
daß es sich hier bei den Moosen und bei den übrigen Pflanzen um den mangelnden Lichtfaktor handelt, denn wir wissen, daß auf dem Nordhang mit
seinem dicht geschlossenen Bestand, wo doch der Lichtfaktor viel geringer ist
als hier am steilgeneigten Südhang, die Moose prächtig gedeihen, weil ihnen
dort hinreichend Feuchtigkeit zur Verfügung steht.

Wir würden hier also völlig falsch schließen, wenn wir uns zu der Annahme verleiten ließen, daß diese mosaikartige Verteilung der Vegetation nach
dem Grade der Beschattung nur von dieser abhängt.

Die Heidelbeere kommt hier in der Lichtung vor, weil hier dem Boden
viel mehr Feuchtigkeit zur Verfügung steht, denn hier bleibt der Schnee zuerst
liegen und bedeckt zumeist den noch ungefrorenen Boden. Hier hält die Schnee-

decke wintersüber warm und feucht, weil der warme Boden den Schnee von unten auftaut. Im dichten Bestande dagegen wird der Schnee von den Kronen aufgehalten und der Boden wird meist vom Schnee erst zugedeckt, wenn er schon gefroren ist, eine dicke Nadelstreu versauert den Boden und bildet Trockentorf, auch kommt weniger Regen auf den Boden und das Bodenleben besitzt somit ungünstigere Voraussetzungen.

Wir ersehen also daraus, daß auch die Bodenfeuchtigkeit hier eine große Rolle spielt und finden unsere Bestätigung darin, daß z. B. auf Nordhängen, wo also von Haus aus viel mehr Schatten vorhanden ist, moosreiche und heidelbeerreiche Bestände im räumdigen Bestande auftreten.

Fassen wir also bezüglich des sonnigen Hanges zusammen, was einerseits über den vegetationslosen Boden im dichten Bestand, andererseits über die Heidelbeerflur in der Blöße gesagt wurde, so finden wir:

<table>
<tr><td>

Vegetationsloser Boden unter dem geschlossenen Bestand:

</td><td>

Heidelbeerflur in einer kleinen Blöße:

</td></tr>
<tr><td>

1. Schnee bleibt in den Kronen liegen und Boden bleibt aper.
2. Boden wird meist vom Schnee zugedeckt, wenn er schon gefroren ist.
3. Boden bleibt daher wintersüber gefroren, trocken.
4. Boden bleibt daher wintersüber untätig.
5. Boden bekommt hier mehr Nadelstreu und daher Voraussetzung zum Trockentorf.
6. Boden bekommt von den Kronen weniger Schnee und Wasser.
7. Boden bekommt weniger Flugstaub zugeführt.
8. Boden bekommt weniger Wärme.

9. Boden bekommt sehr wenig Licht.

</td><td>

1. Schnee bleibt sehr bald liegen und bedeckt den ungefrorenen Boden.
2. Boden bleibt daher wintersüber warm.
3. Boden bleibt daher wintersüber feucht.
4. Boden bleibt daher wintersüber tätig.
5. Boden bekommt hier weniger saure Nadelstreu.

6. Boden bekommt von den Kronen zusätzlich Schnee und Wasser.
7. Boden bekommt von dem Flugstaub mehr Nährstoffe zugeführt.
8. Boden bekommt mehr Wärme, aber nicht zuviel.
9. Boden bekommt hinreichend Licht, aber nicht zuviel.

</td></tr>
</table>

Diese Gegenüberstellung gilt aber nur für solche Waldstellen, wo die Kronen nicht mit ihren Ästen ganz auf den Boden reichen, denn dort, wo die Kronen den Boden völlig bedecken, dort besitzt der Boden ein ausgeglicheneres, für das Leben der Pflanzen günstiges Klima, was wir immer wieder im Kampfgürtel des Waldes feststellen können, wenn wir die bis auf den Boden reichenden Äste aufheben und mit Erstaunen feststellen, welch reiches, anspruchsvolles Pflanzenleben dort gedeiht.

Es fragt sich nun, wie es möglich ist, daß hier in diesem schütteren Bestand nur eine so armselige Heidelbeerflur den Boden bedeckt, bzw. eine dürftige Moosvegetation oder überhaupt jede Vegetation zurücktritt. Die Erklärung hiefür finden wir in der Vernichtung des günstigen Wasser- und Nährstoffhaushaltes durch die Streunutzung, die hier allenthalben betrieben wird. Hätte die Streunutzung den Waldboden nicht so herabgewirtschaftet, so hätte er ein günstiges Bodenleben und damit die Voraussetzung für einen kräuterreichen Wuchs selbst auf dem ursprünglich trockenen Boden. Wir würden also in diesem Falle keinen reinen Fichtenwald, sondern einen Laubmischwald antreffen, der sich da und dort unter sonst gleichen Bedingungen gehalten hat, einen Laubmischwald, in dem der Bergahorn ganz besonders hervortritt, und der Boden wäre so tätig, daß er auch Schatten ertragenden Kräutern Lebensbedingungen bieten könnte und er hätte einen guten Wasser- und Nährstoffhaushalt. Dies sehen wir ja insbesondere daran, daß unter den gleichen Vegetationsbedingungen die Landwirtschaft es zustande gebracht hat, in dieser Hochlage noch prächtigen Winterweizen zu bauen und Gold- und Glatthaferwiesen anzulegen, wie wir sie kaum im Tale antreffen. So ist der Ertrag des Winterweizenfeldes bei einer Ansaatmenge von 160—170 kg/ha 18 (—19) mq/ha hoch. Der durchschnittliche Ertrag der Wechselwiesen kommt bei dreimaliger Mahd auf 75—85 mq/ha, während dort, wo der Wald durch Streunutzung herabgewirtschaftet worden ist, hernach nur eine armselige *Calluna*-Heide den Boden besiedeln konnte, die von Jahr zu Jahr immer schlechter wird, weil ja, wie ich vorhin aufgezeigt habe, die Weide die Vegetation negativ ausgelesen hat und der Boden durch den Betritt den Wasser- und Nährstoffhaushalt verloren hat.

Wir müssen uns immer darüber im klaren sein, daß eine anspruchsvolle Vegetation einen günstigen Wasser-, Nährstoff-, Licht- und Wärmehaushalt haben muß und daß sich sofort Rohhumus bildet, wenn einer dieser Faktoren im Minimum auftritt, weil es sich ja um lebenswichtige Faktoren handelt, die durch andere Faktoren nicht ersetzt werden können. Das den Bestandesabfall verarbeitende Bodenleben ist insbesondere auf Wasser, Bodenluft und Wärme angewiesen.

Haben wir gesehen, daß am sonnigen Steilhang der vom Menschen begünstigte Nadelwald niedergeschlagen und der Boden intensiv beweidet wurde, sich eine Pfeilginster-reiche *Calluna*-Heide gebildet hat, in der durch die negative Auslese der ungeregelten Weide insbesondere der Bürstlingrasen sich immer mehr und mehr ausbreitet, so sehen wir hier innerhalb der Umzäunung auf den Umkehren, wo die landwirtschaftlichen Geräte, Pflug, Egge, Walze und die Wagen aller Art umkehren und der Boden daher nicht gedüngt, wohl aber gemäht und im Herbst beweidet wird, einen minderen Magerrasen, in dem ebenfalls die Besen-Heide, der Quendel, der Pfeilginster, die Arnika und die anderen Arten, die wir vorhin in der *Calluna*-Heide angetroffen haben, hervortreten, daneben aber noch eine ganze Reihe von anderen Arten. Eine Bestandesaufnahme ergab folgenden Aufbau:

Calluna vulgaris	3.3	*Carex pilulifera*	1.2
Genista sagittalis	3.3	*Galium pumilum*	1.1
Deschampsia flexuosa	3.2	*Phyteuma Zahlbruckneri*	1.1
Arnica montana	2.2	*Briza media*	1.1
Potentilla erecta	2.2	*Gentiana Kochiana*	1.1
Polygala alpestris	1.2	*Hieracium Pilosella*	1.1
Festuca rubra	1.2	*Silene nutans*	+.2
Campanula rotundifolia	1.2	*Holcus lanatus*	+.2
Anthoxanthum odoratum	1.2	*Plantago lanceolata*	+.2
Luzula multiflora	1.2	*Vaccinium Myrtillus*	+.2
Nardus stricta	1.2	*Luzula albida*	+.2
Viola canina	1.2	*Trifolium pratense*	+.2

Veronica officinalis	+.2	*Hypericum maculatum*	+
Thymus „Serpyllum"	+.2	*Chrysanthemum Leucan-*	
Campanula barbata	+	*themum*	+
Sieglingia decumbens	+	*Veronica Chamaedrys*	+
Carlina acaulis	+	*Rumex Acetosella*	+
Galium vernum	+	*Solidago Virgaurea*	+
Achillea Millefolium	+		

Wir haben also hier fast die ganz gleichen Arten wie in der Pfeilginster-reichen *Calluna*-Heide, aber sie treten hier in einem völlig verschiedenen Mengenverhältnis, begünstigt durch die Mahd, hervor, in dem die *Calluna*, die Heidelbeere und alle anderen Arten, die die Mahd nicht ertragen können, zurückgegangen sind, dafür aber die Gräser sich bedeutend mehr ausgebreitet haben. Wie aus dem großen Anteil der azidiphilen Arten hervorgeht, ist auch der Boden hier völlig versauert. Was aber die Landwirtschaft aus demselben Boden durch Hebung der physikalischen und chemischen Bodenverhältnisse durch Düngung und Bodenbearbeitung erreichen kann, zeigt folgende Auf-nahme des angrenzenden Glatthaferbestandes unter gleichen Verhältnissen der Bodenneigung und Himmelslage. Dieser Bestand wurde vor drei Jahren in Wechselwirtschaft nach einem Kartoffelfeld so gegründet, daß zugleich mit dem Weizen eine Klee- und Glatthafer-Goldhafer-Samenmischung ausgesät wurde.

Der Glatthafer tritt unter den Obergräsern, dem Goldhafer und dem Knaul-gras herrschend hervor. Der Unterwuchs ist geschlossen vom hochwachsenden Rotklee bedeckt. Die Aufnahme egibt folgendes Bild:

Trifolium pratense	5.5	*Rumex Acetosella*	+
Arrhenatherum elatius	4.4	*Veronica serpyllifolia*	+
Trisetum flavescens	3.3	*Chrysanthemum Leucan-*	
Dactylis glomerata	3.3	*themum*	+
Holcus lanatus	2.2	*Campanula patula*	+
Trifolium repens	1.2	*Hypericum humifusum*	+
Stellaria graminea	1.1	*Poa trivialis*	+
Echium vulgare	+	*Trifolium campestre*	+

Im Sinne meiner Vegetationsentwicklungstypen stelle ich diesen Wiesen-bestand zum „Aceretum Pseudoplatani ⟍ ARRHENATHERETUM elatioris trifoliosum pratensis", also zur Glatthaferwiese, die an Stelle eines Bergahorn-waldes wächst.

Es ist geradezu zum Staunen, wie es der Bauer verstanden hat, völlig un-krautfrei in über 1300 m Seehöhe am sonnigen Steilhang, umgeben von Ahorn-buschwald und von Fichtenwald, einen so prächtigen Glatthaferwiesenbestand aufzubringen. Die Bodenlockerung erfolgte seinerzeit schon durch den Kar-toffelanbau und durch die Aufackerung vor der Saat, aber insbesondere auch durch die Kalkung mit 1000 kg/ha. Der Nährstoffreichtum wurde durch die zweimalige Stallmistdüngung vor Kartoffelbau und vor der Einsaat ins Winter-getreide und durch eine Gabe von 500 kg Thomasmehl und 300 kg Kalisalz erreicht. Wenn auch wenige azidiphile Arten, insbesondere *Rumex Acetosella*, da und dort noch auftreten, so doch in so geringem Ausmaße, daß es praktisch gar nicht in Frage kommt.

Die Auflockerung des Bodens, die Entsäuerung im Verein mit der N- und PK-Düngung hat hier einen prächtigen Glatthafer-Goldhaferwiesenbestand, dort einen Weizenacker hervorgebracht. Dagegen hat gleich daneben, wo der durch Streunutzung versauerte Boden es dem Fichtenwald ermöglichte, in die tieferliegende Bergahornstufe herabzusteigen, die Kahlschlag- und extensive Weidewirtschaft eine armselige *Calluna*-Heide herbeigeführt, und kann dort, wo der Boden nicht ganzjährig niedergetreten wird, sondern erst im Herbst nach der Mahd beweidet wird, aber nicht physikalisch und chemisch durch Auflockerung und Düngung verbessert wurde, nur ein armseliger Magerrasen gedeihen. Interessant ist schließlich, daß an der Grenze zwischen zwei nachbarlichen Gründen Eiche, Bergahorn, Esche und Birke siedeln und manche anspruchsvolle Art in der Krautschicht aufkommt, die in den streugerechten Wäldern auf diesen ± trockenen Böden völlig zurücktritt wie *Athyrium Filix-femina, Dryopteris Filix-mas, Polystichum lobatum, Aquilegia vulgaris, Geranium Robertianum, Scrophularia nodosa, Galium Mollugo, Valeriana officinalis, Knautia dipsacifolia, Senecio Fuchsii, Poa nemoralis.*

Es versteht sich, daß heidelbeerreiche Fichtenwälder nicht nur durch Streunutzung, sondern auch durch Wechselwirtschaft mit Weidewirtschaft entstehen können. Dort wo man den Boden nicht düngt und in Raubwirtschaft vom Weidevieh betreten läßt, verdichtet sich der Boden und versauert. Die anspruchsvollen Arten werden nicht nur in zunehmendem Maße weggefressen, sondern müssen auch in diesem ungeregelten Weidebetrieb wegen Verdichtung des Bodens verschwinden. Wenn er sich wieder bewaldet, weil das Weidevieh keine Nahrung mehr findet, so kann nur ein schlechtwüchsiger, artenarmer, heidelbeerreicher Fichtenwald auf magerem Waldboden entstehen. Dies gilt jedoch nur für die von Haus aus sehr kalkarmen Böden, denn kalkreiche Böden können auch durch den Weidetritt nicht so verfestigt werden, also durch Verlieren ihres Porenvolumens luftarm werden.

Daraus ersehen wir klar, welch entscheidenden Einfluß auf den Gang der Bodenbildung und Vegetationsentwicklung das Relief nimmt. Es ist nicht immer leicht, den Gang der Vegetationsentwicklung richtig zu erfassen. So finden wir z. B. (am Westhang gegenüber H u b e r in Tassach) einen Fichtenwald an einem Rücken neben einem Fichtenwald in der benachbarten Mulde. In beiden kommen vereinzelt Grauerlen vor und man könnte annehmen, daß diese in beiden Fichtenwäldern Reste eines ehemals zusammenhängenden Grauerlenwaldes darstellen. Aus vergleichenden Untersuchungen zeigt es sich aber, daß der Fichtenwald am Rücken einen völlig trockenen Felsboden besiedelt, daß es sich hier um einen Wald handelt, der sich über einen Kiefern-Birken-Mischwald zum Fichtenwald entwickelt hat, während es sich in der Mulde um einen Hangboden handelt, der von Haus aus infolge seiner muldigen Lage am Unterhang zusätzlich von oben Zuschußwasser erhält, und daß hier die Vegetationsentwicklung über einen Erlenwald zum Fichtenwald erfolgte. In dem Fichtenwald am Rücken ist die Grauerle infolge einer Überproduktion von Samen aufgekommen und in der Mulde bildet sie zweifellos den Rest der ehemaligen Entwicklung. Wenn beide Grauerlenvorkommen geringe Lebenskraft zeigen, so ist dies darauf zurückzuführen, daß auf dem von Haus aus trockenen Rücken der ± trockene ± saure Humusboden der Grauerle nicht zusagt, während in der Mulde die Grauerle die starke Beschattung nicht ertragen kann.

Bei genauen Untersuchungen werden wir aber Differenzialarten kennenlernen, die uns die Unterscheidung der beiden Fichtenwälder gestatten, und wir sollten auch in der Bezeichnung dieser beiden Fichtenwälder einen Namen wählen, der der Bedeutung dieser Verschiedenheit gerecht wird, denn sie ist

von ganz besonderer praktischer Bedeutung. So wird z. B. nach Kahlschlagwirtschaft in der Mulde wieder die Erle und auf dem Rücken wieder die Birke
und Kiefer sekundär aufkommen.

Im Süden des untersten Bauernhauses in Wöllan ist ein Waldkopf, der
zum Unterschied von seiner Umgebung sehr viel Föhren im Fichtenwald besitzt. Wegen der nahen Lage zur Ortschaft ist hier seit Jahrhunderten der
Plaggenhieb durchgeführt worden und damit wurde ein ± nährstoffarmer und,
weil er auf der Kuppe liegt, auch trockener Rohhumusboden geschaffen. Wir
wollen nun am Südhang einen ± flach geneigten Boden, einen Steilhang und
dann den Nordhang aufsuchen und den Aufbau dieser Wälder studieren und
mit den angrenzenden Wiesen vergleichen. Der Bestand am flach nach Süden
geneigten Hang ist nur schütter von Fichten, Kiefern und Lärchen besiedelt.
Die Wurzeln der Fichten kriechen ganz flach über den Boden dahin, weil er
ihnen in größeren Tiefen nicht zusagt. Die Bäume sind durchschnittlich zwan-
zig Meter hoch und bedecken nur die Hälfte des Bodens. In der Strauchschicht
treten nur vereinzelte Fichten und Wachholder auf, von denen letzterer in größeren Horsten zusammensteht. In der Zwergstrauchschicht bedeckt die Heidelbeere den Boden fast völlig, nur wenige Stellen freilassend und von vereinzelten
Preißelbeerhorsten begleitet.

In diesen wenigen von der Heidelbeere freigelassenen Stellen wächst wenig
lebenskräftig die *Calluna* in vereinzelten Horsten, begleitet von ganz wenigen
Adlerfarnen, Rasenschmielen und der weißlichen Hainsimse. In der Moosschicht treten *Rhytidium rugosum* und *Dicranum undulatum* hervor, den
Boden gemeinsam fast völlig bedeckend, begleitet von wenigen Teppichen von
Pleurozium Schreberi und *Rhytidiadelphus triquetrus,* von denen letzterer die
schattigeren Stellen im Schutze des Unterwuchses bevorzugt.

Aus vergleichenden Untersuchungen und Feststellungen über die Auswirkungen des Plaggenhiebes in den letzten Jahrhunderten erfahren wir, daß dieser heidelbeerreiche Fichten-Weißkiefern-Mischwald sich aus einem *Calluna*-
reichen Kiefernwald entwickelt hat. Der Plaggenhieb hat die Vegetationsschicht
immer wieder abgehoben, so daß nach Kahlschlag der völlig tote, von keiner
das Niederschlagswasser haltenden Moosschicht bedeckte Boden hier auf dem
Südhang nicht von der Fichte, die an den Wasserhaushalt immerhin schon
einige Anforderungen stellt, sondern von der Kiefer besiedelt wurde. Den trok-
kenen, sonnbeschienenen Boden konnte aber vorerst nicht die Heidelbeere, sondern nur die Preißelbeere und die *Calluna* besiedeln. Im Zuge des Heranwach-
sens der Kiefern wurde der Boden immer beschatteter und damit wurde schon
verschiedenen Moosen und Flechten die Möglichkeit gegeben, in der Zwergstrauchschicht des Kiefernwaldes aufzukommen. Den anspruchsloseren Moosen
folgten anspruchsvollere, weil sie in zunehmendem Maße von den aufwach-
senden Kiefern Beschattung erhielten und schon konnte da und dort an besonders begünstigten Stellen die Heidelbeere aufkommen. Im Zuge dieser Entwicklung vom *Calluna*-reichen, moosarmen, zum *Calluna*-reichen, moosreichen
Kiefernwald und weiter zum heidelbeerreichen Kiefernwald konnte die Heidelbeere, die an den Wasserhaushalt erheblich größere Anforderungen stellt als die
Preißelbeere und Besenheide, sich ausbreiten und an Lebenskraft gewinnen,
und die Preißelbeere und *Calluna,* die den zuerst trockenen moosarmen Boden
besiedelt hatten, wurden verdrängt. Die Kiefern sind inzwischen zur Mannbar-
keit herangewachsen und haben den Boden mit Kiefernsamen übersät. Diese
konnten da und dort aufkommen, aber nicht heranwachsen, weil sie als licht-

liebendes Nadelholz die Beschattung selbst unter ihren Mutterbäumen nicht
ertragen können. Wohl aber kamen junge Fichten, deren Samen von der weiteren Umgebung angeweht wurden, hier auf und wuchsen heran zu einem Wald,
in dem die Kiefer den Hauptbestand und die Fichten den Zwischenbestand bil-
deten. Die Fichten können die Beschattung viel besser ertragen als die Kiefern
und können sogar hier in den Hauptbestand hereinwachsen und das Bestandesbild zeigen, das wir hier angetroffen haben. Allerdings hat inzwischen der
Plaggenhieb wiederholt die Vegetationsschicht weggenommen und hat damit
wiederholt im Unterwuchs die Vegetationsentwicklung von der moosarmen zur
moosreichen *Calluna*-Preißelbeerheide und weiter zum heidelbeerreichen Bestand, wie wir ihn hier angetroffen haben, ermöglicht. Jetzt verstehen wir,
warum hier in der Heidelbeerheide da und dort noch wenig lebenskräftige
Calluna-Teppiche, von der Heidelbeerheide stellenweise fast schon überwachsen, sich vorfinden. Sie sind Reste einer ehemals zusammenhängenden
Calluna-Heide.

Wie wollen wir aber die Erkenntnisse, die wir hier an Ort und Stelle durch
Umfragen und vergleichende Untersuchungen gewonnen haben, weiter vermit-
teln, wenn wir nicht einmal wissen, wie wir diese Waldgesellschaft, die ihren
Aufbau auf dem trockenen Silikatboden insbesondere dem Plaggenhieb verdankt, benennen? Charakterarten im Sinne B r a u n - B l a n q u e t 's sind hier
nicht vorhanden, denn alle diese Arten, die wir hier angetroffen haben, treffen
wir auch in allen möglichen Nadelwäldern und Zwergstrauchheiden. Hier
scheint mir die Benennung nach den einzelnen Schichten und dem Dominieren
der einzelnen Arten in diesen Schichten ein gangbarer Weg zu sein. Wir können hier also sprechen von einem *Pinus silvestris - Picea excelsa - Vaccinium
Mytillus - Rhytidium rugosum - Dicranum undulatum* - Wald.

Nun aber ergibt sich eine Schwierigkeit, die gerade für uns von großer Bedeutung ist, nämlich die Klärung der Frage, welcher Höhenstufe dieser Wald
angehört. Diese Frage ist darum so wichtig, weil wir diesen Wald nicht nur in
der oberen Eichenstufe und in der Buchenstufe, sondern auch in der Fichtenstufe antreffen und weil wir doch aus forstlichen Gründen wissen müssen, welcher Stufe dieser Wald angehört. Ich habe es in der Praxis immer am zweck-
mäßigsten befunden, einfach an den Namen der Waldgesellschaft die Höhenstufe anzufügen.

Aus Untersuchungen in der Umgebung und aus waldhistorischen Untersuchungen habe ich festgestellt, daß dieser Wald in der Unteren Buchenstufe
liegt, und wir können daher hier einfach an den Namen der Waldgesellschaft
hinzusetzen „der Unteren Buchenstufe", also der Waldstufe, in der die wärme-
liebenden Holzarten und die Rotbuche vorkommen.

Wir wollen nun einmal die nächste Umgebung in gleicher Himmelslage
dort untersuchen, wo der Plaggenhieb nicht den Boden so vernichtet hat, und
dort, wo in offener Lage die Beschattung nicht so wie im Wald alle möglichen
Arten verdrängt. Da schließt an unsern Wald schon eine Ackerfläche an, die
von einem Zaun eingehegt ist. Hier hielten sich eine ganze Menge von Arten,
die an die Bodengüte und an das Licht größere Anforderungen stellen. Da finden wir unter den Sträuchern und Bäumen insbesondere die Haselnuß, die
Eiche, den Bergahorn, den Einkern-Weißdorn, die Linde, die Kirsche und den
Birnbaum, also Gehölze, die wir in der klimatisch bedingten Fichtenstufe wohl
nicht mehr antreffen, weil sie das rauhe Klima und die Spätfröste dieses Klimas
nicht ertragen können. Auch im Unterwuchs treten eine ganze Menge von

Arten hervor, die nicht in die klimatisch bedingte Nadelwaldstufe hinauf-
reichen, so inbesondere *Platanthera bifolia, Phyteuma Zahlbruckneri, Genista
tinctoria, Lychnis Flos-cuculi* und vor allem auch der prächtige Weizen des angrenzenden Ackers, der niemals und schon gar nicht in solcher Lebenskraft in
die klimatisch bedingte Nadelwaldstufe hineinreicht.

Wir befinden uns in dem Klimagebiet, wo die Buche gegen das kontinen-
tale, zentralalpine Alpeninnere auskeilt. Finden sich doch in allernächster Nähe
von hier zusammenhängende Buchenwälder am Amberg, auf der Görlitze am
Südhang bis 1500 m, am Nordhang bis ober dem Bauer B a d e r und liegt
doch über dem Arriachgraben am Westhang der Görlitze in der gleichen Höhe
die Ortschaft Buchholz. Wenn nun die Buche hier im Gebiet von Wöllan nicht
mehr vorkommt, der Bergahorn und die Eiche auch stark zurücktreten, so findet diese Erscheinung ihre Erklärung darin, daß diese Holzarten sehr anspruchs-
voll sind, speziell hier an der klimatischen Grenze ihres Verbreitungsgebietes,
daß sie daher hier an die Bodengüte ganz besondere Ansprüche stellen und
folglich sofort zurückgehen, wenn ihnen durch Raubwirtschaft der anspruchsvolle Lebenshaushalt genommen wird.

Überdies wird solchen Holzarten, die an und für sich im Rückgang begriffen sind, ganz besonders nachgestellt. Genau so wie die Kinder vom Christ-
baum die besseren Süßigkeiten zuerst herabnehmen und zum Schluß die weniger
guten bzw. die überhaupt nicht verwertbaren zurückbleiben, genau so wie im
extensiven Weidebetrieb das Weidevieh die besseren Gräser und Kräuter, die
ihm zusagen, zuerst wegfrißt und in zunehmendem Maße jene übrigbleiben, die
nicht gefressen werden, genau so gehen in zunehmendem Maße die besonders
wertvollen Holzarten zurück, die nicht mehr so leicht heranwachsen können.

Wir müssen also aus dem Vergleich mit anderen Gebieten annehmen, daß
auch hier im Zuge der Bodenbildung und Vegetationsentwicklung an solchen
Stellen, wo im Fichtenmischwald der Boden gut geworden ist, wo der Rohhumus schon einigermaßen in Mullboden übergeführt wurde, der Bergahorn
und die Buche aufkommt und daß das Schlußglied der Bodenbildung und
Vegetationsentwicklung hier in dieser Höhe unter diesen Bodenverhältnissen
und klimatischen Bedingungen ein Rotbuchen-Tannen-Fichten-Mischwald ist
und daß überall dort, wo dieser Wald geschlagen wird, auch die Eiche aufkommen kann. Wir dürfen nicht vergessen, daß wir hier nur wenig über 1200 m
sind, daß der Bergahorn, die Rotbuche und die Tanne in gleicher Hanglage
und in gleichen Oberhangverhältnissen bis 1500 m hinaufgehen. Der Same
kann immer wieder herankommen, weil Rotbuche, Tanne, Eiche und Bergahorn immer wieder da und dort noch Refugien besitzen, wo sie der Mensch
nicht verdrängt hat. Diese Erkenntnis ist uns darum sehr wichtig, damit wir
wissen, wann und wo wir gegebenenfalls diese wertvollen Nutzhölzer, Bergahorn, Eiche, Tanne und eventuell auch Buche, einbringen können. Die Eiche
kommt im Zuge der sekundären Vegetationsentwicklung vom *Calluna*-reichen
Kiefernwald über den heidelbeerreichen Fichtenmischwald zum Bergahorn-
Rotbuchen-Tannen-Fichten-Mischwald nicht auf, weil sie die Beschattung von
Fichte und Bergahorn nicht ertragen kann, wenn der Boden gut geworden ist,
aber den Rohhumusboden nicht ertragen kann, wenn der Boden und der Bestand sich noch nicht so weit entwickelt hat, dafür aber hinreichend Licht vorhanden wäre. Die Eiche kann höchstens dann aufkommen, wenn der Boden
schon besser geworden ist und ein Windbruch ein großes Loch in den Wald
gerissen und damit Licht in den Bestand gebracht hat.

Haben wir nun gesehen, wie am Südhang die Vegetationsentwicklung auf
Böden, denen die Vegetationsdecke durch Plaggenhieb immer wieder genommen wurde, vor sich geht, so wollen wir jetzt in der gleichen Höhen-, Hang-
und Himmelslage feststellen, wie die Vegetationsentwicklung verläuft, wenn
der Wald, den wir oben beschrieben, niedergeschlagen und beweidet* wird.
Durch die plötzliche Freistellung können nun alle möglichen Arten, die den
Rohhumusboden ertragen können und im Wald schon vorhanden waren, sich
ausbreiten. Neue Arten kommen hinzu, während wieder andere Arten zurückgehen. So breiten sich die Rasenschmiele und die weißliche Hainsimse, die im
geschlossenen Bestand nur ganz vereinzelt vorgekommen sind, immer mehr aus,
es kommen neue hinzu, wie *Carex pilulifera, Sieglingia decumbens, Antho-
xanthum odoratum, Nardus stricta, Melampyrum pratense, Genista sagittalis,
Phyteuma Zahlbruckneri, Potentilla erecta, Leucorchis (Gymnadenia) albida,
Festuca rubra, Pteridium aquilinum* und *Crataegus monogyna*, während die
Heidelbeere im selben Maße zurückgeht, als sich die Besenheide und die
Preißelbeere, die die Besonnung sehr gut ertragen können, ausbreiten. In der
Moosschicht tritt insbesondere *Polytrichum juniperinum*, das die Trockenheit
besser ertragen kann, neu hinzu, während die anspruchsvolleren Moose ihre
Lebenskraft bereits verloren haben und im Zurückgehen begriffen sind. Da in
diesem Weideverwüstungsstadium besonders jene Arten hervortreten, die
nicht gefressen werden, wie *Genista sagittalis, Nardus stricta, Pteridium aquilinum, Juniperus communis, Crataegus monogyna,* und diese Zwergstrauchheide
auch keine charakteristischen Arten enthält, können wir diese *Calluna*-Heide
vielleicht am besten als *Calluna vulgaris - Vaccinium Vitis-idaea - Vaccinium
Myrtillus* -Weideverwüstungsstadium obiger Waldgesellschaft benennen. Wir müssen sie irgendwie nennen, wenn wir von dieser *Calluna*-Heide sprechen wollen.
Im Sinne B r a u n - B l a n q u e t ' s handelt es sich hier um keine Assoziation,
weil ja die Charakterarten fehlen, und so ist es am besten, wenn wir in diesem
Falle von dem *Calluna vulgaris - Vaccinium Vitis-idaea - Vaccinium Myrtillus -*
Weideverwüstungsstadium, in einem andern Fall nur vom *Calluna vulgaris-*
Weideverwüstungsstadium und wieder in einem andern Falle vom *Nardus-
stricta*-Weideverwüstungsstadium obiger Assoziation sprechen.

Die vorher beschriebene Waldgesellschaft, die wir im Sinne der fenno-skandinavischen Schule dem „*Pinus silvestris - Picea excelsa - Vaccinium Myrtillus -
Vaccinium Vitis-idaea - Rhytidium rugosum - Dicranum undulatum* -Wald der
Unteren Buchenstufe" genannt haben, ist darum so wichtig, weil diese Waldverwüstungsstadien auch aus anderen Waldgesellschaften anderer Höhenstufen
entstehen können, dann aber in wirtschaftlicher Hinsicht völlig anders behandelt werden müssen.

Wir wollen nun vernachlässigte Weiden der Umgebung aufsuchen, wo die
Verwüstung schon längere Zeit zurückreicht und wo die Vegetation zu *Calluna-*
bzw. *Nardus stricta*-Weideverwüstungsstadien herabgewirtschaftet wurde. Gleich
an das soeben besprochene Weideverwüstungsstadium anschließend auf einem
leicht geneigten Hang finden wir eine solche *Calluna*-Heide, in der die Heidelbeere bis auf vereinzelte, wenig lebenskräftige kleine Horste bereits zurücktritt,
aber mit der Preißelbeere vergesellschaftet ist. Hier liegt der Boden schon viel
längere Zeit offen und wird auch schon viel längere Zeit beweidet. Auch hier
treten *Genista sagittalis* und all die Arten, die wir vorhin festgestellt haben,
wie *Festuca rubra, Potentilla erecta, Luzula albida, Carex pilulifera* und
Melampyrum pratense, aber viel mehr den Boden bedeckend, hervor und wie-

der sind neue Arten hinzugekommen, welche vom Weidevieh nicht gefressen werden, so insbesondere *Hypericum maculatum,* und der Wacholder hat sich hier ganz besonders ausgebreitet. In der Moosschicht sind die anspruchsvollen Moose noch weiter zurückgegangen und *Polytrichum juniperinum* hat sich noch weiter ausgebreitet. Eine weitere Verarmung des Bodens ist eingetreten, und auch Arten, die die Trockenheit des Bodens besonders gut ertragen können, wie *Helianthemum ovatum,* sind hinzugekommen.

Daneben, wo der Boden flacher ist und das Weidevieh den Boden noch mehr betreten kann, wo also nicht nur die dem Weidevieh besser schmeckenden Pflanzen ausgelesen werden, sondern wo auch der Boden fest niedergetreten und somit luftarm wird und sein Porenvolumen verliert, dort sind die Moose bis auf wenig lebenskräftige Horste zurückgegangen und dafür hat sich ein neues Moos ausgebreitet, das die Trockenheit sehr gut ertragen kann, *Thuidium abietinum.* Auch hier bedeckt *Calluna vulgaris,* wenn auch in geringer Lebenskraft, noch völlig den Boden, begleitet von großen, zusammenhängenden Horsten von Färberginster, *Genista tinctoria,* Pfeilginster, *Genista sagittalis,* und Zwergsträuchern, die die Trockenheit des Bodens besonders gut ertragen können, wie *Helianthemum ovatum, Thymus „Serpyllum"* und den beiden den Betritt des Bodens ebenso gut ertragenden Wegericharten, *Plantago media* und *P. lanceolata,* neben den vielen, vielen kleinen Horsten des Bürstlings, *Nardus stricta,* die da und dort zu größeren Horden geradezu zusammenfließen. Gleich nebenan haben wir schon Stellen, in denen der Bürstling, *Nardus stricta,* schon mehr den Boden bedeckt als die *Calluna*-Heide mit ihren Begleitern, ja Stellen, wo er bereits so herrscht, daß wir hier nicht mehr von einer *Calluna*-Heide, sondern nur mehr von einem Bürstlingsrasen sprechen können. Diese Fläche ist voll bedeckt von Borstgrasbürsten, die das Weidevieh wohl ausgerissen, aber nicht gefressen hat. Und wenn wir uns diesen Bürstlingsrasen genau ansehen, so finden wir fast alle Arten, die wir vorhin auch in der *Calluna*-Heide angetroffen haben, wenn auch in geringerer Lebenskraft und auch an Häufigkeit ihres Vorkommens und in der Bodenbedeckung zurücktretend. Daneben finden wir aber auch hier wieder eine ganze Reihe von Arten, die wir noch nicht angetroffen haben, bzw. die hier stärker hervortreten, so *Veronica officinalis, Hieracium Pilosella, Antennaria dioica,* also alles Arten, die die Trockenheit und den Betritt gut ertragen können. Fassen wir das Gesehene zusammen, so haben wir folgendes erfahren:

Hier in dem Gebiete, wo die Vegetationsentwicklung zu einem anspruchsvollen Laubmischwald von Bergahorn, Tanne und Fichte, ja sogar zum Rotbuchen-Tannen-Mischwald führen könnte, ist der Waldboden durch den Plaggenhieb so herabgewirtschaftet, daß er nur mehr einem armseligen *Calluna-* reichen Weißkiefernwald Lebensbedingungen bieten könnte. Dieser Wald würde sich früher oder später über einen heidelbeerreichen Fichtenmischwald zum Bergahorn-Mischwald, ja weiter zum Rotbuchen-Tannen-Fichten-Mischwald entwickeln. Jedoch unterbleibt diese Entwicklung, weil sie immer wieder durch den die Nährstoffe des Bodens raubenden Plaggenhieb aufgehalten wird.

Wo aber der Mensch diesen Wald niedergeschlagen hat, da breitet sich, wie wir gesehen haben, hier in der sonnigen Lage die *Calluna*-Heide aus und diese erhält, wenn der Boden der Bewaldung entzogen und der ungeregelt betriebenen Weide zugeführt wird, durch die bekannte negative Auslese des Weideverbisses (Ausbreitung der nichtgefressenen Arten) eine bestimmte Zusammensetzung, die wir als Weideverwüstungsstadium der *Calluna*-Heide dieser Waldgesellschaft bezeichnen können; die maximale Verwüstung des Bodens durch Beweidung und Weidetritt führt zum Bürstlingsrasen, in welchem *Nardus stricta* umso mehr die Vorherrschaft gewinnt, je mehr der Boden vom Weidevieh ungeregelt ausgeraubt wird.

Die Heidelbeere und ihre Begleiter ertragen nährstoffarmen Boden, stellen aber an die Bodenfrische und Luftfeuchtigkeit doch einige Anforderungen. Die *Calluna* und ihre Begleiter ertragen ebenfalls nährstoffarmen Boden, stellen aber an die Bodenfrische und Luftfeuchtigkeit viel geringere Ansprüche als die Heidelbeere. Schließlich erträgt der Bürstlingsrasen auch nährstoffarmen Boden, kann aber zusätzlich noch den starken Betritt und die Luftarmut im Boden ertragen.

Hier müssen wir aber eine Frage aufgreifen, die uns für die Wirtschaft ganz lebenswichtig erscheint, denn in zunehmendem Maße erfahren wir, daß dem Bergbauer hier maßgeblich geholfen wird. Hier wird ihm ein Güterweg, dort eine Seilbahn und wieder dort ein Silo, ein neuer Stall gebaut, aber die eigentliche Grundlage zur Hebung der Fett- und Fleischproduktion, die Grünlandwirtschaft, die wird noch viel zu wenig gehoben. Haben wir nebenan gesehen, daß ein Seilaufzug auf den Unterhang einer völlig vernäßten Wiese führt, ohne daß diese Wiese entwässert wird, haben wir daneben gesehen, daß eine Düngeranlage noch nicht so ausgebaut wurde, daß die reichlichen Düngermassen nicht nur völlig umsonst abfließen, sondern noch dazu den darunter liegenden Boden mit Stickstoff überdüngen und ihm damit den guten Wiesenbestand nehmen, so sehen wir hier, daß wohl da und dort ein Wald niedergeschlagen und sein Boden der Weidewirtschaft überantwortet wurde, daß die Weidewirtschaft aber nichts unternommen hat, um den an und für sich versauerten Boden so zu verbessern und zu pflegen, daß er die Grundlage für eine ordentliche Grünlandwirtschaft bildet. Es ist erschütternd, wenn wir hier diesen tiefgründigen Boden die *Calluna*-Heide, die Heidelbeerheide, die Färberginsterheide und die Wacholderheide mosaikartig bedecken sehen, und nichts ist leichter als hier in dieser Höhe auf diesem flachgeneigten, tiefgründigen, sonnigen Hang ein besseres Grünland zu schaffen, denn kennen wir die Lebensbedingnisse der Pflanzen, die sich hier zu Gesellschaften zusammengefunden haben, und die Lebensbedingnisse der Kulturgewächse, so können wir uns in unseren Maßnahmen nicht irren. Hier ersehen wir, daß der Boden durch den lang andauernden Weidetritt so verfestigt ist, daß er den Niederschlag nur schwer aufnehmen kann, und selbst wenn er ihn aufnimmt, ihn kapillar sofort wieder verdunstet. Hier ist der Boden so versauert und so nährstoffarm, daß nur solche Arten, die diesen Boden ertragen, sich ausbreiten können. Ist es denn notwendig, daß hier auf diesem tiefgründigen, lehmigen Boden in einem Gebiet mit über 1400 Millimeter Niederschlag so viele Xerophyten, wie *Thymus „Serpyllum“*, *Helianthemum ovatum* und wie sie alle heißen, aufkommen? Was nützt der hohe Niederschlag, wenn er nicht in den Boden eindringen kann? Hier gibt es nur einen Weg, der zum Ziele führt und zum Ziele führen muß. Wir müssen den verfestigten und luftarmen Boden wieder auflockern und ihm ein Porenvolumen geben, wir müssen ihn entsäuern und ihm einen Nährstoffgehalt geben. Und müssen durch Unterteilung der ungeregelt betriebenen Weidefläche in mehrere Koppeln die negative Weideauslese bekämpfen. Dann haben wir die Voraussetzungen geschaffen, daß an Stelle dieser armseligen Weideflächen ein prächtiges Grünland entstehen kann, das einen hundertfach höheren Ertrag bringen kann.

Nun wollen wir auf den Nordhang gehen und wollen in gleicher Meereshöhe, unter gleichen geognostischen Verhältnissen, jedoch in schattiger Lage, einen solchen Wald untersuchen. Wie hat sich aber hier das Bild geändert, obwohl auch hier durch Plaggenhieb dem Boden die Nährstoffe entzogen wurden. In der Baumschicht herrscht die Fichte, nur von wenigen Kiefern und Lärchen begleitet, in der Zwergstrauchschicht tritt die Rost-Alpenrose, *Rhododendron ferrugineum,* stark hervor, während *Calluna vulgaris* überhaupt nicht auftritt, und die Moosschicht beherrscht *Rhytidiadelphus triquetrus* begleitet von *Pleurozium Schreberi* und *Hylocomium splendens,* während *Dicranum undulatum* und *Rhytidium rugosum* überhaupt nicht zu finden sind. Dafür aber treten Torfmoose auf, die wir vorhin auch nicht angetroffen haben. Die Zwergstrauchschicht ist begleitet von der Rasenschmiele, *Deschampsia flexuosa,* von der weißlichen Hainsimse, aber auch von *Melampyrum pratense* und *Luzula pilosa.*

Auch diesem Fichtenwald fehlen charakteristische Arten und wir könnten ihn im Sinne der nordischen Schule zum „*Picea excelsa - Pinus silvestris - Vaccinium Myrtillus - Rhytidiadelphus triquetrus - Sphagnum acutifolium - Sphagnum palustre* -Wald stellen. Aber nun entsteht die Frage nach der Höhenstufe, denn wir können doch nicht eine Waldgesellschaft, in der *Rhododendron ferrugineum* in der Zwergstrauchschicht und *Sphagnum acutifolium* und *Sph. palustre* so stark hervortreten, in die Untere Buchenstufe verlegen.

Wir haben gesehen, daß wir hier kein Piceetum im Sinne der Schule B r a u n - B l a n q u e t s 's vor uns haben, daß wir keine einzige Charakterart finden, auf Grund deren wir diese Waldgesellschaft einer bestimmten Assoziation zuteilen können. *Rhododendron ferrugineum, Sphagnum acutifolium* und *Sph. palustre* wachsen nicht etwa deshalb, weil wir uns schon im kühlfeuchten Fichtenklimagebiet befinden, sondern darum, weil der Boden durch den Plaggenhieb seiner Nährstoffkraft völlig beraubt wurde und den nun rohen Boden in der luftfeuchten, schneereichen Nordlage die Rost-Alpenrose und die Torfmoose besonders gut ertragen können. Wir können nämlich feststellen, daß in der gleichen Höhenlage und unter den gleichen Bodenbedingungen dort, wo der Mensch nicht eingegriffen hat und der Rohhumusboden zum Mullboden werden konnte, in völliger Lebenskraft der Bergahorn aufkommen konnte und wir schließen daraus, daß auch hier, wenn der Plaggenhieb durch Jahrhunderte und Jahrhunderte unterbleiben würde, der Rohhumusboden langsam in Mullboden übergeführt werden könnte, daß auch Tannen aufkommen könnten und schließlich auch der Bergahorn, wenn nicht sogar die Buche, denn gleich nebenan am Görlitzen-Nordhang in 1300 m Seehöhe auf gleicher geologischer Unterlage steht eine prächtige Buche. Wir wollen aber hier nicht Hypothesen aufstellen, sondern lieber aus der Tatsache, daß nebenan der Bergahorn unter gleichen Umweltbedingungen prächtig gedeiht, schließen, daß wir uns zumindest in der oberen Bergahornstufe befinden, also dort, wo ein Bergahorn-Tannen-Fichten-Mischwald das Schlußglied der Vegetationsentwicklung darstellt.

Steigen wir hier einige Meter herunter auf den Unterhangboden, wo von Haus aus der Wasserhaushalt und Nährstoffhaushalt besser ist und wo immer wieder nach dem Plaggenhieb zusätzliche Nährstoffe von oben herabgewaschen werden und zusätzlich Wasser von oben zufließt, so finden wir, daß hier die Heidelbeere völlig den Boden bedeckt, die Rost-Alpenrose, *Rhododendron ferrugineum,* aber zurücktritt und eine ganze Reihe anspruchsvollerer Arten in der Moosschicht, der die Torfmoose fehlen, hervortreten, so insbesondere *Ma-*

janthemum bifolium, Luzula pilosa, Oxalis Acetosella, Pteridium aquilınum, Lastrea (Dryopteris) Oreopterıs aber auch *Homogyne alpina* und in der Moosschicht *Plagiochila asplenioides.*

Wird nun dieser Wald niedergeschlagen und sein Boden der Beweidung zugeführt, so finden wir auch hier eine ganze Reihe von Stadien der regressiven Vegetationsentwicklung zum Bürstlingrasen. Hier aber fällt uns auf, daß auf diesem sehr schattigen Boden am Unterhang, wo doch der Wasserhaushalt sehr zufriedenstellend ist und der Schnee lange liegen bleibt, die Heidelbeere und die anspruchsvollen Moose sehr lange in voller Lebenskraft erhalten bleiben. So zeigt ein kleiner Ausschnitt folgenden Vegetationsaufbau:

Krautschicht:

Vaccinium Myrtıllus	4.3	*Arnica montana*	+.2
Deschampsia flexuosa	2.2	*Calluna vulgaris*	+.2
Melampyrum pratense	2.2	*Carex pilulıfera*	+
Vaccinium Vitis-idaea	2.2	*Luzula pilosa*	+
Hieracium silvaticum	1.1	*Picea excelsa*	+

Moosschicht:

Rhytidiadelphus triqueter	3.2	*Polytrichum formosum*	
Pleurozium Schreberi	3.2	*(= attenuatum)*	1.2
Dicranum undulatum	1.3		

Die Fläche ist in schwach geneigter Nordlage gelegen, deren Holz vor rund 15 Jahren niedergeschlagen wurde. Hier sehen wir also, daß auf diesem luftfeuchten, schattigen Nordhang mit guten Wasserverhältnissen und langer Schneelage die Heidelbeere und die Moosschicht sich viel länger halten können als am sonnseitigen Hang. Freilich wird auch hier im Laufe der Zeit durch den Weidetritt mit Verfestigung des Bodens die Heidelbeere zurückgehen und der *Calluna*-Heide Platz machen und der Bürstling wird sich ausbreiten, aber die Verwüstung zur *Calluna*-Heide und zum Bürstlingrasen erfolgt hier viel viel langsamer als unter denselben Bedingungen auf der Sonnseite.

Wird nun ein solcher schattig geneigter Boden nicht beweidet, sondern gemäht, so geht die Heide allerdings zurück und es breiten sich die Arten aus, die die Mahd unter diesen sauren Bodenverhältnissen besonders gut ertragen können, also insbesondere Gräser wie *Deschampsia flexuosa, Luzula albida,* aber auch *Festuca rubra* und *Luzula multiflora.* Immer aber wird die Wiese sehr moosreich bleiben und noch reich an Heidelbeeren und Waldpflanzen, wenn der Boden nicht auch gedüngt und ihm seine Verfestigung genommen wird, weil der saure Boden, die luftfeuchte Lage den Moosen und der Heidelbeere zusagen, denn sie lieben ja Waldesschatten oder lokalklimatisch begünstigte Örtlichkeiten, in diesem Falle luftfeuchte Lage am schattigen Hang, und bleiben erhalten, selbst wenn der Wald geschlagen und die Vegetation gemäht wird, wofern nur die Düngung, Entsäuerung und Bodenlockerung unterbleiben. Wird aber der Boden gelockert, wie dies in der Wechselwirtschaft geschieht, gekalkt und durch animalische Düngung mit Nährstoffen versorgt, so gehen die Heidelbeere und die Moose und mit ihnen alle die azidiphilen Aren zurück und machen den anspruchsvollen Wiesenpflanzen Platz.

Am Weg zur Tassacher Alm nach dem Gatter.
1500 m Seehöhe.

Wir wollen aber nun einige hundert Meter höher hinaufsteigen und wollen einen Fichtenwald am Osthang untersuchen, um zu sehen, ob auch hier dieser Fichtenwald so wenige charakteristische Arten enthält, daß wir ihn nicht im Sinne der Schule Braun-Blanquet's einer Fichtenwald-Assoziation zuteilen können. Der Wald ist auch hier nicht homogen aufgebaut. Dort, wo die Bäume dichter zusammenstehen und den Boden völlig bedecken, dort tritt die Heidelbeere ± zurück, während sie dort, wo der Bestand schütter wird, in kleinen Lichtungen und Blößen, stärker hervortritt. Grünerlen am Rande und da und dort in der Blöße lassen vermuten, daß der Boden hier am Unterhang einen guten Wasserhaushalt hat und daß der Fichtenwald sich über einen Grünerlenbuschwald hinauf entwickelt hat. Wir wollen nun einmal ein Mosaik in einer kleinen Lichtung herausgreifen, ein Mosaik, in dem die Heidelbeere die dichten Moospolster völlig bedeckt. Der Boden ist 20—25⁰ geneigt und ist da und dort von Weidetritten durchzogen. Bei genauem Zusehen erkennen wir, daß auch hier *Rhytidiadelphus triqueter* in der Moosschicht den Hauptanteil bildet; aber jetzt erkennen wir erst, daß in dieser Moosschicht eine ganze Reihe von für den natürlichen Fichtenwald charakteristischen Arten hervortritt. Hier gesellen sich kleine Horste von *Listera cordata* hinzu, an Stelle von *Melampyrum pratense* tritt *Melampyrum silvaticum*, der Grün-Brandlattich, *Homogyne alpina*, kommt auch dazu und der Rippenfarn, *Blechnum Spicant*. Daneben wächst das eine oder andere zarte, kleine Hainsimsenpflänzchen, *Luzula flavescens (= luzulina)*, mit seinen bleichen Blüten, die Heidelbeere und das einblütige Wintergrün glänzt da und dort aus den Moospolstern und unterbricht mit seinen gesenkten weißen Einzelblüten die verschiedenen grünen Tönungen ebenso wie der Waldwachtelweizen mit seinen kleinen, zarten, gelben Blüten. Wir wollen hier eine genaue Aufnahme machen:

Die Baumschicht besteht aus Tanne und Fichte, aber sie überdeckt hier, wie gesagt, nur wenig den Boden und die Strauchschicht wird nur von einigen wenigen Grünerlen und Fichten gebildet. In der Zwergstrauchschicht bedeckt *Vaccinium Myrtillus*, die Heidelbeere, fast völlig den Boden, begleitet von einigen Horsten der Preißelbeere und der Rost-Alpenrose. Dazu gesellen sich in kleinen Horsten zusammenstehend, mehr als ein Zwanzigstel der Fläche bedeckend, *Melampyrum silvaticum, Oxalis Acetosella*, ferner sehr zahlreich in einzelnen Horsten, aber weniger den Boden bedeckend, *Listera cordata, Blechnum Spicant* und dazwischen einzelne Pflanzen von *Luzula pilosa, Luzula flavescens, Picea excelsa, Abies alba, Deschampsia flexuosa, Pirola uniflora*. In der Moosschicht bedeckt *Rhytidiadelphus triqueter* völlig den Boden, begleitet von vielen kleinen Teppichen von *Hylocomium splendens* und einzelnen Pflanzen von *Hieracium silvaticum* und *Orchis maculata*. Wir haben hier einen Einzelbestand des Piceetum montanum, einen natürlichen Fichtenwald vor uns, der seinen charakteristischen Aufbau nicht mehr dem Plaggenhieb oder der Streunutzung oder dem Kahlschlag verdankt, sondern dem kühlen, feuchten Klima und der kurzen Vegetationszeit. Ein „Piceetum montanum" darum, weil dieser Fichtenwald noch nicht im Optimum seines Verbreitungsgebietes, also noch nicht im extremen voralpinen Klima siedelt, sondern an der Grenze zwischen Laubwaldstufe und Nadelwaldstufe. Dies geht ja auch aus dem Vegetationsaufbau hervor, denn wir finden in der Baumschicht die Tanne und in der Krautschicht tritt insbesondere *Luzula pilosa* hervor, die in den voralpinen Fichtenwäldern höher oben nicht mehr vorkommt. Aber auch der Rippenfarn steigt gleichfalls in die tiefer liegenden Fichtenwälder.

Wie sieht aber der Vegetationsaufbau im dichten Bestand aus? Treten auch hier die so charakteristischen Arten hervor? Nein. Hier ist der Boden trockener. Die Heidelbeere tritt bis auf wenige Horste zurück, begleitet von nur einer einzigen Blütenpflanze, von *Deschampsia flexuosa,* die wenig lebenskräftig mit ihren dünnen Blattspreiten schleierartig die Moosschicht überzieht, in der hier *Hylocomium splendens* viel stärker hervortritt, begleitet von vielen Teppichen von *Rhytidiadelphus triquetrus* und einigen wenigen von *Pleurozium Schreberi.* Aber wenn wir von hier wieder auf die Blöße treten, da kommen all die charakteristischen Arten, beginnend von *Melampyrum silvaticum,* das noch am meisten trockenen Boden ertragen kann, wieder hervor, die wir in der Blöße vorhin angetroffen haben. Und so ändert sich ununterbrochen von Blöße zum dicht bestockten Bestand beim Durchschreiten des Waldes das Bild. wenn auch ab und zu hier diese oder jene Art fehlt, hier diese oder jene Art neu hinzu kommt, wie z. B. an dunklen Stellen das Schattenblümchen *Majanthemum bifolium,* an lichten Stellen *Lastrea Dryopteris (= Dryopteris disjuncta), Athyrium Filix-femina, Viola biflora, Lastrea (Dryopteris) Oreopteris* und andere. Es muß ja so sein, gleicht doch kein Mensch dem andern, keine Pflanze, kein Tier dem andern. Warum sollte ein Gesellschaftsindividuum des Fichtenwaldes genau dem anderen gleichen? Ist nicht gerade der Wechsel im Relief, im Boden und in den Kleinklimaverhältnissen entscheidend für den Wechsel im Vegetationsaufbau?

Wie ist es aber nun, wenn der Mensch die Entwicklung zum Fichtenwald unterbindet und immer wieder die Fichten herausschlägt und hier, wo ja die Vegetationsentwicklung zum geschlossenen Fichtenwald über einen Grünerlenbestand gegangen ist, damit der Grünerle wieder Lebensbedingungen bietet?

Im Sinne meiner Vegetationsentwicklungstypen stelle ich diesen heidelbeerreichen Fichtenbestand zum „Alnetum viridis ↗ PICEETUM myrtillosum ↗ Abietetum“; also zum Fichtenwald, der im Grünerlenwald hochgekommen ist und sich zum Tannenwald weiterentwickeln wird.

Gleich nebenan ist ein solcher Grünerlenbestand, den wir von diesem Gesichtspunkt aus untersuchen wollen. Noch wurzeln in wenigen Abständen voneinander die alten Stockabschnitte des Fichtenwaldes, noch siedelt im Unterwuchs die Heidelbeere in einer dichten Moosschicht, begleitet von den charakteristischen Arten, die wir vorhin angetroffen haben, ergänzt von zwei weiteren charakteristischen Arten, von *Lycopodium annotinum* in der Krautschicht und *Ptilium crista-castrensis* in der Moosschicht. Aber dennoch hat sich der Aufbau gewaltig geändert, denn der Boden ist hier völlig von einer Strauchschicht der Grünerle, *Alnus viridis,* bedeckt und in der Krautschicht treten eine ganze Reihe schon anspruchsvollerer Arten hervor, die wir vorhin noch nicht angetroffen haben, und wieder andere Arten treten viel zahlreicher auf. So finden wir hier die Farne *Lastrea (Dryopteris) Phegopteris, Athyrium Filix-femina, Lastrea Dryopteris (=Dryopteris disjuncta),* aber auch der Sauerklee tritt stark hervor, begleitet von *Dryopteris austriaca* subsp. *dilatata, Stellaria nemorum, Senecio Fuchsii, Circaea lutetiana, Calamagrostis villosa,* ja es gibt schon Mosaike, in denen die Heidelbeere und die Moosschicht völlig zurücktreten und die Farne begleitet von *Oxalis Acetosella* und den übrigen an-

spruchsvolleren Kräutern tonangebend sind. Im Unterwuchs kommen wieder
junge Fichten und Tannen auf und wenn der Mensch ihr Aufkommen nicht
unterbindet, dann werden sie auch wieder früher oder später hoch werden, sich
zusammenschließen, den Boden beschatten und die lichtliebenden Arten, insbesondere die Grünerle, wieder verdrängen. Dann geht die Entwicklung wieder
zum Piceetum, zum natürlichen Fichtenwald, mit seinem charakteristischen
Aufbau, denn dann ist der Boden ständig bedeckt von den dunklen Nadelholz-
kronen und wird ständig von der sauren Nadelstreu wieder versauert. Die anspruchsvolleren Arten werden wieder zurückgehen, während die Heidelbeere
mit ihren azidiphilen Begleitern sich in zunehmendem Maße wieder ausbreiten kann.

Im Sinne meiner Vegetationsentwicklungstypen stelle ich diesen Grünerlenwald zum „Piceetum ↘ ALNETUM viridis filicosum ↗ Piceetum"; also
zum sekundären farnreichen Grünerlenwald, der sich wieder zum Fichtenwald
weiter entwickeln wird.

Gerade für den Forstmann ist diese Beobachtung überaus wertvoll, denn
sie zeigt ihm, daß Halbschatten, wie er insbesondere in den Blößen herrscht, zur
Verheidung führt, daß aber ein Kahlschlagbetrieb durch die Lichtstellung wieder der Grünerle Lebensmöglichkeiten bietet und daß die Grünerle in der Lage
ist, früher oder später den während einer oder mehrerer Generationen auf-
gebauten Rohhumus wieder abzubauen und in milden Humus überzuführen.
Er erfährt, daß hier gerade Kahlschlag mit einem Grünerlenzwischenbetrieb
bodenverbessernd wirkt und daß er also in dem durch den Grünerlenzwischen-
anbau verbesserten Boden viel bessere Zuwachsverhältnisse erreicht und den
Zeitverlust reichlich einholt, weil ja dadurch die jungen Fichten viel besser
heranwachsen können und in kürzerer Umtriebszeit hiebreif werden. Es versteht
sich natürlich, daß dies nur dort möglich ist, wo die Vegetationsentwicklung
zum Fichtenwald über den Grünerlenbestand verläuft.

Greift aber der Mensch zu Gunsten der Weidewirtschaft ein und läßt er
weder das Nadelholz noch die Grünerle aufkommen, sondern schlägt sie immer
wieder nieder und läßt er den Boden beweiden, dann erfolgt ebenfalls ein
Wechsel im Vegetationsaufbau, denn es kommen mehrere Standortsfaktoren
hinzu, die Voraussetzung zur Änderung des Vegetationsaufbaues bilden:

1. Der Boden wird auf großer Fläche völlig freigestellt, verliert in der boden-
   nahen Schicht seine Luftfeuchtigkeit und wird stärker besonnt.
2. Der Boden wird in zunehmendem Maße zusammengetreten und verliert
   dadurch seine Lufthältigkeit.
3. Es erfolgt eine Auslese durch das Weidevieh, wodurch jene Arten sich ausbreiten, die nicht gefressen werden, und jene Arten zurückgehen, die gefressen werden.
4. Durch den Weidetritt werden neue Arten hinzugebracht.

So sehen wir hier zum Beispiel, wie die Heidelbeere an Lebenskraft verloren hat, *Calluna* und Preißelbeere sich ausbreiten, der Wachtelweizen, *Melampyrum silvaticum*, und *Deschampsia flexuosa* sich ebenfalls mehr ausbreiten, weil sie die Trockenheit und den besonnten Standort gut ertragen können,
und wie in der Moosschicht die anspruchsvolleren Moose sich zurückgezogen,
bzw. an Lebenskraft verloren haben, so insbesondere *Rhytidiadelphus triquetrus*,
während andere wie *Hylocomium splendens* und *Polytrichum formosum*
(= *attenuatum*) sich mehr ausbreiteten bzw. neu hinzukommen konnten. Beson-

ders fällt uns aber auf, daß hier der Bürstling, *Nardus stricta,* neu hinzugekommen ist und schon viele größere oder kleinere Horste aufbaut. Aber auch *Potentilla aurea,* das Gold-Fingerkraut, *Carex pilulifera, Campanula barbata, Leucorchis albida, Melampyrum pratense* und *Potentilla erecta* sind neu hinzugekommen. Ja, an Stellen, die besonders stark betreten werden, hat bereits der Bürstlingrasen den Boden in Besitz genommen, wie folgende Aufnahme zeigt:

Nardus stricta	5.5	*Luzula pilosa*	+
Vaccinium Myrtillus	1.2[0]	*Luzula flavescens*	
Vaccinium Vitis-idaea	1.2	(= *luzulina*)	+
Calluna vulgaris	1.2	*Antennaria dioica*	+
Potentilla aurea	1.2	*Potentilla erecta*	+
Anthoxanthum odoratum	1.1	*Campanula barbata*	+
Festuca rubra	1.1	*Luzula multiflora*	+
Arnica montana	+.2	*Carex pilulifera*	+
Veronica officinalis	+.2	*Carex leporina*	+
Homogyne alpina	+.2		
Melampyrum silvaticum	+	M o o s s c h i c h t:	
Melampyrum pratense	+	*Polytrichum formosum*	

Es sind allerdings Stellen, die geradezu Weidepfade sind und daher nur flach bis mäßig geneigt sind. Wir haben hier also ein Fragment des Bürstlingrasens vor uns, den ich aus praktischen Erwägungen ein „Piceetum alnetosum viridis ⟍ NARDETUM strictae" nennen möchte, um damit zum Ausdruck zu bringen, daß dieser Bürstlingrasen das maximale Weideverwüstungsstadium des aus dem Grünerlenbuschwald sich entwickelnden montanen Fichtenwaldes darstellt. Dieser Hinweis scheint mir darum so wesentlich zu sein, weil wir Bürstlingrasen von der Eichenstufe an in allen Höhenstufen antreffen und es doch wesentlich ist, ob der Bürstlingrasen ein Verwüstungsstadium des bodensauren Eichenwaldes, Buchenwaldes, Bergahornwaldes oder Nadelwaldes der unteren bzw. oberen Nadelwaldstufe oder gar der alpinen Stufe ist. Mit Ausnahme von *Nardus stricta* selbst ist keine einzige Art der vorstehenden Liste für den Bürstlingrasen aufbauend. Es gehören alle, wie z. B. *Vaccinium Myrtillus, Vaccinium Vitis-idaea, Calluna vulgaris, Melampyrum silvaticum, Melampyrum pratense, Luzula pilosa, Luzula flavescens* (= *luzulina*) und *Homogyne alpina,* dem Nadelwald an und zeigen daher sehr geringe Lebenskraft, während *Potentilla aurea, Festuca rubra* der Weide angehören.

Besonders bezeichnend ist für diesen Bürstlingrasen, daß in der Moosschicht nur mehr *Polytrichum formosum* (= *attenuatum*) ± stark in vielen Teppichen auftritt. Wir haben also gesehen, daß im natürlichen Fichtenwald vor allem *Rhytidiadelphus triqueter* herrscht und in der Heidelbeerheide bereits dieses Moos an Lebenskraft verliert, hier dagegen *Hylocomium splendens* und *Pleurozium Schreberi* hervortreten, während *Polytrichum formosum* hinzukommt und daß schließlich im Bürstlingrasen dieses anspruchslose Moos tonangebend wird und die anderen ganz zurücktreten.

Immer wieder läßt sich also verfolgen, daß mit zunehmendem B e t r i t t d e s B o d e n s auch die wenig lebenskräftigen Reste des Fichtenwaldes und die Arten, die vom Weideboden d u r c h d e n W e i d e t r i t t h e r a n g e k o m m e n sind, zurückgedrängt werden bis zum maximalen Weideverwüstungsstadium, in dem ausschließlich der Bürstling in dichten, fest zusammenstehenden Horsten herrscht, aber auch, daß dort, wo der Boden in der Nähe von Stallungen animalisch gedüngt wird, in zunehmendem Maße *Festuca rubra, Trifolium pratense, Trifolium repens* an Boden gewinnen und schließlich den Bürstlingrasen ± völlig zurückdrängen und allein herrschen.

Bisher haben wir am lange schneebedeckten Ost- und Nordosthang gesehen, daß nach Vernichtung des Waldes und nach Einsetzen des Weidebetriebes die Heidelbeere sehr lange bleibt, weil ihr ja hier Luftfeuchtigkeit und Bodenfrische zur Verfügung stehen. Wir wollen aber nun jenseits des Tassacher Grabens hinüber auf dem Südwesthang und Südhang untersuchen, wie am 20° geneigten Unterhang das Weideverwüstungsstadium des montanen Fichtenwaldes, der sich ebenfalls aus dem Grünerlenbestand entwickelt hat, aussieht.

Auch hier sind die ± ebenen und schwach geneigten Stellen, insbesondere die Trittwege des Weideviehes, vom Bürstling, der ja den Tritt von allen hier auf diesem sauren Boden vorkommenden Pflanzen am besten ertragen kann, besiedelt. Aber sobald der Hang etwas steiler wird und das Weidevieh den Boden nicht mehr so betreten kann, haben wir auf einmal eine *Calluna*-Heide vor uns, in der die Ausschlaghorste der Grünerle aber auch der Großblatt-Weide, *Salix grandifolia,* neben wenig lebenskräftigen jungen Fichten und lebenskräftigen jungen Lärchen hervorkommen. Ein Einblick in den Aufbau dieser *Calluna*-Heide gibt folgendes Bild:

Niederwuchs:

Calluna vulgaris	5.5	*Picea excelsa*	+°
Vaccinium Vitis-idaea	3.2	*Larix decidua*	+
Alnus viridis	2.2	*Pinus silvestris*	+
Arnica montana	2.2	*Salix grandifolia*	+
Nardus stricta	2.2	*Carlina acaulis*	+
Potentilla erecta	1.2	*Galium verum*	+
Deschampsia flexuosa	1.2	*Ranunculus nemorosus*	+
Campanula barbata	1.1	*Briza media*	+
Anthoxanthum odoratum	1.1	*Galium austriacum*	+
Antennaria dioica	+.3	*Campanula Scheuchzeri*	+
Luzula albida	+.2	*Lotus corniculatus*	+
Carex pilulifera	+.2	*Carex pallescens*	+
Thesium alpinum	+.2	*Hieracium silvaticum*	+
Silene Cucubalus	+.2	*Melampyrum pratense*	+
Trifolium pratense	+.2	*Hypericum maculatum*	+
Vaccinium uliginosum	+.2	*Festuca rubra*	+
Vaccinium Myrtillus	+.2	*Thymus „Serpyllum"*	+
Pulsatilla alpina	+.2	*Sieglingia decumbens*	+
Genista sagittalis	+.2	*Achillea Millefolium*	+

Moosschicht:

Polytrichum formosum   4.2

Wir ersehen also aus dieser Aufnahme, daß die tief wurzelnden Grünerlenausschlaghorste sich hier noch halten können, weil ihnen hier in tiefen Bodenschichten ein hinreichender Wasserhaushalt zur Verfügung steht, während die Fichte kümmert und kränkelt, weil sie mit ihren flachen Wurzeln die tiefen Bodenschichten nicht erreichen kann. Wir sehen aber auch, daß hier die Heidelbeere bis auf ganz wenige, wenig lebenskräftige Horste fast völlig verschwunden ist und daß die *Calluna,* die die Trockenheit des Oberbodens auf diesem sonnigen Hang viel besser ertragen kann, die Herrschaft völlig an sich gerissen hat. Hier haben all die Arten, die Bodenfrische oder besondere Luftfeuchtigkeit verlangen, aber nur flach wurzeln, bereits ihre Lebenskraft verloren und nur wenige anspruchsvolle Arten, die durch den Weidetritt herbeigebracht werden, siedeln noch da und dort, wo der Kuhmist den Boden gedüngt hat. Wir wollen aber hier auf dem sonnigen Hang weiter hinaufsteigen, dorthin, wo der Boden nicht mehr wasserzügig ist, also vom Unterhang auf den Oberhang, und wollen hier sehen, wie sich das Vegetationsbild geändert hat.

Auch hier, 50 m höher, am 30° geneigten Südhang, auf der großen Waldblöße beherrscht *Calluna vulgaris,* begleitet von vielen Horsten von *Vaccinium Vitis-idaea* und vereinzelten, wenig lebenskräftigen, ganz kleinen Horsten von *Vaccinium Myrtillus,* die Zwergstrauchschicht. Sonst aber treten hier auf diesem sonnigen Steilhang, der überhaupt nicht beweidet wird, die übrigen Blütenpflanzen sehr zurück mit Ausnahme von *Calamagrostis villosa,* die in vielen kleinen Horsten die *Calluna*-Heide durchsetzt, und von *Chamaenerion angustifolium,* das sich als Kahlschlagrelikt vereinzelt da und dort noch halten konnte. Die Erklärung für dieses völlige Dominieren von *Calluna vulgaris* und für das starke Zurücktreten der Arten, die wir knapp unterhalb am Unterhang angetroffen haben, liegt zweifellos darin, daß eben dieser Hang schon von Natur aus sehr trocken ist und kein zusätzliches Wasser und keine Feinerde von oben erhält und daß er nicht betreten wird, also durch den Weidetritt der Boden nicht verwundet wird und keine Samen herangebracht werden können. Der Fichten-Tannen-Mischwald nebenan, aus dem dieser *Calluna*-Heide-Bestand entstanden ist, entwickelt sich nicht über einen Grünerlenwald, sondern vermutlich über einen Mischwald von Lärche, Weißkiefer und Birke, da diese Bäume den trockenen, nährstoffarmen Boden sehr gut ertragen können. Dem ist es zuzuschreiben, daß hier am sonnigen Hang die Lärche eine so viel größere Rolle schon von Anfang an gespielt haben mag und daß die Weißkiefer da und dort noch in der Baumschicht auftritt, während sie am Unterhang insbesondere auf + schattigen Stellen völlig fehlt. Hier konnten sich die Birke, Lärche, Kiefer und Zitterpappel als Lichtholzarten leichter halten, weil sie am sonnigen Hang weniger verdrängt werden konnten. Die Tanne zeigt hier auf 1600 m Seehöhe am sonnigen Oberhang noch prächtiges Wachstum und ist hier stellenweise bei einem Brustdurchmesser von 30—50 cm bis 30 m hoch. Hier am sonnigen steilen Oberhang, wo der Wasserhaushalt im Boden von Natur aus ungünstig ist, haben wir also erkannt, daß der Wasserhaushalt im Boden erst langsam im Zuge der Vegetationsentwicklung sich hebt und daß jeder Eingriff wie Brand und Kahlschlag den Wasserhaushalt wieder ganz wesentlich heruntersetzt. Folglich muß unser Bestreben hier, wo die Steilhänge zur Grünlandwirtschaft ungeeignet sind, darauf gerichtet sein, in der Forstwirtschaft alles zu unternehmen, um den Wasserhaushalt im Boden zu heben.

In dieser *Calluna*-Heide fällt uns aber besonders auf, daß ein Gras und zwar das wollige Reitgras, *Calamagrostis villosa,* stärker hervortritt, was deshalb besonders zu denken gibt, weil dieses Gras umso mehr zunimmt, je steiler der Hang wird. Die Erklärung liegt darin, daß nach Kahlschlag mit zunehmender Steilheit die Feinerde, aber auch der Rohhumus weggewaschen wird und daß die *Calluna* wohl in der Lage ist, unter diesen Bedingungen (1680 m Seehöhe) den Rohhumusboden, aber nicht den Mineralboden so zu besiedeln wie das wollige Reitgras. Ja wir können verfolgen, daß unter diesen Verhältnissen im Zuge der Abwaschung der Feinerde die *Calluna*-Heide an Lebenskraft verliert und von dem wolligen Reitgras abgebaut wird. So haben wir am sehr steilen Felshang einen solchen Einzelbestand vor uns, aus dem zu ersehen ist, daß die *Calluna* bereits von *Calamagrostis villosa* völlig eingeengt, ihre Lebenskraft verloren hat und nur mehr ein kümmerliches Dasein führt. Ihre Reste halten sich insbesondere dort auf ± ebenen Treppen, wo der Rohhumus weniger abgespült werden kann bzw. am Oberhang, wo das abfließende Wasser noch weniger Wucht besitzt. Ganz besonders aber setzt sich *Calamagrostis villosa* in Mulden durch, in denen durch die günstigen Wasserhaushaltsbedingungen und Luftfeuchtigkeitsverhältnisse viel weniger Rohhumus liegt.

Die untersuchte *Calluna*-Heide befindet sich am Oberhang eines Rückens, womit ich sagen möchte, daß es natürlich reliefbedingte Unterhänge gibt, die 4—5 m höher hinauf reichen als benachbarte Oberhänge, weil entscheidend für die Beurteilung, ob es sich um einen Oberhang oder Unterhang handelt, nur die Tatsache ist, ob ein Hang so gelegen ist, daß er von oben herab noch zusätzlich Wasser und Feinerde erhält. Es müßte überhaupt von diesem Gesichtspunkte das ganze Waldgrenzen-Studium betrieben werden, da ja die Bäume umso höher in die durch den größeren Windeinfluß die Transpiration steigernden Gebiete hinaufsteigen können, je höher sie in der Lage sind, Unterhänge zu finden, nämlich ihr transpiriertes Wasser aus dem Boden zu ersetzen. Es ist gar nicht gesagt, daß es immer ein und derselbe Faktor ist, der den Bäumen die Möglichkeit gibt, hoch hinauf zu steigen. In dem einen Fall ist es der Unterhang, in dem andern Fall der Windschutz, im dritten Fall der Wasser- und Nährstoff haltende Boden in einer Nische. Wir müssen uns also hüten, die Erklärung des Höher-Hinaufsteigens der Waldgrenze in bestimmten Gebieten nur nach einem Gesichtspunkt zu suchen.

Höher oben, auf einem 15⁰ Nordwesthang, wo der Windeinfluß sich schon stärker bemerkbar macht, wo wir uns wieder einem Oberhang nähern (1900 m Seehöhe), tritt in der Heidelbeerheide auf einmal die Moorheidelbeere und mit ihr eine zu den Juncaceen (Simsengewächsen) gehörige grasartige Pflanze, die Bürstensimse *(Juncus trifidus)*, auf, ein Gras, das winterliche Schneefreiheit sehr gut ertragen kann. Hier vermag sich auf diesem Rücken sicherlich der Schnee nicht lange zu halten, obwohl hier noch hohe Lärchen stehen. Aber mit Abhieb des Waldes wurde auch der Windschutz und damit der Schneeschutz genommen und damit konnten sich Arten durchsetzen, die winterliche Schneefreiheit und starken Windeinfluß besser ertragen können als die Heidelbeere und ihre Begleiter, unter denen hier bei einer Neigung von 15⁰ NW insbesondere *Calluna vulgaris*, die Preißelbeere, *Vaccinium Vitis-idaea, Luzula albida, Homogyne alpina, Melampyrum silvaticum, Pleurozium Schreberi und Hylocomium splendens* hervortreten. Wir wollen nun weiter hinaufsteigen, wo der Windeinfluß zunimmt, und wollen das Ausklingen des Waldes hier auf dieser Rippe verfolgen. Schon sind wir wieder am Rücken 100 m höher gekommen und schon wieder hat sich da und dort in windoffenen Mosaiken das Bild geändert. Die Heidelbeere, *Vaccinium Myrtillus,* ist bis auf einige kleine Horste zurückgegangen . Dafür hat sich ein neues Zwergsträuchlein von *Loiseleuria procumbens* eingefunden, noch begleitet von *Vaccinium uliginosum, Arnica montana, Deschampsia flexuosa, Luzula albida* und zwei ± alpinen Arten, die neu hinzugetreten sind, nämlich *Avenastrum (Helictotrichon) versicolor* und *Carex sempervirens.*

126

Und wieder wollen wir weiter hinaufsteigen, um zu untersuchen, wie dort, wo der Windeinfluß noch größer ist, wo der Schnee sich noch weniger halten kann, der Wasserhaushalt im Boden noch geringer ist, der Aufbau der Vegetation sich geändert hat. Vorerst wollen wir aber noch feststellen, daß wir uns mitten im ehemaligen Waldgebiet befinden, ja daß einzelne Bäume noch viel weiter hinaufgehen, daß aber hier am Kamm jung aufgekommene Bäume ebenso wie die alten Bäume wipfeldürr geworden sind und nach SO zeigende Windfahnen besitzen.

20 Meter unter dem Kamm der beiden Wöllanernockgipfel erkennen wir, daß sich das Vegetationsbild neuerlich ganz wesentlich geändert hat. Keine einzige Heidelbeere kommt hier vor und die Besenheide besiedelt nur windgeschützte Mulden. Die windausgesetzte Fläche besiedelt nur *Loiseleuria procumbens,* vergesellschaftet mit *Avenastrum versicolor, Pulsatilla alpina, Festuca alpina* und *Carex sempervirens,* welch letztere hier schon sehr geringe Lebenskraft zeigt und nur mehr in den Mulden in *Calluna*-Horsten mit größerer Lebenskraft wächst. Aber auch *Juncus trifidus* ist hier stark vertreten und *Phyteuma hemisphericum* und *Oreochloa disticha, Carex curvula, Primula minima.* Die Preißelbeere ist von den Gemsheide-Teppichen ganz überwachsen und zeigt geringe Lebenskraft ebenso wie *Homogyne alpina.*

In dieser Studie über „Die Wechselbeziehungen von Wald und Weide" im Raume von Tassach ober Afritz in Kärnten war es mir darum zu tun, eine Vorarbeit zur Ordnung von Wald und Weide zu geben.

Nur, wenn wir die Frage geklärt haben, wie es zu den herabgewirtschafteten Ödlandflächen kommen konnte, werden wir d i e Maßnahmen treffen können, welche uns mit dem geringsten Aufwand von Mitteln die Möglichkeit bieten, den Zustand des Waldes und Weidelandes zu heben.

Die Vegetations-Kartierung für Zwecke der Wildbach- und Lawinen-Verbauung.

Von Erwin A i c h i n g e r, Albert G a y l und H e l m u t H e c k e.

Die verschiedenen Wildbachkatastrophen in allen Teilen der Alpen haben der Öffentlichkeit mit erschreckender Deutlichkeit gezeigt, daß die Natur sich auch durch die Technik nicht auf die Dauer zwingen und vergewaltigen läßt und den Männern Recht gegeben, die auch in der Wildbachverbauung nicht den Weg des Kampfes gegen die Natur, sondern den des Zusammenwirkens der Technik mit der Natur gewiesen haben. Daher hat die Forderung seitens der verantwortlichen Fachleute der Wildbachverbauung nach einem maßgeblichen Einfluß auf die Bewirtschaftung der Wälder in den Einzugsgebieten der Wildbäche zweifellos Berechtigung. Es helfen die technisch und baulich besten Sperren und Leitwerke nichts, wenn die Wälder oberhalb im Einzugsgebiet durch Großkahlschlagswirtschaft und Waldverwüstung in ihrer wasserwirtschaftlich wirksamen Fläche beschnitten und durch naturwidrige Bewirtschaftung der Erfüllung ihrer Aufgabe als Wasserspeicher entzogen werden.

Schon vor mehr als 80 Jahren zeigte der große österreichische Botaniker und Altmeister pflanzensoziologischer Forschung, Kerner von Marilaun, auf, wohin es führt, „wenn die Wälder am oberen Saum des Waldgürtels zur Holzgewinnung gelichtet und vernichtet werden. Durch diese Waldverwüstung im Verein mit der extensiven Weidewirtschaft wurde nämlich an vielen Orten ein Feind heraufbeschworen, gegen den man jetzt mit unzähligen Opfern ankämpfen muß und gegen den dermalen häufig auch jedweder Kampf schon ganz vergeblich erscheint. Wir meinen hier die im Gebirge an allen des Waldes entblößten Stellen nur allzuleicht hervorgerufene M u r e n b i l d u n g. Regengüsse, deren auswaschende Kraft früher durch die Baumkronen gebrochen wurde, fallen jetzt mit ihrer ganzen Wucht auf den entwaldeten Boden nieder. Während sie früher durch das Moosgefilze des Waldgrundes aufgesaugt und gleichmäßig verteilt wurden, finden sie jetzt an den entwaldeten Gehängen, deren Moosdecke bei dem Mangel des Baumschattens kümmert oder stellenweise ausstirbt und erst nach Jahren einer widerstandsfähigen, dichten und geschlossenen Grasnarbe Platz macht, einen der Auswaschung und Zerstörung leicht zugänglichen Tummelplatz. An irgendeiner entblößten Stelle sickert und rieselt das Wasser, statt in den Boden einzudringen, langsam an dem Gehänge herab. Dem einen Wasserfaden gesellt sich bald ein zweiter bei und in kurzer Zeit hat sich die verstärkte Wasserader eine kleine Rinne in den geneigten Boden gewaschen. Die fruchtbare Erdkrume, das Ergebnis langsamer, vieltausendjähriger Verwitterung des unterliegenden Gesteins, und die unschätzbare Vorratskammer pflanzlicher Nahrungsmittel, die durch das Zusammenwirken unzähliger Pflanzengenerationen ganz allmählich angelegt und bereichert wurde, wird jetzt plötzlich in rasender Geschwindigkeit fortgeführt, das Rinnsal des Gewässers immer mehr und mehr erweitert und die schmale Rinne am steilen Gehänge in kürzester Frist zur tiefausgewaschenen Runse umgestaltet. So hängt sich Gewicht an Gewicht, und dort, wo anfänglich ein schwacher Wasserfaden die Erde ausgenagt hatte, poltert jetzt nach jedem heftigen Gußregen ein schlammiger Wildbach nieder, der sich immer tiefer in das morsche, unterliegende Gestein einwühlt und zahreiche Gerölle, riesige Blöcke, abgelöste Rasenstücke und zersplitterte Baumstämme mit sich forzureißen und auf die tieferliegenden Gelände hinabzutragen imstande ist. In der Sohle des Hochtales angekommen, verliert das niederströmende Gewässer sein rasches Gefälle und seine forttreibende Kraft. Die Steinblöcke und Geröllmassen werden abgesetzt und bilden entweder einen Schuttkegel oder eine Schuttbarre, hinter der sich die nachströmende Flut aufstaut und nach allen Seiten hin ausbreitet. Überschwemmungen und Versandungen der Wiesen und Weiden in der Sohle des Hochtales sind die nächste Folge, und der Ertrag des Geländes ist auf viele Jahre, ja vielleicht auf immer, zugrunde gerichtet.

Und dasselbe entsetzliche Unheil der Murbrüche, das man an so vielen Gehängen unserer mittleren Alpenregion durch die unvorsichtige Abstockung des oberen Waldsaumes heraufbeschwor, wurde in der Hochalpenregion durch den ganz unmäßigen und schlecht geleiteten Schafauftrieb in der leichtsinnigsten Weise herbeigeführt."

Rücksichtslose Entwaldung, die dem Boden ebenso die Wasseraufnahmefähigkeit nimmt wie die extensiv betriebene Weidewirtschaft, verursacht somit die verheerenden Unwetterkatastrophen geradeso wie die Begünstigung flachwurzelnder Fichtenforste, die den Boden oberflächlich viel mehr verdichten als die tieferwurzelnden, naturgemäßen Laub- und Nadelmischwälder.

Es müßte also die Wildbachverbauung alles unternehmen, was eine Verlangsamung der Abfuhr des Regen- und Schmelzwassers begünstigt und dem Boden die Wasseraufnahme erleichtert.

· Allerdings kann die Wildbachverbauung unmöglich allen ihren Aufgaben nachkommen, wenn sie bei ihren Arbeiten nicht von den Bewirtschaftern der Wälder und Almen, insbesondere aber auch von den Besitzern der verödeten Flächen unterstützt wird. Sie muß bei der technischen Verbauung der Wildbäche stehen bleiben, obwohl sie weiß, daß den vorbeugenden Arbeiten, vor allem der Verhinderung von Großkahlschlägen und der Wiederbewaldung des Ödlandes, größte Bedeutung zukommt.

Schon eine gewisse Berasung verhindert die Abschwemmung des Bodens, doch vermag sie den Wasserablauf nur wenig zu verlangsamen. Weit mehr das Wasser zurückzuhalten imstande ist eine Zwergstrauchgesellschaft, besonders wenn sie moosreich ist. Die beste wasserhaltende Kraft besitzen jedoch die Wälder, in erster Linie die tiefwurzelnden Laub- und Nadelmischwälder.

Somit ist in den wildbachgefährdeten Gebieten — besonders auf Steilhängen — alles zu unternehmen, um durch Wiederbewaldung den raschen Abfluß des Regen- bzw. Schneewassers zu verhindern. Aber so einfach die Wiederbewaldung der verödeten Flächen zu sein scheint, so groß sind die Schwierigkeiten, die sich ihr entgegenstellen. Denn die verödeten, teilweise sogar verkarsteten, weiten Flächen oberhalb der heutigen Waldgrenze sind ja schon lange keine Waldböden mehr, sondern fast völlig ausgehagerte und geradezu waldfeindliche Böden.

Hier hat die pflanzensoziologische Forschung einzugreifen und festzustellen, wie dieses oder jenes jetzt verodete Gebiet ehemals bewaldet war und welchen Weg es gibt, um über verschiedene Pioniergesellschaften wieder die Bewaldung zu erreichen. Dieser Arbeit muß im Niederschlagsgebiet unserer Wildbäche mit verschärftem Nachdruck die Ordnung von Wald- und Weideflächen vorausgehen, sowie die Ausscheidung der Gebiete, die unbedingt bewaldet werden müssen, von jenen Flächen, die der intensiven Weidenutzung zugeführt werden können. Die pflanzensoziologische Forschung hat auch hier den Weg aufzuzeigen, der diese Ordnung erlaubt, aber auch den Weg, der zur wertvollen Weide führt.

Das einträchtige Zusammenwirken des die Wildbäche verbauenden Technikers mit dem Forst- und Almwirt, unterstützt durch die Arbeit des Pflanzensoziologen, wird uns mit der gleichmäßigen Abführung der Niederschlagswässer und somit der Verhinderung der Hochwasserschäden den gewünschten Erfolg bringen. Damit wird es auch gelingen, die gefährdeten Siedlungen in den Tälern erfolgreich zu schützen und Millionenwerte vor der Vernichtung durch Naturgewalten zu bewahren.

Es ist daher sehr zu begrüßen, daß durch die auf Anregung des ehemaligen Leiters der Forsttechnischen Abteilung für Wildbach- und Lawinenverbauung, Sektion Villach, Herrn w. Hofrat Dipl.-Ing. Steinwender, durchgeführte Vegetationskartierung in den Einzugsgebieten der Wildbäche in Kärnten ein wichtiger Schritt in dieser Hinsicht getan wurde, und es steht zu hoffen, daß nunmehr auch den Fachleuten der Wildbachverbauung ein bestimmender Einfluß auf die Bewirtschaftung der Wälder, darüber hinaus die Holznutzung und die Weidewirtschaft in den Einzugsgebieten der Wildbäche eingeräumt wird. Die Wildbachbetreuung ist also eine weiterreichende Aufgabe, als dies die Verbauung der eigentlichen Bachgerinne ist; ihre Maßnahmen und Vorkehrungen müssen sich daher auf das ganze Wildbachgebiet erstrecken.

I. EINFLUSS DER VEGETATION DES EINZUGSGEBIETES AUF DIE ENTSTEHUNG ODER VERHÜTUNG VON WILDBÄCHEN.

Die Vegetation übt einen nicht zu unterschätzenden Einfluß auf die Wasserhaushaltsverhältnisse eines Gebietsteiles, wie ihn das Einzugsgebiet eines Wildbaches darstellt, aus. Dieser Einfluß macht sich in mehreren Richtungen bemerkbar.

1. Rückwirkung auf das örtliche Klima.

Wenn auch zusammenfassende Untersuchungen hierüber nicht vorliegen, so steht es doch fest, daß die Ausbreitung und Art der Vegetation, insbesondere des Waldes, ausgleichend auf das örtliche Klima wirken. Darüber hinaus ist zweifellos eine Fernwirkung des Waldes vorhanden und von außerordentlicher Bedeutung für das ganze Land, nämlich der Einfluß des Waldes auf den Wasserhaushalt. Insbesondere spielt hier die Höhe, bis zu welcher die geschlossene Bewaldung hinaufreicht, also die Höhe der Waldgrenze, eine wichtige Rolle. Der Umstand, daß diese Waldgrenze in den letzten Jahrhunderten in vielen Gebieten um mehrere hundert Meter herabgedrückt wurde, gibt hier sehr zu denken, wobei es einerlei ist, ob diese Waldverwüstung eine Folge ungeregelter Weidewirtschaft oder eine Folge forstlichen Raubbaues am Walde für Zwecke der Hüttenindustrie oder auch seinerzeit im Interesse des venezianischen, neuerdings des „devisenbringenden" Holzhandels ist.

2. Schutz des Bodens gegen Wassererosion.

Die Pflanzendecke schützt den Boden gegen den Aufprall von Platz- und Schlagregen und schützt ihn dadurch weitgehend vor der Wassererosion. Es ist klar, daß nicht alle Pflanzengesellschaften einen gleich starken Schutz in dieser Hinsicht bewirken.

3. Einfluß auf den Wasserabfluß.

Die Vegetation ganz allgemein verhindert den oberirdischen Wasserabfluß, indem sie ihn hemmt und dadurch dem Wasser Zeit läßt, in den Boden einzudringen. Außerdem hält die Vegetation schon durch oberflächliche Adhäsion einen Teil der Niederschläge auf und verzögert auch noch durch ihr Wurzelgeflecht den unterirdischen Abfluß. Dadurch werden normale Niederschläge durch die Vegetation überhaupt weitgehend gebunden, während bei Wolkenbrüchen der Flutwellenanstieg immer noch wesentlich verringert werden kann. Es liegt auf der Hand, daß die Wasseraufnahmefähigkeit des Bodens, die Verzögerung des Wasserabflusses und die günstige Wirkung auf den Flutwellenverlauf bei den verschiedenen Pflanzengesellschaften sehr verschieden groß ist. So kann zum Beispiel ein kräuterreicher Mischwald in kurzer Zeit das Vielfache an Niederschlägen binden, wie zum Beispiel ein Monokultur-„Fichtenacker", dessen Boden ohne Unterwuchs und nur mit Nadelstreu bedeckt ist. Ebenso vermag eine gut futterwüchsige, kräuterreiche Almweide ein Vielfaches an Niederschlägen aufzunehmen, als zum Beispiel eine Almweide mit fast reinem Bürstlingrasen, der mit seinen brettartigen Horsten und seinem stark verfestigten Boden fast kein Wasser eindringen läßt, so daß der ganze Niederschlag eines Platzregens oberflächlich abfließen muß und nach weniger als einer halben Stunde schon unvermindert weiter unten den Wildbach speist und Schaden anrichtet.
Als Beispiel sei hier erwähnt, daß bei einem Unwetter im Jahre 1948 nach den meteorologischen Messungen im Institut in Arriach innerhalb 5 Stunden 77 mm Niederschläge fielen, das sind also 77 Liter Wasser auf einen Quadratmeter oder 770 Kubikmeter Wasser auf 1 Hektar, das sind rund 850.000 Kubikmeter Wasser zum Beispiel auf das etwa 11 Quadratkilometer umfassende Einzugsgebiet des Pöllingerbaches, welcher damals die Ortschaft Treffen verwüstete. Es ist klar, daß auch die wasserwirtschaftlich günstigste Vegetation in einem Wildbacheinzugsgebiet derartige Wassermassen nicht vollkommen zu binden vermag, aber es steht zweifellos fest, daß bei einer unverwüsteten und naturgemäßen Pflanzendecke ein sehr großer Teil dieser Niederschläge vorübergehend gebunden und erst im Laufe der folgenden Tage langsam abgegeben worden wäre, so daß eine Wildbachkatastrophe daher auch in diesem extremen Fall unwahrscheinlich gewesen wäre.

4. Wasserhaltende Kraft der Vegetation.

Sie steht im engen Zusammenhange mit der Fähigkeit der verschiedenen Pflanzengesellschaften, den Wasserabfluß zu verringern oder zu verzögern. Darüber hinaus ist aber die wasserhaltende Kraft des Bodens weitgehend abhängig

von der ihn besiedelnden Pflanzengesellschaft, die durch ihren Bestandesabfall
die Humusbildung, die Güte des Bodens, sein Porenvolumen und anderes mehr
weitgehend beeinflußt.

5. Pumpwirkung.

Gewisse Pflanzengesellschaften haben einen sehr hohen Wasserverbrauch,
entnehmen daher ihrem an sich meist sehr feuchten Standort einen Großteil seines Wassers. Diese Pumpwirkung zum Beispiel der Erlwaldgesellschaften
wird meist erst dann so recht offenbar, wenn die Erlen geschlägert wurden und
dann nach Ausfall dieses Wasserentzuges sich dort Vernässungen zeigen, wo
man vorher nur von frischem oder feuchtem Boden reden konnte.

6. Bodenfestigung.

Eine nicht zu unterschätzende Bedeutung hat die Vegetation auf die Festigung des Bodens, indem sie denselben nicht nur oberflächlich, sondern insbesondere auch unterirdisch durch ihren Wurzelfilz fest zusammenhält und
durch ihre Wurzeln in der Tiefe verankert. Dies spielt insbesondere auf steilen
Hängen, außerdem auf dem lockeren Material der Moränenablagerungen und
Terrassenböden eine große Rolle. Auch hier zeigt es sich wieder, daß es keineswegs gleich ist, welcher Zusammensetzung die jeweilige Pflanzendecke ist, da
auch die bodenfestigende Wirkung bei den verschiedenen Pflanzenarten und
Pflanzengesellschaften sehr verschieden ist. Als Beispiel sei an dieser Stelle nur
auf die verschiedene Wirksamkeit der flachwurzelnden Fichte oder der tiefwurzelnden Buche oder des Bergahorns hingewiesen.

7. Standortanzeige.

Es ist bekannt, daß die Vegetation sehr weitgehende Schlusse auf die örtlichen Standortsverhältnisse zuläßt, so insbesondere auf Bodenverhältnisse
(Nährstoffhaushalt, Wasserhaushalt, Bodenluftverhältnisse, Bodenleben, Relief,
Bodenreaktion, Wasserzügigkeit, Höhe des Grundwasserspiegels und dergleichen),
auf die Klimaverhältnisse (Höhenstufen, Wind, Belichtung, Niederschläge und
deren Form, Verteilung und Menge) und auf die sonstigen Umwelteinflüsse
(zum Beispiel Eingriffe von Mensch und Tier, Wirtschaftsmaßnahmen, wie
Beweidung, Mahd, Kahlschlag).
Für die Zwecke der Wildbach- und Lawinenverbauung erweisen sich die
vegetationskundlichen Erkenntnisse über die Standortsanzeige der verschiedenen
Pflanzengesellschaften besonders bedeutungsvoll, in Hinsicht auf die Möglichkeit der Lebendverbauung von gefährdeten Stellen und Böschungen und
anderes mehr und insbesondere dadurch, daß man mit ihrer Hilfe alle jene
Stellen unschwer feststellen kann, wo der Boden übermäßig wasserzügig und
dadurch die Gefahr von Erdabsitzungen und Abrissen besonders groß ist oder
wo auf andere Ursachen zurückzuführende Gefahrenstellen sind.

II. RÜCKWIRKUNGEN DER BEWIRTSCHAFTUNG AUF DIE VEGETATION.

Wenn es also feststeht, daß die Vegetation in ihren verschiedenen Formen
einen mehr oder weniger günstigen Einfluß auf das örtliche Kleinklima und
auf die Be- und Entwässerungsverhältnisse eines Gebietes ausübt, so ist anderseits die Erkenntnis von Bedeutung, daß die Vegetation ihrerseits wieder weit-

gehend unter dem Einfluß menschlicher Eingriffe, also insbesondere seiner Bewirtschaftungsmaßnahmen steht. Die Art der Bewirtschaftung wirkt sich sehr stark gestaltend und umgestaltend auf die Vegetationsdecke aus, leider aber keineswegs immer im günstigen Sinne für deren wünschenswerte wasserwirtschaftliche Wirkung.

<h3 style="text-align:center">1. Forstliche Bewirtschaftung der Wälder.</h3>

In diesem Zusammenhange seien nur diejenigen forst- und holzwirtschaftlichen Gesichtspunkte erwähnt und vom Standpunkt der biologischen Verhütung der Entstehung von Wildbächen behandelt, welche die wasserwirtschaftlichen Aufgaben des Waldes unmittelbar berühren.

Die vielfach naturwidrige Bewirtschaftung des Waldes hat diesen nur zu häufig der Fähigkeit beraubt, sich im Bedarfsfalle wie ein Schwamm voll Wasser zu saugen und dieses dann nach und nach unschädlich wieder abzugeben. Die in den vergangenen Jahrzehnten modern gewordenen, dicht gepflanzten Fichtenreinkulturen — „Fichtenäcker" — bewirken aber gerade das Gegenteil, indem ihre fast unterwuchslose, festgepreßte Nadelstreu- und Rohhumusdecke das Niederschlagswasser schnellstens oberflächlich ableitet. Es ist daher notwendig, dem Vordringen der vielerorts immer mehr um sich greifenden Fichten-Monokultur-Wirtschaft einen Riegel vorzuschieben, da sie — abgesehen von anderen forstlich schädlichen Folgen — Verödung und Einseitigkeit nach sich zieht und den Wasser- und Geschiebehaushalt der Wildbäche ungünstig beeinflußt. Ähnlich verhält es sich mit der heutigen Großkahlschlagwirtschaft, deren Umsichgreifen durch die Anlage stationärer Seilbringungsanlagen noch wesentlich verschärft wurde. Dazu kommen noch besonders verschiedene andere Sünden, wie zum Beispiel die rücksichtslose Holzlieferung in steilen Teilen der Wildbachseinzugsgebiete und vieles andere.

Es sind gerade Maßnahmen der Forstwirtschaft auf dem Gebiete der Betriebseinrichtung, des Waldbaues, der Forstnutzung und Holzbringung von ungemein großer Wichtigkeit für den Wasserhaushalt in den Einzugsgebieten der Wildbäche und damit für ihre dauernde Beruhigung. Die Abkehr von einer naturwidrigen Bewirtschaftung und die Rückführung zu einem naturnahen Waldzustand müssen eine dauernde Forderung der Wildbachverbauung sein, denn es können die besten technischen Verbauungen allein letzten Endes einen Wildbach nicht bändigen, wenn der Wald in seinem Einzugsgebiet durch große Kahlschlagwirtschaft und naturwidrige Bestockung für die Erfüllung seiner Aufgaben als Wasserspeicher unbrauchbar gemacht wurde und wenn seine wasserwirtschaftlich wirksame Fläche durch Waldverwüstung immer mehr und mehr beschnitten wird.

Weiters ergibt sich die Notwendigkeit, die unschädliche Wasserableitung von den Holzabfuhrwegen sowie die sofortige Verbauung oder Sicherung beginnender und oft noch harmlos aussehender Bodenanrisse und Ausschwemmungen im Sammelgebiet der Wildbäche auch im Waldbereich frühzeitig in Angriff zu nehmen.

Als praktische Auswirkung dieser Erkenntnisse ist zu fordern, daß in Wildbachgebieten bestimmte gefährdete Örtlichkeiten durch Verbote geschützt werden, welche sich insbesondere auf Kahlschläge, Reinkulturen flachwurzelnder Hölzer (Fichte), Anlage von ungesicherten Erdriesen beziehen. Umgekehrt können Anordnungen notwendig werden in Hinsicht auf Ergänzung und Um-

wandlung der Bestockung, Bodensicherung, Verteilung des von den Wegen ab-
geleiteten Tagwassers, Ausscheidung im Sinne der Schutzwaldgesetzgebung,
Bannwalderklärung und anderes mehr.

2. Die Bewirtschaftung der Almen, Weiden, Wiesen und Felder.

Ähnlich wie beim Wald hat auch die Art der Bewirtschaftung der landwirtschaftlichen Grundstücke und insbesondere der Almen einen ganz wesentlichen Einfluß auf die Wasseraufsaugfähigkeit der Pflanzendecke beziehungsweise des Bodens und damit auf das plötzliche Ansteigen der Flutwelle oder
die allmähliche Ableitung heftiger Regengüsse.

Es ist bekannt, daß gerade die durch jahrhundertelange ungeregelte Beweidung verfestigten und ausgehagerten Almflächen, welche zumeist fast nur
noch von Zwergstrauchheiden und Bürstlingrasen bedeckt sind, überhaupt keine
Aufnahmsfähigkeit für die Niederschläge haben und daher plötzlich auftretende
heftige Niederschläge oberflächlich auf dem schnellsten Wege abfließen lassen.
Dagegen hat sich gezeigt, daß gut gedüngter, in geregeltem Weidewechsel bewirtschafteter und infolgedessen auch von einer futterwüchsigen und nahrhaften
Weidegrasnarbe bedeckter Almboden größere Bodendurchlüftung besitzt und
mehr Wasser schnell aufzunehmen in der Lage ist als zum Beispiel der Boden
unter einer Fichten-Monokultur. Dazu kommt noch, daß auf Almen mit geregeltem Weidewechsel bei höheren Erträgen und besserem Weideerfolg das
Auslangen mit bedeutend kleineren Flächen gefunden wird als dies bisher der
Fall ist, und daß es daher im viehwirtschaftlichen wie im forstlichen Interesse
auch des Almwirtes gelegen ist, auf diese Weise ohne Schmälerung der Alpungs-
möglichkeit und ihres Erfolges, Flächen zur Wiederbewaldung freizumachen
und auf diese Weise die seit Jahrhunderten gesunkene Waldgrenze wieder
heben zu helfen, die bewaldete Fläche zu vermehren und damit ganz entscheidend zur Unschädlichmachung der Wildbäche beizutragen.

Aber auch im Bereiche der bergbäuerlichen Heimwirtschaften finden sich
dort und da Stellen, wo durch Bewirtschaftungsmaßnahmen Schäden vor-
gebeugt werden muß oder wo bereits beginnende Erdabsitzungen oder Aus-
waschungen eine sofortige Verbauung oder Sicherung notwendig machen. Da
diese Verbauungs- und Sicherungsarbeiten den wirtschaftlich meist schwachen
und vielfach in ihrer Existenz gefährdeten Bergbauern selbst nicht zugemutet
werden können, da sie anderseits im öffentlichen Interesse der Wildbachverhütung liegen, wäre es wohl angebracht, diese Arbeiten aus öffentlichen Mitteln
durch die Wildbachverbauung oder Meliorationsämter zu finanzieren und
durchzuführen.

Zusammenfassend muß festgestellt werden, daß ein Wildbach und sein
Einzugsgebiet nur dann mit den schonendsten Mitteln auf naturgemäße Weise
in Ordnung und damit zur Ruhe gebracht werden kann, wenn die technische
Verbauung durch vielseitige Maßnahmen der Bodenkultur ergänzt wird. Eine
naturnahe Gestaltung der Pflanzendecke im Sammelgebiet und eine dauernde
Betreuung nicht nur der technischen Verbauungen, sondern insbesondere auch
des gesamten Einzugsgebietes müssen sich ergänzen, wenn die Wildbachverbauung nicht auf die Dauer Sisyphusarbeit leisten will.

In besonders gefährdeten Wildbachgebieten würde sich die Aufstellung
von eigenen Wildbachwarten ebenso bezahlt machen wie die Tätigkeit zum

Beispiel der Flußwärter, der Straßenwärter oder Bahnwärter. Sie hätten kleinere Schäden sofort auszubessern, bevor sie größeren Umfang annehmen, größere Schäden aber rechtzeitig zu erkennen und weiterzumelden.

III. RÜCKWIRKUNGEN DER VEGETATION AUF DIE ENTSTEHUNG UND DEN ABGANG VON LAWINEN.

Neben der jeweiligen Menge und der durch den Wind verursachten ungleichmäßigen Ablagerung des Schnees ist der Neigungsgrad der Gehänge im Abbruchgebiet zwar ein sehr wesentlicher Faktor für die Lawinenentstehung; aber auch die Vegetationsdecke im Nähr- und Abbruchgebiet spielt dadurch eine mitbestimmende, oft sogar entscheidende Rolle, daß die Lawinenentstehung durch sie gefördert oder gehemmt wird. Insbesondere der Wald, auch der räumdige im Kampfgürtel und sogar die vereinzelten Krüppelbäume im Bereich der Baumgrenze geben der Schneedecke manchmal auch auf steilen und steilsten Hängen so viel Halt, daß es kaum zur Entstehung von Lawinen kommt. Anders verhält es sich mit verschiedenen Buschwäldern, z. B. den Latschen- oder den Grünerlen-Beständen. Sie verleihen zwar einer an sich glatten Hangfläche einen gewissen Grad von Rauheit und geben daher der Schneedecke etwas mehr Bindung mit der Unterlage, als dies z. B. auf Grashängen der Fall ist. Diese Buschwälder können aber anderseits auch den Lawinenabbruch fördern, indem unter ihrem Schutz durch den sogenannten Tiefenreif in den untersten Schneeschichten Hohlräume und lockerer Schwimmschnee entstehen, die im Verein mit der Federkraft der Latschen- oder Grünerlenbüsche oft die erste Ursache eines Lawinenabbruches bilden. Es sei hier ferner nur angedeutet, daß z. B. die Zwergstrauchheiden die Bodenoberfläche doch wesentlich rauher machen, als dies auf Grashängen der Fall ist, und daß sie daher wenigstens auf Hängen mit geringerem Neigungsgrad der Schneedecke gerade noch genügend Halt geben, wo dies beim Gras nicht mehr der Fall ist.

Unter gewissen Umständen ist es aber im Gegenteil oftmals gar nicht erwünscht und günstig, wenn die Pflanzendecke dem Schnee mehr Halt gibt, ohne bei Anwachsen der Schneedecke den Lawinenabbruch dann doch ganz verhindern zu können. In solchen Fällen würde eine Pflanzendecke, die dem Hang eine glatte Oberfläche verleiht, sich so auswirken, daß nach jedem Schneefall die verhältnismäßig geringe Schneemenge in Form von kleineren und damit verhältnismäßig harmlosen Lawinen abgeht, während eine rauhere Pflanzendecke lediglich bewirken würde, daß sich eine mächtigere Schneedecke ansammelt, um dann schließlich doch als größere und damit auch gefährlichere Lawine abzugehen. Auch sind uns Beispiele bekannt, wo die Geländegestaltung es mit sich bringt, daß hier öftere, kleinere Lawinen nach jedem Schneefall deshalb erwünscht sind, weil sie sich durch seichte Gräben und andere Einflüsse der Geländegestaltung in gewisse Lawinenzüge lenken lassen. Gehen in solchen Fällen infolge einer rauheren Vegetation oder anderer Umstände hier größere Lawinen ab, so lassen sich diese oft nicht in die gewohnten Bahnen der kleineren Lawinen ablenken, überspringen oft die Ränder seichter Mulden und Gräben und nehmen dann einen ganz anderen, unheilvollen Verlauf. Diese wenigen Beispiele für die Auswirkung der verschiedengestaltigen Pflanzendecke in Lawinengebieten ließen sich noch beliebig vermehren.

Fest steht, daß die Vegetationsdecke im Entstehungsgebiet der Lawinen die Abbruchgefahr wesentlich verringern oder verstärken kann und daß z. B.

ein kräftiger und gesunder Hochwald aus standortgemäßen Mischholzarten im Durchzugsgebiet der Lawinen die Gefahr für die darunter gelegenen Siedlungen, wenn schon nicht immer ganz beheben, so doch wesentlich herabmindern kann. Damit bekommt die Frage Bedeutung, inwieweit es in den in Betracht kommenden Höhenstufen möglich ist, die Pflanzendecke umzugestalten und wie. Den ersten Schritt zu ihrer Lösung stellt die Erfassung der Standortverhältnisse mit Hilfe der Vegetationskartierung dar. Eine besondere Bedeutung gewinnen in diesem Zusammenhang die Bestrebungen zur Hebung der Waldgrenze auf ihre ursprüngliche, klimatisch bedingte Höhe. Wenn sie schon überall wünschenswert wäre, so ist sie insbesondere in den Lawinengebieten eine dringende Notwendigkeit. Es ist daher eine wichtige Aufgabe der angewandten Pflanzensoziologie in ihrer Zusammenarbeit mit der Lawinenverbauung, die vegetationskundlichen Möglichkeiten hiezu und die praktischen Wege zu ihrer Verwirklichung zu untersuchen und aufzuzeigen. Es liegt ferner auf der Hand, daß die Sicherung von Lawinengebieten auf dem Wege über die Vegetation ungleich größere Schwierigkeiten zu überwinden haben wird als dies bei der Beruhigung von Wildbachgebieten der Fall ist. Dies erhellt schon allein aus der Tatsache, daß sich der Wald in seinem Verwüstungsgebiet meist nur von unten nach oben aufbringen läßt, während das Nährgebiet der Lawine eine Beruhigung von oben nach unten erfordert, wenn nicht alle paar Jahre der ganze mühsam aufgebrachte Jungwuchs zunichte gemacht werden soll. Daher wird es auch immer noch genügend Gebiete geben, bei welchen der Weg über die Vegetation von vornherein als aussichtslos angesehen werden muß und wo im Bedarfsfalle nur mit der technischen Verbauung allein ein Erfolg erzielt werden kann. Wo aber die Möglichkeit zu einer Beruhigung oder wenigstens Einengung des Entstehungsgebietes durch vegetationskundliche Maßnahmen besteht, muß man sie schon deshalb auszuschöpfen suchen, weil derartige Maßnahmen sich in der Regel immer noch billiger stellen werden als die technische Verbauung. Sie wird allerdings in manchen Fällen kaum ganz zu umgehen sein oder wenigstens in einfacherer und billigerer Ausführung solange einspringen müssen, bis in ihrem Schutz die Umgestaltung der Pflanzendecke zu einem gewissen Erfolg geführt werden konnte.

IV. VEGETATIONSKARTIERUNGEN VON WILDBACH- UND LAWINEN-EINZUGSGEBIETEN 1949/51.

Im Jahre 1949 wurden im Auftrage der Forsttechnischen Abteilung für Wildbach- und Lawinenverbauung, Sektion Villach, erstmalig eingehende Vegetationskartierungen verschiedener Wildbach-Einzugsgebiete in Kärnten nach Richtlinien von Erwin Aichinger durch Albert Gayl und Helmut Hecke durchgeführt. Seit 1950 wurden diese Vegetationskartierungen nun auch auf das Land Salzburg, hier im Auftrage der Sektion Salzburg, ausgedehnt. Die Vegetationsaufnahmen im Gelände werden jeweils während der Vegetationszeit durchgeführt, während im darauffolgenden Winter die Vegetationskarten und die dazugehörigen, eingehenden Beihefte und Gutachten ausgearbeitet werden. In dieser Art wurden 1949/50 und 1950/51 folgende Wildbach- bzw. Lawinengebiete bearbeitet:

Raben- und Schieflingbach am Südhange der Gerlitzen, Kärnten,

Mattlingbach im Lesachtal, Kärnten,

Klausenkofel- und Oschenigbach im unteren Mölltal, Kärnten,

Pöllingerbach bei Treffen am Westhange der Gerlitzen, Kärnten,
Ruppabach am Dobratsch, Gailtal, Kärnten,
Mühldorferbach im Reißeckgebiet, Kärnten,
Lawinengebiet bei Alt-Böckstein, Gasteinertal, Salzburg.

Der Zweck dieser Kartierung bringt es mit sich, daß hier ein sonst bei
Vegetationskartierungen nicht gebräuchlicher, großer Maßstab angewendet werden muß. Ebenso mußte aus demselben Grunde ein dem besonderen Zweck angepaßter Farben- und Zeichenschlüssel ausgearbeitet werden.

Diese Vegetationskartierung hat es erst so recht augenfällig gemacht, wie
weit die Pflanzendecke in manchen Gebieten durch verschiedenartige verwüstende Eingriffe von dem Zustand entfernt wurde, der aus wasserwirtschaftlichen, aber auch aus forstlichen, land- und almwirtschaftlichen Gründen erstrebenswert ist. Insbesondere weisen die an der Gerlitzen gelegenen Wildbach-Einzugsgebiete bei eingehender Betrachtung in dieser Hinsicht eine erschreckend gestörte Vegetationsdecke auf. Sie ist viel ungünstiger, als dies der oberflächliche Eindruck bei einmaliger Begehung vermuten läßt. Die Waldgrenze ist
von ihrer ursprünglichen Höhe um mehrere hundert Meter herabgedrückt, der
Kampfgürtel des Waldes weist meist einen erschreckenden Rückzugscharakter
auf, die Wälder sind vielfach ihrer natürlichen und standortgemäßen Mischwaldeigenschaft entkleidet und in Fichtenforste verwandelt, weiterhin aber
durch „Plünderung" und Großkahlschläge dezimiert, und die Almen sind auf
weite Strecken verhagert, versauert und von Bürstling, Zwergstrauchheiden und
dergleichen verunkrautet. Es ist daher kein Wunder, daß nicht nur die engeren
Bachbereiche fast durchwegs eine lange Kette von kleineren und größeren Bodenwunden und offenen Rutschungen darstellen, sondern daß bis weit in die
oberen Teile der Einzugsgebiete hinauf allerorten vielfältige gefährdete und
gefahrbringende Stellen, kleinere und größere Plaiken, Runsen und dergleichen
zu finden sind, welche sozusagen nur auf den nächsten größeren Regenguß warten, um sich mit jedesmal sprunghaft zunehmender Menge des ausgerissenen
und mitgeführten Materials in den Nebengräben zu sammeln, weiter in den
Hauptbach und mit diesem über die am Auslauf gelegenen Talgefilde zu ergießen. Es wurden verschiedentlich kleine Bodenwunden unterhalb entwaldeter
Flächen, in einem Falle z. B. aber auch innerhalb eines Fichtenreinbestandes
gefunden, wo der erste Regenguß lediglich eine Materialmenge weggetragen
hat, die leicht in einem Schubkarren Platz hätte. Schon der nächste Platzregen,
in diesem Falle am 9. September 1949, hat dann diese ursprünglich kleine
und belanglos erscheinende Bodenwunde so ausgeweitet, daß das nun weggeschwemmte Erdmaterial in zwei Waggons nicht Platz hätte. Welche Folgen
an diesen Stellen der nächste Platzregen haben wird, steht außer Frage. Diese
Wildbäche sind also infolge der gestörten Pflanzendecke eine dauernde Gefahr,
die erst dann herabgesetzt sein wird, wenn es im Laufe der Zeit gelungen sein
wird, die Pflanzendecke im Einzugsgebiet wieder einigermaßen zweckentsprechend und natürlich umzugestalten.

Bei einzelnen anderen bearbeiteten Einzugsgebieten ist es das fließende
Wasser erst in zweiter Linie, welches deren Gefährlichkeit ausmacht. Sowohl
beim Mattlingbach wie auch beim Klausenkofelbach sind es in erster Linie
geologische Ursachen, welche die Schäden auslösen. Diese beiden Einzugsgebiete
weisen außerdem zwar auch eine ganze Reihe von kleineren und größeren
sonstigen Bodenwunden auf und ihre Pflanzendecke erfordert ebenfalls da und

dort eine Verbesserung und Umgestaltung, doch läßt sich in diesen Gebieten eine weitgehende Bereinigung der Gefahren auf dem Wege über die Umgestaltung der Pflanzendecke allein nicht erreichen, weil tektonische Vorgänge, also stärkere Gewalten, am Werke sind.

Das Lawinengebiet bei Böckstein erwies sich bei der eingehenden Untersuchung als lawinenreicher, als allgemein bekannt ist. So fanden sich eine ganze Reihe von im Entstehen begriffenen Lawinenzügen. Weiterhin auch solche Lawinen, die auch in früheren Jahren oft abgegangen sind, jedoch bisher immer weit vor Erreichen des Talbodens im schützenden Wald stecken blieben. Eine dieser bisher immer steckengebliebenen Lawinen hat im Winter 1950/51 auch die letzten ihr vorgelagerten, nur noch schmalen schützenden Waldkulissen durchbrochen und ist in weiterer Folge bis zum Talboden vorgedrungen. Derartige Gefahrenstellen bestehen noch mehrere in diesem Gebiet, dessen besondere Gefährlichkeit daraus hervorgeht, daß hier Dauersiedlungen und sogar eine namhafte Ortschaft gefährdet sind und auch schon in Mitleidenschaft gezogen wurden. Der schützende, ursprünglich geschlossene Bannwaldgürtel ist teilweise stark gelichtet, durch Waldverwüstung vermindert und von Lawinen angenagt. Teilweise ist er auch überaltert oder durch Kahlschläge lückig. Die Waldgrenze ist überall stark, stellenweise um mehrere hundert Meter, unter ihre klimatisch bedingte Höhe herabgedrückt. Im Ganzen gesehen sind die Schäden an der Pflanzendecke in diesem gefährlichen Gebiet schon sehr weit fortgeschritten. Die Gefahren können hier durch vegetationskundliche Maßnahmen allein nicht behoben werden. Möglich und aussichtsreich ist es dagegen, die Nährgebiete weitgehend einzuengen, einzelne sogar ganz zu beruhigen. Weiterhin wird es, wenn die richtigen Maßnahmen ergriffen werden, im Laufe der Zeit möglich sein, den schützenden Waldgürtel wieder in eine solche Verfassung zu bringen, daß er einen weitgehenden Schutz der darunter liegenden Siedlungen darstellt.

V. DIE KARTIERUNG SELBST.

1. Z w e c k.

Die auszuarbeitenden Vegetationskarten sind keine Vegetationskarten im üblichen Sinne und auch nicht Selbstzweck, sondern sie sollen in Verbindung mit dem Begleittext für die besonderen Zwecke der Wildbach- und Lawinenverbauung dienen:

a) Sie sollen die derzeitige Vegetation, die Pflanzengesellschaften, welche das gesamte Einzugsgebiet der betreffenden Wildbäche bzw. Lawinengebiete bedecken, nach vegetationskundlichen Gesichtspunkten möglichst richtig darstellen. Sie haben eine möglichst genaue Übersicht über die Pflanzendecke des betreffenden Gebietes und ihr Einschmiegen in die Topographie zu bieten.

b) Sie sollen gefährdete Örtlichkeiten aufzeigen, also zum Beispiel Stellen, wo aus der Vegetation übermäßige ober- oder unterirdische Wasserführung erkennbar ist.

c) Sie sollen solche Stellen aufzeigen, wo lockeres Material durch den derzeitigen Pflanzenbewuchs nicht genügend gebunden ist.

d) Sie sollen aufzeigen, wo die derzeitige Vegetationsdecke nicht geeignet ist, das anfallende Niederschlagswasser schnell aufzusaugen, vorübergehend zu binden und dann langsam wieder abzugeben.

e) Sie sollen Fingerzeige geben für die Lebendverbauung solcher gefährdeter Stellen.

f) Sie sollen auf notwendige land-, alm- oder forstwirtschaftliche Maßnahmen oder Kulturänderungen hinweisen.

g) Sie müssen daher in einem möglichst großen Maßstab ausgeführt werden, damit auch wichtige Einzelheiten richtig dargestellt und abgelesen werden können.

h) Sie müssen nach Möglichkeit auch die katastermäßigen Parzellengrenzen erkennen lassen, damit allenfalls auf die Bewirtschaftung Einfluß genommen werden kann.

i) Es müssen bei richtiger Darstellung der tatsächlichen Vegetation auch die eigentliche beziehungsweise katastermäßige Bestimmung der betreffenden Fläche zu ersehen sein; kommt es doch zum Beispiel häufig vor, daß eine im Kataster als Almweide ausgewiesene Fläche seit langem schon vom Almwald überwachsen, dann zur Wiederherstellung der Almweide geschlägert wurde und heute fast ganz von bodensauren Zwergstrauchheiden verwachsen ist.

k) Sie muß besonders auch alle jene Einzelheiten der Vegetation deutlich erkennen lassen, die für die Beurteilung der Gefährlichkeit eines Lawineneinzugsgebietes oder die Möglichkeiten zur Abhilfe wichtig sind.

Soll die Vegetationskartierung daher alle diese auf den besonderen Verwendungszweck zugeschnittenen Aufgaben erfüllen, muß sie in Maßstab und Darstellungsweise in manchen Punkten von den bisher üblichen Vegetationskarten abweichen, welche rein wissenschaftlichen Zwecken allein dienen.

2. Planunterlage und Maßstab.

Der Maßstab für den besonderen Kartierungszweck muß möglichst groß gewählt werden, damit die Einzelheiten in der notwendigen Deutlichkeit dargestellt werden können. Hiezu wäre vielleicht der Maßstab 1 : 5000 hinreichend gewesen. Da aber bei der Wildbachverbauung für die Situationspläne der einzelnen Projekte der Katasterplan 1 : 2880 als Planunterlage verwendet wird, wurde dieser Maßstab auch für die Vegetationskartierung beibehalten. Der Katasterplan als Unterlage bietet auch noch den Vorteil, daß er die Parzellengrenzen und damit auch die Eigentumsverhältnisse kenntlich macht, was für dort und da etwa zu veranlassende Maßnahmen von Bedeutung ist.

Der Katasterplan wurde jeweils durch Einzeichnung wichtiger topographischer Einzelheiten ergänzt. Insbesondere wurde das Wege- und Gewässernetz, der Schichtenplan, vermessene Punkte und für die Orientierung wichtige Einzelheiten (wie z. B. Heuschupfen, Bildstöcke und dergleichen) eingezeichnet.

3. Darstellung der Vegetation.

Es wurden jeweils in sich geschlossene, in ihrer Vegetation mehr oder weniger einheitliche Aufnahmeeinheiten verschiedener Größe erfaßt und, soweit ihre Begrenzung nicht ohnehin durch die Parzellengrenzen gegeben erscheint, durch rotviolette Linien von einander getrennt und mit ebensolchen Nummern versehen. Diese weisen auf die ergänzende Beschreibung im Beiheft hin.

Die Vegetationskarte stellt also in möglichst übersichtlicher Weise den Hauptbewuchs und die Hauptnutzung und weiterhin die wichtigsten Kennzeichen des Unterwuchses dar. Bei ihrer Betrachtung muß jedoch in Rechnung gestellt werden, daß sich die in der Natur sehr häufig findenden allmählichen Übergänge auf der Karte meist nicht entsprechend darstellen lassen und daher

notgedrungen durch allzu scharfe Linien zwischen den Grundfarben der Aufnahmeeinheiten wiedergegeben werden mußten. Bei genauer Betrachtung der
Karte lassen sich diese Übergänge aber auch aus den Signaturen bis zu einem
gewissen Grade ablesen. Wo es angängig war, wurden solche allmählichen
Übergänge auch durch mosaikartiges Ineinandergreifen der beiden in Betracht
kommenden Grundfarben dargestellt.

4. Der Zeichenschlüssel.

Bekanntlich erschwert es die Benützung einer solchen Karte immer sehr,
wenn man immer wieder gezwungen ist, auf dem Zeichenschlüssel nachzusehen,
wie dies meist bei den geologischen Karten nicht zu umgehen ist. Deshalb war
für die Ausarbeitung des Zeichenschlüssels das Bestreben leitend, Grundfarben
und Kartenzeichen möglichst weitgehend in Anlehnung an die bereits bisher
eingeführten oder üblichen Kartenzeichen so zu wählen, daß sie sich dem Ge-
dächtnis leicht einprägen lassen. Soweit es mit diesem Grundsatz vereinbar ist
und dem besonderen Zweck der Karte nicht widerläuft, wurden aber die für
Vegetationskarten bisher bereits verwendeten Zeichen und die von Rübel gegebenen Richtlinien verwendet.

Es liegt auf der Hand, daß dem verschiedenartigen Zweck entsprechend
der für die Wildbachgebiete angewendete Zeichenschlüssel für die Kartierung
der Lawinengebiete in einzelnen Punkten diesem besonderen Zweck und
den Verhältnissen entsprechend abgewandelt wurde. Da diese Art der Kartierung ferner ohne jedes Vorbild angefangen und die Darstellungsmethoden
erst erarbeitet werden mußten, ist es verständlich, daß die Darstellungsweise
sich praktisch von Karte zu Karte weiterentwickelte. Noch immer ergeben sich
bei der Arbeit Wege und Möglichkeiten zu Fortschritten und Verbesserungen.

Der Zeichenschlüssel gliedert sich in drei Teile:

a) Darstellung der topographischen Verhältnisse.
Hiebei wurden fast ausschließlich die in der Kartographie üblichen Zeichen
und Farben für Gebäude, Gewässer, Wege und Steige, vermessene Punkte und
dergleichen angewendet. Die Nummern der Aufnahmeeinheiten und ihre
Begrenzungslinien wurden rotviolett eingezeichnet.

b) Grundfarben. Der Hauptbewuchs in einer Aufnahmeeinheit, beziehungsweise ihr Gesamtcharakter wurde durch die Grundfarbe dargestellt,
und hiebei möglichst die bisher schon für Vegetationskarten üblichen Farben
beibehalten. Dementsprechend wurden zum Beispiel Gehölze des feuchten Bodens (hydrophile Pflanzengesellschaften) hellblau, Gehölze des trockenen Bodens
(xerophile Pflanzengesellschaften) gelb, Nadelwälder dunkelgrün, Wälder mit
besonders gutem Nährstoffhaushalt (meist Buchenmischwald) rot und bodensaure Eichenwälder hellbraun, Buschwälder oliv angelegt. Weiters wurde als
Grundfarbe für die Zwergstrauchheiden rotviolett gewählt. Die alpinen Rasen
gesellschaften wurden braungrau gezeichnet. Äcker und Egarten braun und
Wiesen hellgrün (Wiesenfarbe). Für Hut- und Almweiden wurde heller Ocker
verwendet. Diese Beispiele zeigen, daß der gewählte Farbenschlüssel, welcher
erst im Laufe der Arbeit zu der jetzigen Form entwickelt wurde, zweifellos
zweckentsprechend und leicht einprägsam ist.

Allmähliche Übergänge der Pflanzendecke lassen sich hiebei aber in der
Grundfarbe nur derart andeuten, daß die beiden in Frage kommenden Grundfarben ineinander verzahnt sind, wobei die weitere Kennzeichnung des Über-

gangs der Verteilung der Kartenzeichen überlassen bleibt. Ebenso werden besonders ausgeprägte Mosaikkomplexe durch schraffen- oder mosaikartige Verteilung der zwei oder mehr in Frage kommenden Grundfarben dargestellt.

c) K a r t e n z e i c h e n (S i g n a t u r e n). Während also die Grundfarben den Hauptbewuchs bzw. die wirtschaftliche Zweckverwendung einer bestimmten Fläche anzeigen, gehen die weiteren Einzelheiten über die Feuchtigkeits-, Mischungs-, Bewuchs- und Unterwuchsverhältnisse aus den Kartenzeichen hervor. Sie sind in ihrer Form unter teilweiser Beibehaltung der von Rübel vorgeschlagenen Kartenzeichen so gehalten, daß sie sinnfällig die Wuchsform oder irgendein sonst auffälliges oder gut bekanntes Merkmal der betreffenden Art darstellen und sich daher leicht merken lassen. Sie wurden nach Möglichkeit in den für sie zutreffenden Farben wiedergegeben, also z. B.:

blau für hygrophile Pflanzen,
gelb für xerophile oder basiphile Pflanzen,
rot für nährstoffreichen Boden beanspruchende Pflanzen,
rotviolett für besonders acidiphile Pflanzen,
blauviolett für besonders basiphile Pflanzen und so fort.

Um dem Benützer der Vegetationskarten das Einprägen der Farben und der Kartenzeichen zu erleichtern und das dauernde Nachschauen im Zeichenschlüssel auf ein Mindestmaß herabzusetzen, wurde in diesem in einer besonderen Spalte bei den meisten Zeichen die Merkhilfe angegeben. Dadurch ist es möglich, sich alle Zeichen rasch einzuprägen.

5. B e s c h r i f t u n g.

Außer den aus der Karte 1 : 25000 und den Katasterplänen ersichtlichen Orts- und Flurnamen wurden auch noch weitere ortsübliche Bezeichnungen für Örtlichkeiten und dergleichen in der Karte verzeichnet, weil sie für den späteren Benützer der Karte das Zurechtfinden und insbesondere die Aussprache mit Einheimischen und den betreffenden Grundbesitzern über allenfalls dort und da zu treffende Maßnahmen ganz wesentlich erleichtern. Hiebei wurde in der Schreibung dem tatsächlichen Sinn und der ortsüblichen Aussprache weitgehend Rechnung getragen. Die Flurnamen sind übrigens sowohl auf der Österreichischen Karte 1 : 25.000 wie auch auf den Katasterplänen vielfach an falschen Stellen wiedergegeben, häufig aber auch bis zur Unkenntlichkeit ihres ursprünglichen Sinnes verstümmelt.

6. K a r t o g r a p h i s c h e G e n a u i g k e i t.

Bei Zugrundelegung der Österreichischen Karte 1 : 25.000 wie auch des Katasterplanes hat es sich leider herausgestellt, daß die Eintragungen der Katasterpläne fallweise bis zu 75 m von der Wirklichkeit abweichen; in einem Falle mußten wir sogar einen Fehler von rund 400 m feststellen. Aber auch die neue Österreichische Karte 1 : 25.000 weist an einzelnen Stellen an sich geringfügige Fehler auf, die sich aber dann unangenehm bemerkbar machen, wenn sie auf den Katastermaßstab übertragen werden. Es liegt auf der Hand, daß die angestrebte möglichste Genauigkeit bei der Vegetationskartierung unter diesen Umständen leiden mußte. Trotzdem ist es meist einigermaßen gelungen, die Angaben der zur Verfügung stehenden Katasterpläne, Forstkarten, der Öster-

reichischen Karte 1 : 25.000 oder 1 : 50.000 und die tatsächlichen Verhältnisse
im Gelände auf einen gemeinsamen Nenner zu bringen, so daß im allgemeinen
mit einer für praktische Zwecke genügenden Genauigkeit zu rechnen ist.

7. Die Text-Beilagen zu jeder Vegetationskarte.

Einen nicht unwesentlichen Teil der gesamten Vegetationskartierung eines
Wildbacheinzugsgebietes oder auch Lawinengebietes stellen neben der Karte die
Textbeilagen dar, in welchen alles das niedergelegt wurde, was sich in der Karte
nicht ausdrücken läßt, was sonst noch bei der Kartierungsarbeit als wesentlich
festgehalten wurde oder auch die Schlüsse und Empfehlungen zur Umgestaltung
der Pflanzendecke im Sinne einer besseren Wildbachverhütung, Schuttbindung
und dergleichen.

a) Das Beiheft I. Nummernverzeichnis. Es enthält unter
den entsprechenden laufenden Nummern nähere Einzelheiten über die einzelnen Aufnahmeeinheiten und über die dort herrschenden, durch die Vegetation ausgedrückten Verhältnisse. Es handelt sich hier um eine stark gekürzte
Wiedergabe der im Gelände gemachten Aufzeichnungen. Jedoch wurde hiebei
die eingehende, aufzählende Wiedergabe des Unterwuchses unterlassen, da
dieser in seinen Einzelheiten nur den Pflanzensoziologen interessiert. Den
Wildbachverbauungsfachmann interessieren dagegen lediglich die aus der
gesamten Pflanzendecke über die örtlichen Verhältnisse zu ziehenden prak
tischen Schlüsse, die er für seine Arbeit oder zur Veranlassung besonderer Maßnahmen braucht. Daher sind im Nummernverzeichnis außer dem Hauptbewuchs nur die Schlüsse über die jeweils gegebenen Standortverhältnisse und
weiterhin ein Hinweis gegeben, wo für die betreffende Pflanzengesellschaft in
E. Aichingers „Grundzügen der forstlichen Vegetationskunde" ausführliche Angaben über ihre typische Zusammensetzung, ihre Ökologie und ihre Stellung im
syngenetischen System zu finden sind.

b) Das Beiheft II. Besondere Erläuterungen. Es enthält
außer einer allgemeinen Behandlung der geographischen, geologischen und
sonstigen Verhältnisse des Einzugsgebietes insbesondere die Schlüsse, welche man
aus der Vegetation und den sonstigen Ergebnissen der Kartierung über das
betreffende Gebiet oder insbesondere einzelne Teile davon zu ziehen vermag.
Ergänzend enthält es für alle gefährdeten Örtlichkeiten Empfehlungen für Maßnahmen

 der Forsteinrichtung,
 des Waldbaues,
 der Forstbenutzung,
 Forstpolitische und -polizeiliche Maßnahmen,
 Maßnahmen zur Lebendverbauung gefährdeter Stellen,
 Maßnahmen der landwirtschaftlichen Bewirtschaftung, des Almbetriebes
  und der Almpflege,
 Bodenordnende Maßnahmen zwischen Weide und Wald.

Es handelt sich bei dieser Arbeit nicht nur um die erste derart großmaß-
stäbliche Vegetationskartierung, sondern insbesondere auch um die erstmalige
Indienststellung der Vegetationskunde für die Erfassung eines ganzen Wildbach-
oder Lawineneinzugsgebietes sowie als Grundlage für die Lebendverbauung und

143

für die Umgestaltung der Pflanzendecke im Sinne einer wildbachverhütenden Wasserwirtschaft. Dieser erste Versuch, der nicht auf vorhandenen Vorbildern aufbauen konnte und für den die Arbeitsmethode erst erarbeitet werden und die nötigen Erfahrungen gesammelt werden mußten, hat ein befriedigendes Ergebnis gezeitigt. Dies geht auch aus dem Urteil der Auftraggeber von der Forsttechnischen Abteilung für Wildbach- und Lawinenverbauung, Sektion Villach, hervor.

So, wie sich die Arbeitsmethoden und die Art der kartenmäßigen Darstellung im Laufe der bisherigen Arbeit zu dem Stand z. B. der Karte des Lawinengebietes bei Altböckstein entwickelt hat, so wird sich, gestützt auf die bisherigen Erfahrungen zweifellos bei der weiteren Arbeit eine Entwicklung zu immer besseren Ergebnissen ergeben. Der Anfang für eine derartige Zweckkartierung ist gemacht und es kann angenommen werden, daß die Ergebnisse und Erfahrungen auch anderen an der Kartierung interessierten Stellen als Ausgangspunkt oder Anregung dienen können.

Abgeschlossen am 16. April 1951.

Anwendung pflanzensoziologischer Erkenntnisse in der vorbeugenden Bekämpfung von Wildbachschäden.

Von wirkl. Hofrat i. R.
Dipl.-Ing. Hans S t e i n w e n d e r, Villach.

Spricht man im Alltagsleben von einem Wildbache, so denkt man hiebei an die zahlreichen größeren und kleineren Gebirgswässer, welche meist in hohen Lagen entspringen und in tief eingeschnittenen Grabeneinhängen über Gerölle und Schotterbänke, vorbei an Rutschlehnen und Schotterhalden, sowie streckenweise durch Felsschluchten in steilem Gefälle dem Tale zueilen, um sich über einen größeren oder kleineren Schuttkegel nach meist kurzem Endlaufe in das Talgewässer, den Vorfluter, zu ergießen.

Mit der Bezeichnung „Wildbach" verbinden sich hiebei die Gedanken an die vielfachen Schäden, welche diese Gewässer bei Wolkenbrüchen und langandauernden Regengüssen in Form von Überschwemmungen und Vermurungen auslösen und Schrecken für die Bewohner in diesen Gefahrenzonen bedeuten.

Die großen Wassermengen, welche bei einem solchen Unwetter anläßlich der oft nur wenige Stunden oder Bruchteile einer solchen während, reißenden Talfahrt das Bachbett aufwühlen und seitliche Einhänge samt dem auf ihnen stockenden Wald infolge Unterwühlung des Lehnenfußes zur Abrutschung bringen, führen dieses Gerölle und Wildholz in Form von Muren zu Tale; hiebei werden Siedlungen schwer in Mitleidenschaft gezogen, Gärten, Äcker und Wiesen verwüstet, Verkehrswege und industrielle Anlagen schwer beschädigt oder zerstört.

Unter dem Eindrucke einer solchen Hochwasserkatastrophe erfolgt nunmehr der Ruf nach Behebung der entstandenen Schäden und nach Durchführung jener baulichen Maßnahmen am Laufe eines solchen Wildbaches, welche geeignet erscheinen, den geregelten Abfluß solcher Hochwässer in Zukunft zu gewährleisten und weitere ähnliche Schäden hintanzuhalten.

Es handelt sich hiebei um die Verbauung eines solchen Wildbaches durch die staatliche Wildbachverbauung.

In nichtfachlichen Kreisen herrscht nun wohl vielfach die Ansicht vor, daß ein solcher Wildbach als völlig beruhigt zu gelten hat, wenn seine Grabensohle durch die Errichtung kürzerer oder längerer Staffelungen in Form von massiven Querwerken gegen weitere Eintiefungen gesichert wird, wenn unter dem Schutze dieser Querwerke seitliche Ufermauern die Rutschlehnen an ihrem Fuße vor weiterer Unterkolkung bewahren, wenn einzelne Geschiebestausperren zur Aufnahme von größeren Materialmengen und Muren errichtet werden und wenn schließlich im Unterlaufe ein hinsichtlich Gefälle und Richtungsverhältnissen ausgeglichenes, den zu erwartenden Hochwassermengen entsprechendes gemauertes Gerinne als Abschluß der Verbauungsanlage errichtet wird.

In der Grabenstrecke zählen als ergänzende Maßnahmen noch die Entwässerung durchfeuchteter Rutschlehnen und sonstiger Grabeneinhänge, die Festigung und Wiederbegründung der Lehnenanbrüche sowie die ähnliche Behandlung von Seitengräben und Runsen.

Eine in einem Wildbache nach diesen Grundzügen weitgehend durchgeführte Verbauung wird namentlich nach den ersten Jahren der Bauvollendung zweifellos einen fühlbaren Erfolg zeitigen; unsicher bleiben jedoch die Dauer des ungeschmälerten Erfolges und das Ausmaß der künftig erforderlich werdenden Ergänzungs- und Erhaltungsarbeiten.

Denn als zu behandelnder Patient hat in diesem Falle nicht lediglich das Gerinne dieses Wilbaches allein, sondern dessen ganzes Einzugsgebiet zu gelten und man hat daher bei Beurteilung des Zustandes eines Wildbaches nicht nur dessen Lauf, sondern einschließlich desselben dessen ganzes Niederschlagsgebiet zu berücksichtigen.

Es liegt im vorliegenden Falle wohl der Vergleich mit einem menschlichen Körper nahe, welcher verschiedene Wunden und Gebrechen aufweist, welche der Heilung zugeführt werden sollen. Die eingehende Untersuchung durch den Internisten wird dem Chirurgen Richtlinien für seine Tätigkeit und die Einschätzung des zu erwartenden Heilerfolges bieten. Die vom Internisten verordneten, auf die Kräftigung und volle Gesundung des menschlichen Organismus abzielenden Heilmittel und Anordnungen sollen den Erfolg der chirurgischen Eingriffe weitestgehend fördern und schließlich dauernd gewährleisten.

In ähnlicher Weise stellt ein Wildbachgebiet einen hilfsbedürftigen Patienten dar, welcher wunschgemäß an seinem Bachlaufe von den diesem anhaftenden Wunden und Gebrechen geheilt werden soll.

Bevor nun diese technisch-chirurgischen Arbeiten nach Form und Ausmaß planmäßig festgelegt und sodann zur Ausführung gebracht werden, erscheint es unerläßlich, den Organismus des ganzen Niederschlagsgebietes zu erforschen bzw. zu untersuchen. Hiezu gehören der geologische Aufbau, die Beschaffenheit der Bodendecke, das Ausmaß und die Beschaffenheit von Wald, Wiesen und Weiden, die Lage nebst Neigungsverhältnissen, der Einfluß von Wind, Sonne und Frost usw.

All diese Ermittlungen bieten sodann die Grundlage für die Errechnung der zu erwartenden Hochwasserabflußmengen, welche nach durchgeführter Verbauung unschädlich zur Abfuhr gebracht werden sollen.

Neben der Erforschung des Aufbaues bzw. des Zustandes des Niederschlagsgebietes eines Wildbaches hat die Aufstellung der Richtlinien zu erfolgen, nach welchen ein solches Gebiet in Zukunft betreut bzw. bewirtschaftet werden soll, um jene Bodenbestandsverhältnisse zu schaffen, welche den nachteiligen Auswirkungen von anhaltenden Regengüssen und Wolkenbrüchen weitestmöglichen Widerstand leisten, sowie den Abfluß dieser Niederschlagswässer nach Zeitdauer und Menge in bestmöglicher Weise günstig beeinflussen. Je besser der Gesundheitszustand eines solchen Wildbachgebietes nunmehr ist, umso erfolgreicher werden sich die Verbauungen an seinem Wasserlaufe auswirken, umso sicherer wird die schadlose Abfuhr der nach Ausmaß und Abflußdauer beschränkten, von Grobgeschiebe und Wildholz entlasteten Hochwässer sein.

Die künftige Behandlung eines verbauten Wildbachgebietes hätte sich neben der Instandhaltung der Verbauungsanlagen auch auf die Aufforstung und Waldbetreuung in diesem bei besonderer Rücksichtnahme auf die Auswahl der Gehölz- und Pflanzenarten zu beziehen, die Schutzpflicht am Walde, die pflegliche Hiebsführung und vorsichtige Holzbringung zu berücksichtigen sowie auf die allfällige Ausscheidung von Wasserschutzwäldern Bedacht zu nehmen. Neben der Erwägung von Aufforstungen auf waldlosen Flächen wären auch die Bewirtschaftung und allfällige Lenkung bei Kulturflächen zu berücksichtigen, um Mißerfolge hintanzustellen. Weiters wäre auf die Alm- und Weidewirtschaft und alle jene Einrichtungen (Wasserkraftanlagen, Gebirgswege usw). Bedacht zu nehmen, welche für den Zustand eines Wildbachgebietes und damit im Zusammenhange für den Wasserabfluß von Bedeutung sind.

Alle vorerwähnten Aufgaben, das sind Verbauung und Betreuung, welche nach E. K i r w a l d die forstliche Wasserhaushaltstechnik in einem Wildbachgebiete beinhalten, sollten von den Wildbachverbauungsämtern durchgeführt bzw. der Begutachtung unterzogen werden.

Der Umfang der Arbeiten, welche die Verbauung und Betreuung eines Wildbachgebietes im Sinne der vorstehenden Ausführungen erfordern, steigert sich nun ins Unermeßliche, wenn man bedenkt, daß in unseren Alpenländern eine Unzahl von Wildbächen einer solchen Behandlung bedarf. Sollten all diese Arbeiten von den Wildbachverbauungsämtern bewältigt werden, wäre es notwendig, diese hinsichtlich Personalstand und Ausrüstung mit einem Kostenaufwande auszugestalten, welcher in unserem armen Staate Österreich überhaupt nicht in Erwägung gezogen werden könnte.

Um jedoch unter den gegebenen wirtschaftlichen Verhältnissen neben der Verbauung der Wildbäche auch eine bestmögliche Betreuung der Wildbachgebiete zu erzielen, erscheint eine Arbeitsteilung in Form der Zusammenarbeit der Wildbachverbauungsämter mit dem Institut für angewandte Pflanzensoziologie in d e r Form Erfolg versprechend, daß letzteres die in einem Wildbachgebiete bestehenden Boden- und Bestandsverhältnisse erforscht und in der Folge die bestmögliche Bewirtschaftung desselben in einem mit planlichen Beilagen versehenen schriftlichen Gutachten aufzeigt.

Eine derartige Vegetationskartierung samt Gutachten hätte den Wildbach-verbauungsämtern als Grundlage für alle jene Arbeiten zu dienen, welche mit der Verfassung eines Projektes über die Verbauung eines solchen Wildbaches zusammenhängen.

Ein Projekt über die Verbauung eines Wildbaches, welches auch die künftige Betreuung des betreffenden gesamten Wildbachgebietes berücksichtigt, hätte demnach aus zwei Teilen zu bestehen.

1. Aus dem pflanzensoziologischen Gutachten über dieses Wildbachgebiet;

2. aus dem technischen Elaborate des Wildbachverbauungsamtes, welches all jene baulichen und forstlichen Maßnahmen beinhaltet, welches auf die Verbauung des ganzen Wildbachlaufes und die unmittelbar anschließenden Graben einhänge abzielt.

Im technischen Berichte zum Projekte des Wildbachverbauungsamtes wären die Ausführungen des pflanzensoziologischen Gutachtens derart übersichtlich kurz zusammenzufassen, daß der zuständigen Zentralstelle anläßlich der Projektsüberprüfung bzw. -Genehmigung arbeitserleichternd die Möglichkeit geboten erscheint, jene Verfügungen zu treffen, welche den in Betracht kommenden öffentlichen Dienststellen als Richtlinien für die künftige Betreuung dieses Wildbachgebietes zu gelten hätten. Die bereits bisher bestandene enge Zusammenarbeit der Wildbachverbauungsämter mit den übrigen interessierten öffentlichen Dienststellen und namentlich mit jenen der forstwirtschaftlichen Richtung würde hiedurch eine erfolgreiche Erweiterung erfahren, da sie auf den wohlfundierten pflanzensoziologischen Gutachten und den darauf fußenden Empfehlungen gegründet wäre.

Darüber hinaus würde sich naturgemäß der Kreis jener Personen fortlaufend erweitern, welche sich pflanzensoziologische Kenntnisse zu eigen machen, um diese bei der Betreuung von Wildbachgebieten nutzbringend zu verwerten.

Es ist selbstverständlich, daß nicht jedes Verbauungsprojekt auf der Grundlage eines pflanzensoziologischen Gutachtens erstellt werden kann, bzw. eines solchen bedarf, da solche Gutachten ein großes Arbeitspensum darstellen. Es wird sich vielmehr darum handeln, solche Gutachten fallweise für besonders wichtige Wildbachgebiete in verschiedenen Talgebieten einzuholen, um hiebei die Boden- und Wachstumsverhältnisse nach Lage (sonn- und schattseitig), Aufbau (Urgestein-, Kalksteinzone) usw. kennen zu lernen und dadurch Schlüsse bei Wildbachgebieten in ähnlichen Lagen ziehen zu können.

Bei der großen Bedeutung, welche der Forst- und Landwirtschaft in stets steigendem Ausmaße zukommt, erscheint es dringend geboten, eine solch pflegliche Betreuung fortschreitend auf alle Wildbachgebiete zu erstrecken, das heißt, auch auf jene, deren Bachläufe infolge Geldmangels bisher noch keiner Verbauung unterzogen werden konnten, beziehungsweise n o c h einen befriedigenden Gesundheitszustand aufweisen.

Hiedurch könnten die Entstehung von Wunden an Bachläufen und daraus sich ergebende Hochwasserschäden infolge Überschwemmungen und Vermurungen vielfach verhindert bzw. geschmälert werden, abgesehen davon, daß hiedurch auch viel Geldaufwand erspart werden könnte, welchen die Durchführung von Hochwasser-Schadenbehebungsarbeiten (Aufräumen von vermurten Grundstücken, Liegenschaften, Verkehrswegen usw.) erfordert, ein Geldaufwand, welcher dadurch der eigentlichen Verbauungstätigkeit entzogen wird.

Die Erkenntnis der dringenden Notwendigkeit einer pfleglichen Betreuung von Wildbachgebieten, die bestmögliche Verwertung der pflanzensoziologischen Forschungen, die Auswertung der hiebei gewonnenen praktischen Erfahrungen sowie die erzielten Erfolge in immer zahlreicheren Wildbachgebieten wird schließlich immer weiteren Kreisen der Bevölkerung die Wahrheit des Wahlspruches „In einem gesundeten Wildbachgebiete ein gezähmter Wildbach" bestätigt zeigen.

Nachdem schließlich Lawinen vielfach auch in Wildbachgebieten entstehen, bedeutet die pflegliche Behandlung der Einzugsgebiete gleichzeitig auch eine wichtige vorbeugende Maßnahme gegen die oft verheerenden Lawinenschäden.

Aller Anfang ist schwer. Doch zäher Wille und vor allem hartnäckige Ausdauer nebst Gemeinschaftssinn werden unter Zuhilfenahme tragbarer finanzieller Mittel jenen Erfolg zeitigen, welchen lediglich Vorschriften und Verordnungen nie erzielen lassen.

Die von der Wildbach- und Lawinenverbauungssektion Villach mit dem Institut für angewandte Pflanzensoziologie in Arriach (Leiter: Professor Doktor Erwin A i c h i n g e r) angebahnte enge Zusammenarbeit soll der Verwirklichung des angestrebten Zieles dienen, wobei sich die vorerwähnten Vegetationskarten samt Gutachten bereits als sehr zweckentsprechend erwiesen haben.

Villach, im Mai 1950.

Vegetationskundlicher Kurs für die Bearbeiter der Abteilung Wasserbau der Landesbaudirektion Klagenfurt am 12. Mai 1950.

Kursleiter: Professor Dr. Erwin Aichinger.

Kursteilnehmer:

Der Leiter der Abteilung Wasserbau, Herr Oberbaurat Dipl.-Ing. K o z i e l; der Leiter der Hydrographischen Landesabteilung, Herr Oberbaurat Dipl.-Ing. Z u f f a r; B e r n e r, Dipl.-Ing., Amtsleiter des Wasserbauamtes Spittal an der Drau; B i e d e r m a n n, Dipl.-Ing., Amtsleiter des Wasserbauamtes Klagenfurt; G r i n i n g e r, Dipl.-Ing. im kulturtechnischen Wasserbau, Klagenfurt; H o l z - m a n n, Dipl.-Ing., Sachbearbeiter für kulturtechnischen Wasserbau in Villach; J i l g, Dipl.-Ing., Sachbearbeiter für Wasserleitungen; N e u d e c k e r, Dipl.- Ing., Sachbearbeiter für Melioration, Klagenfurt; P o s s e g e r, Dipl.-Ing., Sachbearbeiter für Flußbau, Klagenfurt; P r o c h é, Dipl.-Ing., Sachbearbeiter für kulturtechnischen Wasserbau, Klagenfurt; R i e d l, Dipl.-Ing., Sachbearbeiter für kulturtechnischen Wasserbau, Klagenfurt; S c h ä r f l, Dipl.-Ing., Amtsleiter des Wasserbauamtes Villach.

Wenn auch der Kurs vom Wetter wenig begünstigt war, so konnten doch viele Fragen besprochen und im Gelände studiert werden.

In der Behandlung der hydrographischen Fragen konnte der Kursleiter aufzeigen, wie wenig die gemessenen Niederschlagsmengen für die Abfluß- verhältnisse entscheidende Bedeutung besitzen.

Entscheidend ist nicht die Menge des Niederschlages, sondern die Wasser- menge, die in den Boden eindringen kann, und die Wassermenge, welche vom Oberboden gehalten wird.

In diesem Zusammenhange wurde die Bedeutung der Moosdecken, der toten Bodendecken, der verschiedenen lebenden Bodendecken für den Wasser- abfluß besprochen.

Es ist nicht gleichgültig, von welchem Wald der Boden bewachsen und durchwurzelt ist.

Ein großes Verhängnis bedeutet die Überführung der naturnahen Laub- mischwälder in Fichtenmonokulturen.

Die natürliche Bodenlockerung durch das pflanzliche und tierische Boden- leben könnte niemals durch eine künstliche Bodenlockerung ersetzt werden.

Schon Karl Eduard N e y hat in seinem Buche: „Die Gesetze der Wasser- bewegung im Gebirge" (Neudamm 1911) mit Recht Folgendes gesagt: „Nicht- gedüngter freiliegender Boden beginnt sich schon beim ersten Regen nach der

Lockerung zu verdichten und ist oft schon nach wenigen Monaten so wenig
aufnahmefähig, als er vor der Bearbeitung war. Auch gedüngter Boden ist nach
Jahresfrist nicht merklich aufnahmsfähiger als er vorher war. Die Bodenlockerung ist deshalb wasserwirtschaftlich nur von Wert, wenn sie regelmäßig
in kurzen Zwischenräumen wiederholt wird und diese Arbeit lohnt sich nur,
wenn die gelockerten Flächen dauernd als Äcker, Gärten, Weinberge und dergleichen benutzbar sind."

Doz. Dr. Herbert F r a n z zeigt in seinen bodenbiologischen Arbeiten auf,
daß durch das Bodenleben eine viel länger anhaltende und viel durchgreifen-
dere Lockerung der Dauerwiesenböden erfolgt, als durch Vollumbruch und
Neuansaat.

Die Zwergstrauchheiden der Besenheide *(Calluna vulgaris)*, der Heidelbeere *(Vaccinium Myrtillus)*, der Moorheidelbeere *(Vaccinium uliginosum)*, der
Preißesbeere *(Vaccinium Vitis-idaea)* vermögen viel mehr den Wasserfluß aufzuhalten als die herabgewirtschafteten, bodensauren Weideböden.

Die dicht geschlossenen Fichtenforste, die an Stelle von naturnahen Laub-
mischwäldern angeforstet wurden, vermögen nur geringe Niederschläge in ihren
Kronen aufzuhalten. Das auf den Boden kommende reichliche Niederschlagswasser nimmt rasch ab, weil der Boden verdichtet ist und fast keinen Pflanzenwuchs besitzt.

So konnte der Kursleiter an Hand von vielen Beispielen aufzeigen, welche
große Bedeutung der Pflanzenwuchs für den mehr oder weniger raschen Wasserablauf besitzt und daß wir es daher in der Hand haben, durch die richtige Auswahl des Pflanzenwuchses den langsamen Wasserfluß zu begünstigen und Hochwasserschäden zu vermeiden.

Nach Besprechungen der Wasserabflußverhältnisse in Abhängigkeit vom
Pflanzenkleid wurden die vegetationskundlichen Grundlagen des kulturtechnischen Wasserbaues im Gelände besprochen. Vor allem wurde aufgezeigt,
in welch feiner Weise der Wasserstand des Bodens am Pflanzenkleid zu erkennen ist. Mehr als bisher sollte der anzeigende Wert der Pflanzengesellschaften in Fragen der Ent- und Bewässerung herangezogen werden.

Das Pflanzenkleid vermag insbesondere über folgende Fragen Auskunft
zu geben:

1. Ist es möglich durch düngende Maßnahmen das Wachstum so zu begünstigen, daß durch die Wasserverdunstung des Pflanzenkleides der Boden austrocknet und einer anspruchsvollen Fettwiese Lebensbedingungen zu bieten
vermag?

Zum Verständnis dieser Frage wurde aufgezeigt, wie allein infolge der
düngenden Wirkung unter sonst gleichen Umweltbedingungen an Stelle einer
den luftarmen, vernäßten Boden anzeigenden Binsengesellschaft eine wertvolle
Glatthaferwiese getreten ist.

Dieses Beispiel am westwärts geneigten Hang neben dem Institut für ange-
wandte Pflanzensoziologie in Arriach zeigte klar auf, daß mancher wasserzügige
Hang allein durch die wasserverdunstende Wirkung des Pflanzenkleides seine
Vernässung verlieren könnte.

2. Wo sind die Entwässerungsgräben zu ziehen?

Klar konnte den Kursteilnehmern aufgezeigt werden, daß entsprechend
den physikalischen Bodenverhältnissen die größte Wasserführung nicht immer
mit Hangneigung und muldiger Lage zusammenfallen muß.

Oft ist entsprechend den geologischen Verhältnissen die Wasserführung am flach geneigten Rucken um vieles höher als in den muldigen Lagen.

Das Pflanzenkleid zeigt eindeutig den verschiedenen Wasserzug an und vermag damit manchen Anhalt für die Anlage der Entwässerungsgräben zu geben.

Besonderen Eindruck auf die Kursteilnehmer machte die Frage der Abhängigkeit des Unterhanges von der Wasserführung des Oberhanges. Mancher ebene bis flach geneigte Boden am Fuße eines Hanges vernäßt darum, weil der anschließende Hang im Hinblick auf den Wasserhaushalt sehr schlecht bewirtschaftet wird.

Es muß ja so sein, denn ein forstlich oder landwirtschaftlich gut bewirtschafteter Hang besitzt nicht nur eine gute Bodendurchlüftung und vermag daher sehr viel Wasser aufzunehmen, sondern verdunstet jährlich pro Hektar viele Millionen Liter Wasser.

Wird nun ein solcher Wald oder ein solches Grünland schlecht bewirtschaftet, wird dem Walde z. B. die Streu entnommen oder die Wiese nicht mehr gedüngt und der Boden durch ungeregelte Weide zusammengetreten, so verdichtet der Boden, das Wasser vermag nicht mehr in den Boden einzudringen und die Wasserverdunstung durch das Pflanzenkleid sinkt erheblich ab.

Die Folge ist, daß das Wasser ungehindert den Hang herabfließt und die ehemals fruchtbaren landwirtschaftlich genutzten Böden vernäßt.

Mehr als bisher sollte die Abhängigkeit der Unterhänge und ebenen Böden von der Bewirtschaftungsweise der angrenzenden Hänge beachtet werden.

In wenigen Stunden bekamen die Kursteilnehmer Einblick in Wechselbeziehungen zwischen Pflanzenkleid und Wasserhaushalt des Bodens und erkannten, wie notwendig es ist, vor Beginn der Entwässerungsarbeiten die Gründe der Bodenvernässung zu klären.

Am Westhang konnte den Kursteilnehmern gezeigt werden, wie sehr allein infolge der düngenden Wirkung das Pflanzenleben üppig zu wachsen beginnt und erhöhter Wasserverbrauch den Boden zu entwässern vermag.

In der anschließenden Mulde konnten die Kursteilnehmer zu der Erkenntnis geführt werden, daß entsprechend den verschiedenen geologischen Verhältnissen die Wasserführung nicht immer mit der Hangneigung parallel verläuft und am gegenüberliegenden Osthang erfuhren die Kursteilnehmer, wie sehr die Bodenvernässung der ebenen bis flach geneigten Lagen von der schlechten Bewirtschaftung der anschließenden Hänge abhängig ist.

Mehr als bisher sollte man bei Entwässerung diese Zusammenhänge beachten und nur dann Entwässerungsgräben ziehen, wenn es nicht unter natürlichen Bedingungen möglich ist, die Bodenvernässung zu beseitigen und damit den Pflanzenwuchs in qualitativer und quantitativer Hinsicht zu erhöhen.

Der Wasserbauer würde damit dem guten naturverbundenen Arzt gleichen, der nur dann zum Messer des Chirurgen greift, wenn ihm kein anderes Mittel zur Verfügung steht.

Das Meliorationswesen ebener Lagen kann vegetationskundlich wesentlich untermauert· werden.

Auch hier muß vorerst die Frage geklärt werden, ob nicht durch bessere Bodenkultur die Bodenvernässung beseitigt werden kann.

Das Auftreten von Simsen, Sumpfschachtelhalm, Rasenschmiele allein sagt noch nicht, daß der Boden entwässert werden muß. Die Flattersimse (*Juncus effusus)* besitzt einen knotenlosen Stengel. Durch diesen vermag sie den Wurzeln Luft zuzusenden. Dem ist es zuzuschreiben, daß diese Simse luftarmen Boden gut ertragen kann.

Vor Beginn der Meliorierung sollte das Pflanzenkleid als Ausdruck der herrschenden Klima-, Boden- und biologischen (Faktoren der lebenden Umwelt) Verhältnisse kartenmäßig erfaßt werden.

Damit erfassen wir nicht nur die Pflanzengesellschaften als Ausdruck der Umweltbedingungen:

a) Flachmoorgesellschaften,

b) Übergangsmoorgesellschaften,

c) Hochmoorgesellschaften,

sondern lernen auch den Weg kennen, der von den verschiedenen Mooren zum hochwertigen Ackerland bzw. Grünland führt.

Alle diese aufgeworfenen Fragen wurden den Kursteilnehmern im Gelände an Hand von Beispielen beantwortet.

Besonders aber wurde diesen die Erkenntnis vermittelt, daß die verschiedenen Pflanzengesellschaften nicht nur Ausdruck der Klima-, Boden- und biotischen Verhältnisse sind, sondern insbesondere einer bestimmten Stufe der Vegetationsentwicklung angehören.

Demnach müssen wir auch unterscheiden:

a) primäre Moorgesellschaften, die im Zuge der Verlandung sich aufwärtsentwickeln;

b) sekundäre Moorgesellschaften, welche als Verwüstungsstadien verschiedener Waldgesellschaften anzusehen sind.

Demnach ist z. B. ein Pfeifengrasbestand, der sich früher oder später nach Aufhören der Mahd zum Grauerlenauenwald entwickeln würde, etwas ganz anderes als ein Pfeifengrasbestand, der im Verlandungsgebiete unserer Seen sich früher oder später nach Aufhören der Mahd zum Schwarzerlen-Bruchwald entwickeln würde.

Im Pfeifengrasbestand, der sich früher oder später zum Grauerlen-Auenwald entwickeln würde, fließt das nährstoffreichere Wasser (Molinietum coeruleae ↗ Alnetum incanae inundatum); dagegen im Pfeifengrasbestand, der sich früher oder später zum Schwarzerlen-Bruchwald entwickeln würde, stagniert das wenig nährstoffreiche Wasser (Molinietum coeruleae ↗ Alnetum glutinosae paludosum).

Der Pfeifengrasbestand der Übergangsmoore, der sich früher oder später nach Aufhören der Mahd zum Weißkiefernwald entwickeln würde, besiedelt einen nährstoffarmen Boden mit stagnierendem Wasser.

So haben wir drei verschiedene Pfeifengrasbestände kennengelernt, in denen das Pfeifengras herrscht, obwohl sie Ausdruck verschiedener Bodenverhältnisse sind und auch verschieden entstanden sind.

Wir ersehen aus diesem Beispiel klar, daß nicht die einzelne Art, auch wenn diese herrschend hervortritt, Ausdruck der verschiedenen Umweltbedingungen sein kann. Ausdruck der gesamten Umwelt, also der Boden-, Klima- und biotischen Verhältnisse kann nur die ganze Pflanzengesellschaft sein.

Betrachten wir von diesem Gesichtspunkte die drei verschiedenen Pfeifengrasbestände, so erkennen wir, daß diese verschieden entstanden sind und auf verschiedenen Wegen in ertragreiche Wiesen übergeführt werden müssen.

Die Betreuer der Flußregulierung müssen sich mehr als bisher vegetationskundlicher Methoden bedienen.

Die Frage, ob das Grundwasser gehoben oder gesenkt werden muß, hängt einzig und allein vom Pflanzenkleid des den Fluß begleitenden Geländes ab. Im Bereiche dieses Gebietes müssen wir unterscheiden:

1. den Mittleren Sommerwasserstand (M.S.W.),
2. den Mittleren Hochwasserstand (M.H.W.) und
3. den Mittleren Niederwasserstand (M.N.W.).

Dem Mittleren Sommerwasserstand kommt entscheidende Bedeutung zu; denn gerade im Sommer ist der Wasserverbrauch am höchsten.

Allerdings ist die Frage entscheidend, ob die Linie des M.S.W. in einem mit Feinerde durchmischten Boden liegt, wo das Wasser kapillar aufsteigen und zu den Wurzeln gelangen kann oder in einem sandigen Boden, in dem das Wasser nicht kapillar aufsteigen und somit nicht zu den Pflanzenwurzeln gelangen kann.

Aus diesen Zusammenhängen wird es verständlich, daß es die Betreuer der Flußregulierung in der Hand haben, den angrenzenden Boden dem Austrocknen bzw. der Vernässung zuzuführen; denn durch Beachtung der natürlichen Vegetationsverhältnisse haben sie es in der Hand, die Flußsohle im Interesse bester Wasserversorgung hier zu heben und dort zu senken. Damit vermag der Flußbau darüber zu entscheiden, ob die angrenzenden Böden in der Acker-, Wiesen- oder Weidenutzung nachhaltig höchste Erträge liefern.

Aus diesen Zusammenhängen geht klar hervor, wie notwendig es ist:

1. das Pflanzenkleid vor jeder Flußregulierung zu studieren und
2. die Kulturabsichten der angrenzenden land- und forstwirtschaftlichen Betriebe kennen zu lernen.

Denn kennen wir die Lebensbedingungen der flußbegleitenden Pflanzengesellschaften und die Lebensbedürfnisse unserer Äcker, Wiesen und Weiden, so werden wir die Flußregulierung so durchführen, daß wir mit dem geringsten Aufwand den größten und nachhaltigsten Erfolg erreichen. Freilich wird es nicht möglich sein, im ganzen Überschwemmungsgebiet die Höhe des Grundwassers optimal zu regeln, schon allein weil tonreiche Ablagerungen hochansteigenden Grundwassers mit sand- und kiesreichen Ablagerungen nicht ansteigenden Grundwassers nebeneinander abwechseln.

Mit Erfassung der gesamten Vegetationsverhältnisse durch eine Vegetationskartierung werden wir klar kennenlernen, bei welcher Grundwasserhöhe der geringste Schaden entsteht und der Land- und Forstwirtschaft der größte Erfolg beschieden ist.